U0821081

高职高专教育“十二五”规划建设教材
辽宁职业学院国家骨干高职院校建设项目成果

农产品加工

卢锡纯　史淑菊　主编

中国农业大学出版社
·北京·

内容简介

本教材由学校教师和企业专家共同开发编写，为骨干高职院校建设项目成果教材。本书是园艺技术专业高职学生的专业课程教材。教材按照“工学结合、任务驱动、项目导向、实践操作”模式要求，结合园艺技术专业的技能培养需要而编写，教材内容划分为三个单元，第一单元为果蔬加工基础，第二单元为果蔬加工综合技能训练，第三单元为粮食加工。全书共 17 个项目 43 个工作任务。各项目后的知识拓展、思考题等内容有利于学生综合能力提高。本教材坚持“理论基础扎实，重点强化学生职业技能培养”的基本原则，广泛收集国内外农产品加工新技术、新工艺、新方法，并结合编者多年的教学与生产实践，对各类产品加工基本原理、生产工艺、产品质量标准及常见的质量问题、解决途径等作了翔实的阐述，侧重实践、操作及强化学生职业技能训练。

图书在版编目(CIP)数据

农产品加工/卢锡纯，史淑菊主编. —北京：中国农业大学出版社，2014.7(2017.12 重印)
ISBN 978-7-5655-1129-5

Ⅰ.①农… Ⅱ.①卢… ②史… Ⅲ.①农产品加工-高等职业教育-教材 Ⅳ.①S37

中国版本图书馆 CIP 数据核字(2014)第 285453 号

书　名 农产品加工
作　者 卢锡纯　史淑菊　主编

策划编辑 陈　阳　王笃利　伍　斌　　**责任编辑** 韩元凤
封面设计 郑　川　　**责任校对** 王晓凤
出版发行 中国农业大学出版社
社　址 北京市海淀区圆明园西路 2 号　　**邮政编码** 100193
电　话 发行部 010-62818525,8625　　读者服务部 010-62732336
编辑部 010-62732617,2618　　出　版　部 010-62733440
网　址 http://www.cau.edu.cn/caup　　**e-mail** cbsszs@cau.edu.cn
经　销 新华书店
印　刷 北京时代华都印刷有限公司
版　次 2014 年 7 月第 1 版　2017 年 12 月第 3 次印刷
规　格 787×1 092　16 开本　14.75 印张　356 千字
定　价 32.00 元

编审委员会

编写人员

主　编　卢锡纯　史淑菊
副主编　周志胜
编　者　（按姓氏笔画排序）
卢锡纯（辽宁职业学院）
史淑菊（辽宁职业学院）
吴艳秋（辽宁职业学院）
周志胜（北绿冻干食品有限责任公司）

总 序

《国务院关于加快发展现代职业教育的决定》(国发[2014]19号)中提出加快构建现代职业教育体系，随后下发的国家现代职业教育体系建设规划(2014—2020年)明确提出建立产业技术进步驱动课程改革机制，按照科技发展水平和职业资格标准设计课程结构和内容，通过用人单位直接参与课程设计、评价和国际先进课程的引进，提高职业教育对技术进步的反应速度。到2020年基本形成对接紧密、特色鲜明、动态调整的职业教育课程体系，建立真实应用驱动教学改革的机制，推动教学内容改革，按照企业真实的技术和装备水平设计理论、技术和实训课程；推动教学流程改革，依据生产服务的真实业务流程设计教学空间和课程模块；推动教学方法改革，通过真实案例、真实项目激发学习者的学习兴趣、探究兴趣和职业兴趣。这为国家骨干高职院校课程建设提供了指针。

辽宁职业学院经过近十年高职教育改革、建设与发展，特别是近三年国家骨干校建设，以创新“校企共育，德技双馨”的人才培养模式，提升教师教育教学能力，在课程建设尤其是教材建设方面成效显著。学院本着“专业设置与产业需求对接、课程内容与职业标准对接、教学过程与生产过程对接”的原则，以学生职业能力和职业素质培养为主线，以工作过程为导向，以典型工作任务和生产项目为载体，立足岗位工作实际，在认真总结、吸取国内外经验的基础上开发优质核心课程特色系列教材，体现出如下特点：

1.教材开发多元合作。发挥辽西北职教联盟政、行、企、校、研五方联动优势，聘请联盟内专家、一线技术人员参与，组织学术水平较高、教学经验丰富的教师在广泛调研的基础上共同开发教材；

2.教材内容先进实用。涵盖各专业最新理念和最新企业案例，融合最新课程建设研究成果，且注重体现课程标准要求，使教材内容在突出培养学生岗位能力方面具有很强的实用性。

3.教材体例新颖活泼。在版式设计、内容表现等方面，针对高职学生特点做了精心灵活设计，力求激发学生多样化学习兴趣，且本系列教材不仅适用于高职教学，也适用于各类相关专业培训，通用性强。

国家骨干高职院校建设成果——优质核心课程系列特色教材现已全部编印完成，即将投入使用，其中凝聚了行、企、校开发人员的智慧与心血，凝聚了出版界的关心关爱，希望该系列教材的出版能发挥示范引领作用，辐射、带动同类高职院校的课程改革、建设。

由于在有限的时间内处理海量的相关资源，教材开发过程中难免存在不如意之处，真诚希望同行与教材的使用者多提宝贵意见。

2014年7月于辽宁职业学院 刘瑞华

前　言

本教材是根据辽宁职业学院骨干高职学院建设的需要，按照当前高职教育教学改革发展方向，结合高职学生就业岗位对能力的需求，结合人才培养方案对教材改革的要求，特编写本教材。

本教材是按照工学结合人才培养模式的要求，以能力需要为切入点，以工作过程为导向，进行工作过程系统化课程设计。教材内容的选择紧扣农产品加工职业岗位所需职业能力，项目任务的选取来源于行业、企业岗位的实际工作，考虑内容的先进性、实用性、适用性和代表性，构建基于工作过程的行动体系课程内容。根据"以服务为宗旨，以就业为导向，走产学结合发展道路，融教、学、做为一体，强化学生能力的培养"要求，坚持"理论基础扎实，重点强化学生职业技能培养"的基本原则，广泛收集国内外农产品加工方面的新技术、新工艺、新方法，并结合编者多年的教学与生产实践，对各类产品加工基本原理、生产工艺、产品质量标准及常见的质量问题、解决途径等作了翔实的阐述，侧重实践、操作及强化学生职业技能训练。

本教材由辽宁职业学院、北绿冻干食品有限责任公司共同编写，辽宁职业学院卢锡纯、史淑菊担任主编，北绿冻干食品有限责任公司总经理周志胜担任副主编，辽宁职业学院吴艳秋参加编写。具体编写分工如下：周志胜编写第一单元项目一、项目二。卢锡纯编写第一单元项目三、项目四，第二单元项目三、项目四、项目五、项目六。吴艳秋编写第二单元项目一、项目二、项目七。史淑菊编写第三单元。周志胜在教材编写中提出许多实践性建议。

编　者

2014 年 2 月

目　录

第一单元
果蔬加工基础

项目一　加工用水及处理

知识目标：通过加工用水种类、水质重要性的学习，使学生掌握农产品加工对水质的要求与水的处理方法。

技能目标：掌握水质的处理方法及水质硬度测定方法。

德育目标：使学生养成节约用水习惯。

△【任务提出】

水质对人体健康有一定的影响，同时对园艺产品的加工质量有相当大的影响，掌握水质的好坏对加工品的影响，同时对水质进行处理及水的硬度测定是学习园艺产品加工的最基本的能力。

△【技能要点】

1. 水质的理化指标

食品加工厂用水要符合饮用水标准，即符合 GB 5749—2006 生活饮用水卫生标准。

2. 水质的处理方法

过滤法、软化法、除盐法和消毒法等。

3. 水的硬度测定方法

总硬度测定、钙硬度测定。

△【任务实施】

1　加工用水处理

加工用水来源于井水和自来水，可直接做加工用水。来源于江、河、湖、水库的水必须经过净化处理才能使用，具体处理方法有以下几种。即过滤法、软化法、除盐法和消毒法等。

1.1　过滤法

(1)砂石过滤法　砂石过滤法是以砂石、木炭作滤层，一般滤层的构建方法，从上至下的填充料顺序为小石、粗砂、木炭、细砂、中砂等。水源从上而下自流，杂质则被阻隔在不同的滤层中，过滤后的水由滤层底部流出。

(2)砂棒过滤法　砂棒过滤器采用细微颗粒的硅藻土和动物骨灰做原料，经成型后在高温下焙烧而形成的一种带有极多毛细孔隙的中空滤筒。工作时具有一定压力的水由砂棒毛细孔进入滤筒内腔，由砂棒内腔流出，而杂质则被阻隔在砂棒外表面，从而完成过滤操作。砂滤棒使用前应用75%的酒精或10%漂白粉液消毒处理,安装时凡是与净水接触的部位都应消毒。砂棒过滤比砂石过滤要求的水质更高。无论是砂石过滤还是砂棒过滤,随着阻隔的杂质量增加而使过滤的效能降低,因此,过滤一定时间后必须对砂石层或砂棒进行再生处理。砂石过滤用新材料进行填充,砂棒过滤器可用细沙纸擦洗滤棒即可。

1.2 软化法

(1)暂时硬水软化　水的硬度有暂时硬度和永久硬度之分。暂时硬度是指水中含有钙、镁的酸式碳酸盐,可加热过滤或加入适量的氢氧化钙、碳酸钠使水的钙、镁盐沉淀而除去暂时性硬水。永久硬度是指水中含有钙、镁的酸式硫酸盐、氯化物、硝酸盐,加热亦不沉淀。但是,此方法对永久性硬水不能软化。只能采用化学软化方式使其硬度降低。

(2)离子交换法　当硬水通过离子交换器内的离子交换树脂时,水中离子和树脂上的同性离子相互交换,使水得以软化。如钠离子交换树脂、氢离子交换树脂常用于水的软化处理。阳离子交换树脂中 Na^+ 或 H^+ 将水中的 Ca^{2+}、Mg^{2+} 等阳离子置换出来,使水得以软化;阴离子交换树脂中的 OH^- 可将水中 Cl^-、HCO_3^-、SO_4^{2-}、CO_3^{2-} 等阴离子置换出来,除去水中离子而成离子水。其反应如下:

$$CaSO_4 + 2R—Na \rightarrow Na_2SO_4 + R_2Ca$$

$$Ca(HCO_3)_2 + 2R—Na \rightarrow 2NaHCO_3 + R_2Ca$$

$$MgSO_4 + 2R—Na \rightarrow Na_2SO_4 + R_2Mg$$

$$Mg(HCO_3)_2 + 2R—Na \rightarrow 2NaHCO_3 + R_2Mg$$

上式中 R—Na 为钠离子交换剂分子式简写,R 代表残基。硬水中的 Ca^{2+}、Mg^{2+} 等阳离子被 Na^+ 置换出来,并残留在交换剂中,水被软化。当交换剂中的 Na^+ 全部被置换后将失效,可用5%~8%食盐溶液再生处理,Na^+ 可将 Ca^{2+}、Mg^{2+} 交换出来再用水将置换出来的钙盐、镁盐冲洗掉,这样就恢复了离子交换剂软化水的能力,继续使用。氢离子交换剂可用稀硫酸进行再生。离子交换法软化率高,也比较经济。但是,对离子交换剂的再生需要消耗大量的食盐或硫酸,排出的酸碱废液对环境会造成一定污染,应进行无害化处理。

1.3 电渗析法和反渗透法

电渗析法是利用选择透过性和良好导电性的离子交换膜,在外加电场作用下根据异性相吸、同性相斥的原理,使水分别通过阴、阳离子交换膜而净化。

该法的技术关键是新型离子交换膜。离子交换膜是0.5~1.0 mm厚度的功能性膜片,按其选择透过性区分为正离子交换膜(阳膜)与负离子交换膜(阴膜)。阳离子交换膜带负电吸附阳离子并使其通过。阴离子交换膜带正电吸附阴离子并使其通过。它是将具有选择透过性的阳膜与阴膜交替排列,组成多个相互独立的隔室使水得以净化。此外电渗析法还可以淡化海水。这种方法也越来越多地应用于化工、医药、食品等行业的浓缩、分离与提纯。其特点是不需要化学药剂,无污染,对盐类除去量易控制,投资少,操作简单,耗能少,检修方便,占地少。

反渗透法是溶液在一定压力下,通过反渗透膜,将其中溶剂(纯水)分离出来,从而使水分离或溶液浓缩。

反渗透法使用半透膜,如醋酸纤维素膜、芳香聚酰胺纤维膜。由于膜的孔径非常小(仅为1 μm左右),因此能够有效地去除水中的溶解盐类、胶体、微生物、有机物等(去除率高达97%~98%)。可用于海水和咸水淡化,硬水软化,果汁、牛乳、咖啡浓缩,细菌、病毒的分离等。其特点是应用范围较广泛，无污染，脱盐率高，水利用率高，自动化程度高，能耗低等优点，缺点是投资较大。

1.4 消毒法

水中除了含有大量的悬浮物和胶体物质外还含有大量的微生物，甚至是致病和有害微生物，对人的身体健康是有害的，因此，必须对水进行消毒。水的消毒技术主要有物理方法和化学方法两大类。物理方法是采用热、紫外线照射，超声波高频辐射等方法使细菌内蛋白质在物理能的作用下发生凝聚或使遗传因子发生突变而改变细菌的遗传特征，从而达到消毒的目的；化学方法则是利用无机或有机化学药剂灭活微生物特殊的酶，或通过剧烈的氧化反应使细菌的细胞质发生破坏性的降解而达到杀菌的作用。但是，这里所说的消毒并不是将全部微生物杀灭。目前常用的方法主要有以下几种。

(1)氯消毒法　这种方法可以说是目前最简单、有效又广泛使用的方法。常用的有氯气及其化合物，如漂白粉、次氯酸钠、氯胺等。其原理是药剂在水中生成次氯酸，次氯酸体积小，电荷中性，易于穿过细胞壁；同时，它又是一种强氧化剂，能损害细胞膜，使蛋白质、RNA 和 DNA 等物质释出，并影响多种酶系统(主要是磷酸葡萄糖去氢酶的巯基被氧化破坏)，从而使细菌死亡。氯对病毒的作用，在于对核酸的致死性损害。药剂使用量以输水管末端放出水的余氯量应在 0.1～0.3 mg/L 为宜。小于 0.1 mg/L 不安全，大于 0.3 mg/L 水中有明显的氯臭味。

(2)臭氧消毒法　臭氧(O_3)是由 3 个氧原子组成，很不稳定，在水中极易分解成氧气和氧原子。氧原子性质极为活泼，有强烈的氧化性，瞬间分解水中的有机物质、细菌和微生物。能使水中的微生物失去活性，同时，可以除去水中的铁和锰等。单原子氧(O)也具有强氧化能力，对顽强的微生物如病毒、芽孢等有强大的杀伤力。臭氧杀灭细菌和病毒的作用，通常是物理的、化学的及生物的等几个方面的综合作用。

臭氧的作用机制：

①作用于细胞膜导致细胞膜的通透性增加，细胞内物质外流，使细胞失去活力。

②使细胞活动必需的酶失去活性，这些酶是合成细胞的重要成分。

③破坏细胞质内的遗传物质，直接破坏其 RNA(核糖核酸)和 DNA(脱氧核糖核酸)物质，导致新陈代谢障碍，直至死亡，这一过程是不可逆的反应，极为迅速。

臭氧由臭氧发生器通过高频、高压电极放电产生，将臭氧泵入氧化塔，在塔内与水充分接触、混合，达到一定浓度后，即可起到消毒的作用。

(3)紫外线消毒法　紫外线是指波长为 136～390 nm 的不可见光，以波长 265～266 nm 杀菌力最强。其作用原理是微生物受紫外线照射后，其蛋白质和核酸发生变性，导致微生物死亡。从而在不使用任何化学药物的情况下消灭水中所有的细菌、病毒。紫外线消毒不产生任何二次污染物，属于国际上最新一代的消毒技术，它具有高效率、广谱性、低成本、长寿命、大水量、无污染等优点，目前已在西方发达国家逐渐成为一种主流消毒手段。

紫外线杀菌装置多为低压汞灯。汞灯的瓦数及数量应根据杀菌装置的种类和目的来选择，考虑其对环境温度、水处理量及照射时间的影响，才能获得最佳效果。紫外线杀菌器成本较低，投资也少，但对被处理水质的要求较高，处理前应无色、无混浊、微生物数量较少，且尽量少带气体。

2 水的硬度测定

2.1 任务准备

原料准备：在具体操作之前需配制以下溶液：0.02 mol/L EDTA 标准溶液，NH_3-NH_4Cl 缓冲溶液（pH≈10），10%NaOH 溶液，钙指示剂，铬黑 T 指示剂。

2.2 实施过程

(1)总硬度测定　量取澄清的水样 50 mL 放入 250 mL 或 500 mL 锥形瓶中，加入 5 mL NH_3-NH_4Cl 缓冲溶液，摇匀，再加入 3～4 滴铬黑 T 指示剂。此时溶液呈淡红色，用 0.02 mol/L EDTA 标准溶液滴定至呈纯蓝色，即为终点。

若水样不是澄清的必须过滤，过滤所用的仪器和滤纸必须是干燥的，最初和最后的滤液宜弃去，一般不用纯水稀释水样。

如果水中有铜、锌等离子存在，则会影响测定结果，铜离子存在时会使滴定终点不明显。锌离子参与反应使结果偏高，锰离子存在时加入指示剂后马上变成灰色，影响滴定。遇此情况，可在水样中加入 1 mL 2% Na_2S 溶液，使铜离子生成 CuS 沉淀，再过滤；锰的影响可加盐酸羟胺溶液消除，若有 Fe^{3+}、Al^{3+} 存在，可用三乙醇胺掩蔽。

(2)钙硬度测定　量取澄清的水样 100 mL，放入 250 mL 锥形瓶中，加 4 mL 10% NaOH 溶液，摇匀，再加入 0.01 mol/L 的 EDTA 标准溶液滴定至呈纯蓝色，即为终点。

(3)镁硬度测定　从总硬度中减去钙硬度就是镁硬度。

▲【加工中常见问题及解决途径】

1. 加工用水标准掌握不够严格，导致产品质量下降

在加工过程中要根据不同加工品对水的不同要求而选用不同硬度的水。

2. 水的软化中由于软化剂使用时间过久，软化剂易失效

必须定时检查，及时更换软化剂以免失效。

▲【考核要点与方法】

1. 离子交换法软化水的原理，回答问题。

2. 加工用水与加工产品品质的关系，举例回答问题。

▲【相关知识】

1 加工用水的种类

加工用水有自来水、水库水、井水、江水、河水、湖水等。

2 加工对水质要求的重要性

加工用水只有符合饮用水标准才能不污染食品，才能符合加工品的质量要求。

3 加工对水质的要求

农产品加工用水量相当大，包括原料的洗涤，容器和设备的清洗，原料的烫煮，冷却和漂洗等都需要大量水。如每生产 1 t 罐头产品耗水量约 4 t，制成 1 t 蜜饯制品需 2 t 左右的水。

农产品加工用水要符合饮用水标准，即符合 GB 5749—2006 生活饮用水卫生标准。应澄清透明，无悬浮物质，无色，无臭，无味，静置时无沉淀物，不应含有重金属盐类。如果含有硫化氢、氨、硝酸盐和亚硝酸盐等物质就证明水中有腐败性微生物的存在。水中也不宜含有铁盐，因为铁盐与园艺产品中单宁物质作用使产品变成黑色。加工用水中的微生物指标要求是不允许有任何致病菌及耐热性细菌的存在。一般要求，水中菌落总数不得超过 100CFU/mL，大肠菌群不得检出。

4 水质对加工品质量的影响

普通水中由于含有氯化物、硫酸盐、硝酸盐及碳酸盐，对加工品的质量有影响。

4.1 硬度过大的水对加工品质量的影响

水的硬度是以 1 L 水中含钙、镁离子多少来衡量的。其单位为 mg/L，也有用德国度(°)来表示，硬度 1°相当于 1 L 水中含 CaO 10 mg。

4.2 水硬度具体分类

软水是 8°以下，中等硬水是 8°～16°，硬水是 16°以上。

水的硬度大小对加工品最终品质有影响，如果水的硬度过大，水中含有较多的钙、镁离子，会与有机酸结合，产生沉淀物，影响最终品质。严重的会产生苦味，影响风味。如果配制罐头填充液使用硬度过大的水，会使果肉变粗糙。如果用来处理橘瓣囊衣，会造成囊衣脱出困难。

▲【知识拓展】

1. 农产品加工厂厂址选择与水源的关系

为了保证加工用水的清洁卫生，必须注意水源的卫生条件，一般来说，以深井水和上游未受到污染的河水或溪水最为理想。如果河水上游污染严重，虽经净化处理，也不适合于食品加工。因此，农产品加工厂厂址的选择必须认真考虑水源卫生条件。同时加工厂也要考虑生产过程中废水排放处理，以免污染环境。

▲【思考题】

1. 简述加工用水对加工产品质量的影响。
2. 简述加工用水的处理方法。

项目二　食品添加剂应用

知识目标：通过对食品添加剂的学习，使学生掌握食品添加剂的特性及在园艺产品加工中的应用方法。

技能目标：使学生掌握食品添加剂的使用原则及使用量。

德育目标：使学生养成良好职业道德，树立科学、严谨的工作态度。严格按照标准使用食品添加剂。

▲【任务提出】

食品在加工中为使加工品的色、香、味等品质得到保持或提高，加入适当的食品添加剂。如何正确理解食品添加剂是每个食品工作者的责任。

▲【技能要点】

1. 食品添加剂应用原则

目前，国际、国内对待食品添加剂均持严格管理、加强评价和限制使用的态度。为确保食品添加剂的食用安全，食品添加剂必须在允许范围和规定限量内使用，且对人体无害，也不应含有其他有毒杂质，对食品营养成分不应有破坏作用。同时，不得使用食品添加剂掩盖食品的缺陷或作为伪造的手段，不得由于使用食品添加剂而改变良好的加工工艺和降低卫生要求。为了确保食品添加剂的使用安全，应遵循以下原则：

(1)经食品毒理学安全性评价证明，在其使用限量内长期使用对人安全。

(2)不影响食品自身的感官性状和理化指标，对营养成分无破坏作用。

(3)食品添加剂应有中华人民共和国卫生部颁布并批准执行的使用卫生标准和质量标准。

(4)食品添加剂在应用中应有明确的检验方法。

(5)使用食品添加剂不得以掩盖食品腐败变质或以掺杂、掺假、伪造为目的。

(6)不得经营和使用无卫生许可证、无产品检验合格证及污染变质的食品添加剂。

2. 食品添加剂使用方法

食品添加剂的正确使用对于改善食品的质量和提高档次，保持原料乃至成品的新鲜度，提高食品的营养价值，开发研制新产品和改进食品加工工艺等方面有着极为重要的作用。但也必须指出，食品添加剂毕竟是外来成分，在规定的剂量范围内使用对人无害，如无限量地使用，也可能引起各种形式的毒性表现。因此，必须对食品添加剂进行严格的安全卫生管理，发挥其有益作用，防止不利影响。近年来，随着食品毒理学研究的不断发展，对食品添加剂提出了更高的安全卫生要求，按照 GB 2760—2007《食品添加剂使用卫生标准》和《食品添加剂卫生管理办法》的要求严加管理。食品添加剂及其使用方法应符合下列要求：

(1)食品添加剂本身原则上经过规定的《食品安全发生毒理学评价程序》证明在使用限量范围内对人无害，也不应含有其他有毒杂质；对食品的营养成分不应有破坏作用。

(2)食品添加剂进入人体后，最好能参加人体正常的物质代谢，或能被正常解毒过程解毒后全部排出体外，或因不能被消化道吸收而全部排出体外。

(3)食品添加剂在达到一定加工目的后，最好能在以后的加工、烹调过程被破坏或排除，使之不能摄入人体，则更安全。

(4)有害杂质不能超过允许限量。

(5)不得使用食品添加剂掩盖食品的缺陷或作为伪造的手段。

个别生产企业在生产过程中不能严格按照国家 GB 2760—2007《食品添加剂使用卫生标准》及《食品添加剂卫生管理办法》的要求使用，有乱加、多加现象。相关执法部门应严肃处理。

▲【任务实施】

1 色素拼色

某些食品的加工过程中，由于天然色的不足，需要通过添加色素进行人工着色。适宜的调色，首先考虑食品本身的天然色，如红葡萄酒多呈紫红色；其次根据现有的基本色素原料进行调色和着色。

合成色素中，基础色有八种：红色四种、蓝色两种、黄色两种。

由红、黄、蓝三种基础色可调配出不同的调配色：

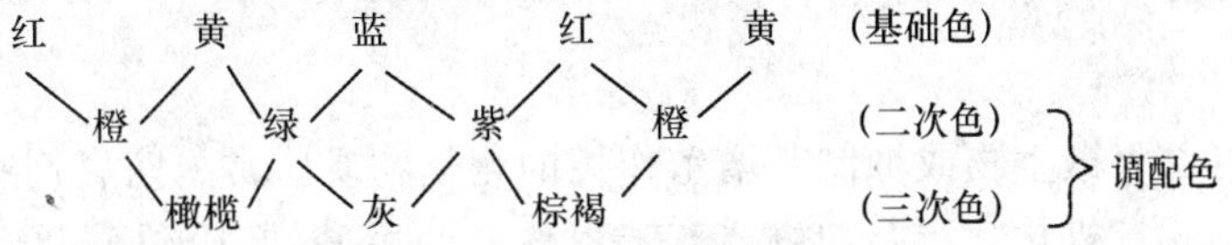

2 任务准备

原料准备：试管，滴管，0.01％胭脂红，0.005％靛蓝，0.1％柠檬黄。

3 实施过程

(1)取 2 支试管，各加入胭脂红溶液 5 mL，再向第一支试管中逐滴加入靛蓝溶液，使其成紫色，并记下滴数；向第二支试管中逐滴加入柠檬黄溶液，使其成橙色，记下滴数。

(2)取 2 支试管，各加入靛蓝溶液 5 mL，然后向第一支试管中逐滴加入柠檬黄溶液，使其成绿色，记下滴数；向第二支试管中逐滴加入胭脂红溶液，使其成紫色，记下滴数。

(3)取 2 支试管，各加入柠檬黄溶液 5 mL，然后向第一支试管中逐滴加入胭脂红溶液，使其成橙色，记下滴数；向第二支试管中逐滴加入靛蓝溶液，使其成绿色，记下滴数。

(4)仿照上述方法，再拼出橄榄色、灰色和棕褐色。

▲【加工中常见问题及解决途径】

1. 实际生产中没有按照标准进行，加入量往往超过标准。

只要按照标准来生产，时刻为消费者着想就能达到。

▲【考核要点和方法】

食品添加剂的使用标准，农产品中使用范围。作业与报告。

▲【相关知识】

1　食品添加剂概念

食品添加剂是指为改善食品品质和色、香、味，以及为防腐和加工工艺的需要而加入食品中的化学合成或者天然物质。

2　食品添加剂的种类及应用范围

食品添加剂的种类很多，按照来源可分为天然食品添加剂和化学合成食品添加剂；按用途可分为防腐剂、着色剂、酸味剂、增稠剂、甜味剂等。

食品添加剂的应用范围相当广泛。合理使用添加剂，开发出各种花色品种的产品并不断地创新，以满足消费者的需要。在绿色食品生产、加工过程中，A级、AA级的产品视产品本身或生产中的需要，均可使用食品添加剂。在AA级食品中只允许使用天然的食品添加剂，不允许使用人工化学合成的食品添加剂，在A级绿色食品中可以使用人工化学合成的食品添加剂。

3　常用食品添加剂的特性及使用方法

3.1　防腐剂

防腐剂是具有杀灭微生物或抑制其增殖作用的化学物质。常见防腐剂有有机化学防腐剂和无机化学防腐剂。有机化学防腐剂主要有苯甲酸及苯甲酸钠、山梨酸及山梨酸钾、乳酸等。无机化学防腐剂主要有亚硫酸及其盐类、硝酸盐、亚硝酸盐、次氯酸盐等。

(1)苯甲酸及其钠盐　常用于高酸性水果、浆果、果汁、果酱、榨菜、酱油等酸性食品的防腐保藏，且在使用时应充分考虑其特殊性——抑菌而非杀菌。若原料或食品中的原始菌数太高，即使应用也难取得良好效果。

(2)山梨酸　是国际粮农组织和世界卫生组织推荐的高效安全的防腐保鲜剂，山梨酸(钾)能有效地抑制霉菌、酵母菌和好氧性细菌的活性，还能防止肉毒杆菌、葡萄球菌、沙门氏菌等，广泛应用于食品、饮料、烟草、农药、化妆品等行业，作为不饱和酸，也可用于树脂、香料和橡胶工业。

3.2　着色剂

着色剂是以食品着色为目的的食品添加剂。可分为天然色素和人工合成色素两大类。天然色素直接来自动植物，除藤黄外，其余对人体无毒害。目前我国允许使用的合成色素有苋菜红、胭脂红、柠檬黄、日落黄和靛蓝。天然色素有姜黄素、红花黄色素、辣椒红素、虫胶色素、红曲米、酱色、甜菜红、叶绿素铜钠盐和β-胡萝卜素等。但国家对每一种天然食用色素也都规定了最大使用量。它们分别用于果味粉、果子露、汽水、配制酒、红绿丝、罐头以及糕点表面上彩等。但是，它们禁止用于下列食品：水果及其制品（包括果汁、果脯、果酱、果冻和酿造果酒）等。在国际上，自美国1976年禁止使用合成色素苋菜红之后，就逐步重视对天然色素的开发和应用。

3.3 酸味剂

酸味剂是以赋予食品酸味为主要目的的食品添加剂。酸味剂一般具有防腐、杀菌、辅助抗氧化剂的效用，又有助于溶解纤维素及钙、磷等物质，帮助消化，增加营养。常用的酸味剂有柠檬酸、苹果酸、酒石酸、乳酸、磷酸等。不同种类的酸对于形成该种类园艺产品的特有风味有一定关系。

(1)柠檬酸　有温和爽快的酸味，普遍用于各种饮料、汽水、葡萄酒、糖果、点心、饼干、罐头、果汁、乳制品等食品的制造。在所有有机酸的市场中，柠檬酸市场占有率70%以上，到目前还没有一种可以取代柠檬酸的酸味剂。无水柠檬酸大量用于固体饮料。柠檬酸的盐类如柠檬酸钙和柠檬酸铁是某些食品中需要添加钙离子和铁离子的强化剂。

(2)*L*-苹果酸　为天然果汁的重要成分，*L*-苹果酸是人体必需的一种有机酸，也是一种低热量的理想食品添加剂。当50%*L*-苹果酸与20%柠檬酸共用时，可呈现强烈的天然果实风味。与柠檬酸相比具有酸度大（酸味比柠檬酸强20%），味道柔和，酸味特殊，不损害口腔与牙齿等特点。代谢上有利于氨基酸吸收，不积累脂肪，是新一代的食品酸味剂，被生物界和营养界誉为“最理想的食品酸味剂”。目前在老年及儿童食品中广泛应用。

(3)酒石酸　酸味重，是柠檬酸酸味的1.2～1.3倍，有收敛性涩味，一般与柠檬酸和苹果酸并用。

有机酸往往是和糖一起共同决定园艺产品风味。纯粹的酸不受欢迎，酸甜适口才最好。风味是不是好，一要看含糖量，二要看糖酸比，即糖/酸对风味更重要，可见酸味所起的重要作用。

3.4 增稠剂

增稠剂是指能改善或稳定食品物理性质或组织状态的添加剂。可以增加食品的黏度，赋予食品以黏滑适口的口感。同时具有一定的保水性和成膜性。常用于果蔬汁制品和果蔬酱制品中。常用的增稠剂有改性淀粉、琼脂、明胶、海藻酸钠、羧甲基纤维素钠、果胶、魔芋粉等。

3.5 甜味剂

甜味剂是以赋予制品甜味为主要目的的物质。按其来源可分为天然甜味剂（如甘草、甜菊糖、糖醇类）和人工合成甜味剂（糖精）；按其营养价值分为营养性甜味剂和非营养性甜味剂；按其化学结构和性质分为糖类和非糖类甜味剂。天然甜味剂多由植物提取或由糖转化而来，安全性较高。特别是糖醇类已广泛用于肥胖病、糖尿病患者的饮食中。天然甜味剂有蔗糖、果糖、葡萄糖、麦芽糖、淀粉糖浆、麦芽糖醇、山梨糖醇、木糖醇等；人工合成甜味剂甜度高，价格便宜，有一定的毒性和副作用，因此，在生产中应严格控制。人工合成甜味剂有糖精、环已基氨基磺酸钠、天门冬氨酰苯丙氨酸甲酯等。使用范围和使用量应严格执行食品添加剂使用卫生标准。

日常生活中，甜味剂的使用比较广泛。饮料、酱菜、糕点、饼干、面包、雪糕、蜜饯、糖果、调味料、肉类罐头等，几乎所有常见的食品中都添加了甜味剂。

△【知识拓展】

随着现代食品工业的崛起，食品添加剂的地位日益突出，世界各国批准使用的食品添加剂种类也越来越多，其使用水平已成为该国现代化程度的重要标志。随着人民生活水平不断提高，生活节奏显著加快，人们对食品的口感、风味、质量、营养、安全等有了更新、更高的要求。在食品加工制作过程中合理使用食品添加剂，既可以使加工品色、香、味、型及组织结构俱佳，还能保持和增加食品营养成分，防止食品腐败变质，延长食品保质期，便于食品加工和改进食品加工工艺，提高食品生产效率。随着我国综合国力的迅速提高和科学技术的不断进步，我国的食品工业快速发展，加工食品的比重成倍增加，食品的种类、花色日益繁多，生活中接触到的食品添加剂也随之变得越来越多，人们对食品添加剂给食品安全带来的问题也越来越受到人们的关注。将食品添加剂的"滥用"和化学农药、重金属、微生物、多氯联苯等常规污染物一起被列为食品污染源。食品行业从业人员只有掌握食品添加剂的相关知识，科学、准确、合理地使用食品添加剂，才能充分发挥食品添加剂在食品生产中的作用，保证食品安全。美国是目前世界上食品添加剂产值最高的国家，其销售额占全球食品添加剂市场的 1/3，其食品添加剂品种也位居榜首。在美国食品与药物管理局（FDA）所列 2 922 种食品添加剂中，受管理的有 1 755 种。日本使用的食品添加剂约 1 100 种，其中包括日本食品添加物公定书（第六版）所列化学合成品 350 种。欧洲约使用 1 500 种。我国至 2003 年 3 月已公布批准使用的食品添加剂有 1 694 种（含食品用香料）。

△【思考题】

1. 简述食品添加剂的概念。
2. 简述食品添加剂的应用方法。

项目三　加工原料处理

知识目标：通过学习使学生掌握加工原料处理的原则，不同原料的处理方法。
技能目标：掌握对不同原料进行具体处理的操作技术。
德育目标：培养学生一丝不苟、仔细认真的工作态度。

▲【任务提出】

加工品在加工过程中要对原料进行适当的处理才能保证加工品质量。如何正确对原料进行处理是产品加工中不可忽视的细节。掌握正确的原料处理是应具备的基本能力。

▲【技能要点】

掌握原料的选别、分级、清洗、去皮、去核、去心、切分、修整、破碎、硬化、烫漂等处理方法。

▲【任务实施】

1　任务准备

原料准备：苹果、土豆、胡萝卜；氢氧化钠、盐酸(柠檬酸)；温度计、不锈钢锅、刀、烧杯、橡胶手套、盆、勺、托盘天平等。

2　实施过程

2.1　热碱液的准备

在不锈钢锅内加水 1 000 mL 煮沸，称取氢氧化钠 100 g，配成 10%的溶液，维持 95℃左右温度。

2.2　原料预热

在另一不锈钢锅中，加入 1 500～2 000 mL 水，加热至 60～70℃，将要去皮的原料放入，均匀受热，处理 2～5 min。

2.3　碱液处理

(1)将苹果放入大烧杯中，倒入碱液，浸没处理 1～2 min，温度 95℃左右。

(2)将马铃薯放入热碱溶液中处理 2～3 min，温度 95℃。

(3)在碱液内加入 800 mL 水，使碱液浓度在 5%左右，温度 95℃左右，将胡萝卜放入处理 1～2 min。

(4)漂洗：每次处理完迅速用冷水浸泡、漂洗、搓擦表皮、淘洗，并反复换水，直至除去碱液，亦可用0.1%～0.2%盐酸或0.25%～0.5%柠檬酸液浸泡(除碱、护色)。

(5)每种原料做2次,找出去皮适度的参数、碱液浓度、温度、时间。

3 实验结果分析讨论

表1-1 实验结果对照表

类别	碱液浓度	碱液温度	处理时间	处理结果
桃				
马铃薯				
胡萝卜				

△【加工中常见问题及解决途径】

1. 碱液去皮处理不当,不是去皮不彻底就是去皮过度。

解决的办法就是要先进行试验后才能确定,掌握好碱液的浓度、温度、时间。

2. 烫漂处理不好,造成加工品变褐或软烂。

解决的办法就是要掌握好标准,根据不同果蔬的块形、大小等条件而定。

3. 去核、去心不彻底有残留。

只要耐心、细致、认真并严格检查就可以避免。

△【考核要点和方法】

1. 果蔬去皮、去核、去心的方法,掌握要点。

2. 碱液去皮的原理,碱液浓度、温度等的确定方法。

△【相关知识】

1 原料处理的原则

农产品加工方法较多,不同制品、不同的加工方法对原料均有不同的要求。优质、高产、低耗的加工产品,除了受加工工艺和加工设备的影响外,还与原料的质量、加工适性以及原料的处理有密切的关系。所以在加工工艺和设备条件一定的情况下,原料的处理要根据种类、品种、成熟度、新鲜度和产品质量的要求,对原料进行适当的处理。

2 原料处理的重要性

农产品加工原料的处理,对其制成品的影响很大。如处理不当,不但会影响产品的质量和产量,而且会对以后的加工工艺造成影响。为了保证加工品的风味和综合品质,必须认真对待加工前原料的预处理。

果蔬加工原料的处理包括选别、分级、洗涤、去皮、修整、切分、烫漂(预煮)、护色、半成品保存等工序。尽管果蔬种类和品种各异,组织特性相差很大,加工方法也有很大的差别,但加工前的处理过程却基本相同。

3 原料处理方法

3.1 原料的选别、分级

原料在进厂时一般都有杂质，且大小、成熟度有一定的差异，这就给加工带来一定的困难，有必要对其进行处理。

3.1.1 选别

通过选别可以剔除不合乎加工要求的部分，包括未熟或过熟的，已腐烂或长霉的。还有混入原料内的沙石、虫卵和其他杂质，从而保证原料的质量；选别主要通过人工检查，在固定的工作台上或传送带上进行对原料粗选，剔除虫咬、霉变、伤口大的原料，对残、次果进行修整。

3.1.2 分级

农产品的分级方法可分为按大小分级、按成熟度分级和按色泽分级几种，视不同的果蔬种类及这些分级内容对农产品加工品的影响而分别采用一种或多种分级方法。

在我国，按成熟度分级常采用目视估测的方法进行。在农产品加工中，桃、梨、苹果、杏、樱桃、豆类、黄瓜、芦笋、竹笋等果蔬常先按成熟度分级。分成高、中、低三级，以便能合理地制定后续工序。

按色泽分级与按成熟度分级在大部分果蔬中是一致的，一般按色泽的深浅分开。除了在预处理以前分级外，大部分罐藏果蔬在装罐前也要按色泽分级。

按大小分级是分级的主要方法，几乎所有的加工果蔬均需按大小分级。其方法有手工分级和机械分级两种。

(1)手工分级　在生产规模不大或机械设备较差时常用手工分级，同时可配备简单的辅助工具，如圆孔分级板、蘑菇大小分级尺等。分级板由长方形板上开不同孔径的圆孔制成，孔径的大小视不同的果品种类而定。通过每一圆孔为一级，但不应硬塞入孔内，以免擦伤果皮。同时，果实也不能横放或斜放，以免大小不一。这种分级同样适合于圆形的蔬菜和蘑菇。

除分级板外，还有分级筛。适用于豆类、马铃薯、洋葱及部分水果，分级效率高，比较实用。

(2)机械分级　采用机械分级可大大提高分级效率，且分级均匀一致，目前常用的机械有：

①滚筒式分级机　主要部件为滚筒，是一个圆柱形的筒状筛，用 1.5～2.0 mm 厚的不锈钢板冲孔后卷成。其上有不同孔径的几组漏孔，原料从进口至出口，后组的孔径逐渐比前组增大。每组滚筒下装有集料斗。当果实进入时，小于第一组孔径的果实，从第一级筒筛落入料斗，为一级，其余类推。为使原料从筒内向出口处运动，整个滚筒装置一般有 3°～5°的倾角。滚筒分级机适用于山楂、蘑菇、杨梅等的分级。

②振动筛　振动筛是常用的果蔬分级机械，多数水果可利用此机分级，本身为带有孔的金属板，孔径由小到大，用铜或不锈钢制成，操作时，机体沿一定方向作往复运动，出料口有一定的倾斜度。因机体摆动和倾斜角的作用，筛面上的果蔬以一定速度向前移动，在移动过程中进行分级。

③分离输送机　分离输送机为一种皮带分级机，其分级部分是由若干组成对的长橡皮带构成，每对橡皮带之间的间隙由始端至末端逐渐加宽，形成“V”字形。果实进入输送带始端，两条输送带以同样的速度带动果实向末端运动，带下装有各档集料斗，小的果实先落下，大的

果实后落下，以此分级。此种设备简单，效率高，适合于大多数果品。缺点是调整较费时，分级不太严格。

除了各种通用机械外，果蔬加工中还有许多专用的分级机械，如蘑菇分级机、橘瓣分级机和菠萝分级机等。

3.2 清洗

农产品原料清洗的目的在于洗去产品表面附着的灰尘、泥沙和大量的微生物以及部分残留的化学农药，保证产品的清洁卫生，从而保证制品的质量。洗涤时常在水中加入盐酸、氢氧化钠、漂白粉、高锰酸钾等化学试剂，既可减少或除去农药残留，还可除去虫卵，降低耐热芽孢数量。近年来，也有一些脂肪酸系的洗涤剂如单甘油酸酯、磷酸盐、糖脂肪酸酯、柠檬酸钠等应用于生产。

农产品的清洗方法可分为手工清洗和机械清洗两大类。

(1)手工清洗　简单易行，设备投资少，适用于任何种类的农产品，但劳动强度大，属非连续化作业，效率低。但对于一些易损伤的果品如杨梅、草莓、樱桃等，此法较适宜。

(2)机械清洗

①滚筒式清洗机　适合于质地比较硬和表面不怕机械损伤的李、黄桃、甘薯、胡萝卜等原料。

②喷淋式清洗机　适用于番茄、柑橘等。

③桨叶式清洗机　适合于胡萝卜、甘薯、芋头等较硬产品。

此外，还有用途广泛的压气式清洗机等多种类型。应根据生产条件、产品形状、质地、表面状态、污染程度、夹带泥土量以及加工方法而选用适宜的清洗设备。

3.3 去皮、去核、去心

3.3.1 去皮

凡表皮粗糙、坚硬、具有不良风味或在加工中容易对产品质量有影响的果蔬原料必须去皮。除叶菜类外，大部分果蔬外皮较粗糙、坚硬，虽含有一定的营养成分，但口感不良对加工制品有一定的影响。去皮有利于加工和提高品质。去皮以去除皮层为度，只要求去掉不可食用或影响制品品质的部分，不可过度，否则会增加损耗。但对果汁、果酒及某些果脯类，因为要打浆、压榨或其他原因才不用去皮，腌渍菜类，可不行去皮。

果蔬去皮的方法主要有：手工去皮、机械去皮、碱液去皮、热力去皮、酶法去皮、冷冻去皮、真空去皮。

(1)手工去皮　手工去皮是应用特别的刀、刨等工具人工削皮，应用范围较广。其优点是去皮干净、损失率少，并兼有修整的作用，还可去心、去核、切分等同时进行。在果蔬原料质量较不一致的条件下能显示出其优点。但手工去皮费工、费时、生产效率低、不适合大规模生产。

(2)机械去皮　采用专门的机械进行，常用的去皮机主要有下述三种类型：

①旋皮机　主要原理是在特定的机械刀架下将果蔬皮旋去，适合于苹果、梨、柿、菠萝等大型果品。

②擦皮机　利用内表面有金刚砂，表面粗糙的转筒或滚轴，借摩擦力的作用擦去表皮。适用于马铃薯、甘薯、胡萝卜、芋头等原料，效率较高，但去皮后的表面不光滑。此种方法常与热力去皮法结合使用，如甘薯去皮即先行加热，再喷水擦皮。

③专用去皮机　青豆、黄豆等采用专用的去皮机来完成，菠萝也有专门的菠萝去皮、切端通用机。

机械去皮比手工去皮的效率高、质量好，但是损耗较大。一般要求去皮前原料有较严格的分级。另外，用于果蔬去皮的机械，特别是与果蔬接触的部分应用不锈钢制造，否则会使果肉褐变，且由于器具被酸腐蚀而增加制品内的重金属含量。

(3)碱液去皮　碱液去皮是果蔬原料去皮中应用最广的方法。桃、李、杏、苹果、胡萝卜等果蔬，外皮由角质、半纤维素等组成，果肉为薄壁细胞组成，果皮与果肉之间是中胶层，富含果胶物质，将果皮与果肉连接。当果蔬原料与碱液接触时，果皮的角质、半纤维素易被碱液腐蚀而变薄乃至溶解，中胶层的果胶被碱液水解而失去胶凝性，果肉的薄壁细胞膜比较抗碱。因此，碱液处理能使果蔬的表皮剥落而保存果肉。

碱液去皮常用的碱为氢氧化钠，其腐蚀性强且价廉；也可用氢氧化钾或二者的混合液，但氢氧化钾较贵。有时也用碳酸氢钠等碱性较弱的碱。

为了帮助去皮也可加入一些表面活性剂和硅酸盐，因它们可降低果蔬的表面张力，使碱液分布均匀，促进碱液渗透，加强去皮效果。在甘薯、苹果、梨中有应用。

碱液去皮时碱液的浓度、处理时间和碱液温度为三个重要参数，应根据不同的果蔬原料种类、成熟度和大小而定。碱液浓度高、处理时间长及温度高会增加皮层的松离及腐蚀程度。适当增加任何一项，都能加速去皮作用。故生产中必须根据具体情况灵活掌握，只要处理后经轻度摩擦或搅动能脱落果皮，且果肉表面光滑为适度的标志。

经碱液处理后的果蔬必须立即在冷水中浸泡、清洗，而且要反复换水。同时，淘洗除去果皮渣和黏附的余碱，漂洗至果块表面无滑腻感，口感无碱味为止。漂洗必须充分，如若不然有可能导致果蔬制品，特别是罐头制品的 pH 偏高，如杀菌不足，使产品败坏，同时口感也不良。

碱液去皮的处理方法有浸碱法和淋碱法两种：

①浸碱法　可分为冷浸与热浸，生产上以热浸较常用。将一定浓度的碱液装在特制的容器中，将果实浸泡一定时间后取出搅动、摩擦去皮、漂洗即成。

简单的热浸设备常为夹层锅，用蒸汽加热，手工浸入果蔬、取出、去皮。大量生产可用连续的螺旋推进式浸碱去皮机或其他浸碱去皮机械。

②淋碱法　将热碱液喷淋于输送带上的果品上，淋过碱的果品送入转筒内，边翻滚摩擦去皮。杏、桃等果实常用此法。

碱液去皮优点较多，首先是适应性广，大部分果蔬均可应用碱液去皮，且对原料表面不规则、大小不一的原料也能达到良好的去皮效果；其次，碱液去皮方法得当，损失率较少，原料利用率较高；第三，此法可节省人工、设备等。但必须注意碱液的强腐蚀性，注意安全，设备容器等必须是不锈钢制成或用搪瓷、陶瓷，不能使用铁或铝制品。同时要注意碱液用后的环保处理，以免污染环境。

(4)热力去皮　果蔬先用短时间的高温处理，使之表皮迅速升温而松软，果皮膨胀破裂，与内部果肉组织分离，然后迅速冷却去皮。此法适用于成熟度高的桃、杏、番茄、甘薯等。

热力去皮的热源主要有蒸汽与热水。蒸汽去皮时一般采用近 100℃处理，这样可以在短时间内使外皮松软，便于分离。具体的蒸汽处理时间，可根据原料种类和成熟度而定。

用热水去皮时，少量的可用夹层锅内加热的方法。批量生产时，采用带有传送装置的沸水槽进行。果蔬经短时间的热水浸泡后，用手工剥皮或高压水冲洗。如番茄即可在 95～98℃的热水中热烫 10～30 s，取出冷水浸泡或喷淋，然后手工剥皮；桃可在 100℃的蒸汽下处理 8～10 min，然后边喷淋冷水边用毛刷辊或橡皮辊刷洗。

除上述两种热处理方法外，科研上还有用火焰进行加温的火焰去皮法、红外线加温去皮法等。据报道，将番茄在 1 500～1 800℃的红外线高温下受热 4～20 s，用冷水喷射即可除去外皮，效果较好。

热力去皮原料损失少，色泽好。但只适用于皮层易剥离、充分成熟的原料，对成熟度低的原料不适用。

(5)酶法去皮　利用果胶酶的作用，能使果胶水解使果皮和果肉分离。例如，柑橘的囊瓣，在果胶酶（主要是果胶酯酶）的作用下，可使果胶水解，脱去囊衣。如将橘瓣放在 1.5%的 703 果胶酶溶液中，在 35～40℃，pH 1.5～2.0 的条件下处理 3～8 min，可达到去囊衣的目的。酶法去皮温度要求较低，产品质量好。其关键是要掌握酶的浓度及酶的最佳作用条件如温度、时间、pH 等。

(6)冷冻去皮　将果蔬放在冷冻装置内让其达到轻度表面冻结，然后解冻，使皮层松弛后去皮，此法适用于桃、杏、番茄等。

(7)真空去皮　将成熟的果蔬先行加热，使其升温后果皮与果肉易分离，接着进入有一定真空度的真空室内，适当处理，使果皮下的液体迅速"沸腾"，皮与肉分离，然后破除真空，冲洗或搅动去皮。此法适用于成熟的果蔬如桃、番茄等。

综上所述，果蔬去皮的方法很多，且各有其优缺点，可根据实际生产条件、果蔬的状况而采用适合的方法。无论哪种方法，都以达到除去外皮不可食部分，保持果蔬去皮后外表光洁为好。可多种方法结合使用，如碱液去皮时，为缩短浸碱或淋碱时间，可将原料预先进行热处理，再进行碱处理等。

3.3.2　去核、去心

核果类加工前需去核，仁果类则需去心。枣、金柑、梅等加工蜜饯时需划缝、刺孔等。通常使用挖核器、通核器，生产上可根据实际情况灵活选用合适的工具。

3.4　切分、修整、破碎

体积较大的果蔬原料在罐藏、干制、腌制及果脯、蜜饯加工时，为了保持适当的形状，需要适当地切分。切分的形状应根据原料的形状、性质和加工要求而不同。制果酒、果蔬汁等制品，加工前需破碎，使之便于压榨或打浆，提高取汁率。

罐头或果脯、蜜饯加工时为了保持良好的外观形状，需对果块在装罐前进行修整，以便除去果蔬碱液未去净的皮，部分黑色斑点和其他病变组织。

用手工操作时所使用的工具除一般刀具外，还有许多专用的小工具，如管状的去核器；匙形的去核器；金柑、梅的刺孔器等。

规模生产常有多种专用机械，主要有：

(1)劈桃机　用于将桃切半，主要原理为利用圆盘锯将其锯成两半。

(2)多功能切片机　为目前采用较多的切分机械，可用于果蔬的切片、切块、切条等。设备中装有可换式组合刀具架，可根据要求选用刀具。

(3)专用的切片机　在蘑菇生产中常用蘑菇定向切片刀，除此之外，还有菠萝切片机、青刀豆切端机、甘蓝切条机等。

果蔬的破碎常由破碎打浆机完成。刮板式打浆机也常用于打浆、去籽。制造果酱时果肉的破碎也可采用绞肉机进行。果泥加工可用磨碎机或胶体磨。

3.5　硬化处理

硬化处理的目的主要是为了提高产品的硬度,保持产品形状。硬化处理可使糖制品在糖制时增加耐煮性,防止软烂。可将原料浸于石灰或氯化钙溶液中。常用的硬化剂有石灰、氯化钙、明矾等。使用量要适宜,一般制蜜饯时石灰用量为 0.5%～2%。罐头中氯化钙应控制在 0.05%以下。过量会生成过多的果胶物质钙盐或引起部分纤维素钙化,影响果实对糖分的吸收。使制品质地粗糙,质量下降。

3.6　烫漂

果蔬的烫漂,生产上常称预煮。即将已切分的或经其他预处理的新鲜果蔬原料放入沸水或热蒸汽中进行短时间的热处理。其主要目的在于:

3.6.1　钝化酶活性、防止酶褐变

果蔬受热后氧化酶类等可被钝化,从而停止其本身的生化活动,防止品质的进一步败坏,这在速冻、干制品、罐藏中尤为重要。一般认为抗热性较强的氧化还原酶可在 71～73.5℃、过氧化酶可在 90～100℃的温度下一定时间内失去活性。

3.6.2　软化或改进组织结构

烫漂后的果蔬体积适度缩小,组织变得适度柔韧,罐藏时,便于装罐。同时由于部分脱水,易保证有足够的固形物含量,干制和糖制时由于改变了细胞膜的透性,使水分易蒸发,糖分易渗入,不易产生裂纹和皱缩,干制时加碱液烫漂后效果会更好。热烫过的干制品也较容易复水。

3.6.3　排除原料组织内部空气、稳定或改进色泽

由于空气的排除,有利于罐头制品保持适宜的真空度;对于含叶绿素的果蔬,色泽更加鲜绿;不含叶绿素的果蔬则变成半透明状态,更加美观。

3.6.4　除去部分辛辣味和其他不良风味

对于苦涩味、辛辣味或其他异味重的果蔬原料,经过烫漂处理可适度减轻,有时还可以除去一部分黏性物质,提高制品的品质。如罐藏青刀豆通过烫漂可除去部分可溶性含氮物质,避免苦味并减少容器的腐蚀。

3.6.5　降低果蔬中的污染物和微生物数量

由于烫漂时加热,可部分杀灭微生物,减少对原料的污染,这对于速冻制品尤为重要。果蔬烫漂常用的方法有热水和蒸汽两种。热水烫漂的优点是物料受热均匀,升温速度快,方法简便。热水烫漂温度一般不低于 90℃,时间 2～5 min;缺点是可溶性固形物损失多。在热水烫漂过程中,其烫漂用水的可溶性固形物浓度随烫漂的进行不断加大,以后则损失逐渐减少,故在不影响烫漂外观效果的条件下,不应频繁更换烫漂用水。但是,烫漂同时要损失一部分营养成分,热水烫漂时,果蔬视不同的状态要损失部分可溶性固形物。据报道,切片的胡萝卜用热水烫漂 1 min 损失矿物质 15%,整条的也要损失 7%。另外,维生素 C 及其他维生素同样也有一定损失。蒸汽烫漂的优点是加热时间短,营养损失少。缺点是加热中的产品受热不均匀。

加工罐头用的果品也常用糖液烫漂,同时兼有排气作用。为了保持绿色果蔬的色泽,常在

烫漂水中加入碱性物质，如碳酸氢钠、氢氧化钙等。但此种物质对维生素C损失影响较大。葡萄干常用碳酸钾、氢氧化钠和植物油的混合液或亚硫酸盐与植物油的混合液进行烫漂。豌豆常在0.08%～0.1%的叶绿素铜钠染色液中烫漂兼染色。蒸汽烫漂其温度一般在100℃左右。优点是可溶性物质流失少，但设备较复杂。

果蔬烫漂可用手工在夹层锅内进行。现代化生产常采用专门的连续化预煮设备，依其输送物料的方式，目前主要的预煮设备有链带式连续预煮机和螺旋式连续预煮机等。

预煮判断标准：应根据果蔬的种类、块形、大小、工艺要求等条件而定。

(1)从外表上看果实烫至半生不熟，组织较透明，失去新鲜果蔬的硬度，但又不像煮熟后那样柔软即被认为适度。

(2)过氧化物酶活性检查，可用0.1%的愈创木酚酒精溶液（或0.3%的联苯胺溶液）及0.3%的过氧化氢溶液作试剂。方法是将试样切片后，随即浸入愈创木酚或联苯胺溶液中或在切面上滴几滴上述溶液，再滴上0.3%的过氧化氢数滴，数分钟后，愈创木酚变褐色、联苯胺变蓝色即说明酶未被破坏。采用不同温度与不同时间进行处理，用同样方法进行检验，直到没有呈色反应为止，说明烫漂程度已够。

烫漂后的果蔬要及时浸入冷水中冷却，防止过度受热，组织变软。对果蔬的热烫研究甚多，美国有些厂家应用热风加蒸汽的方法钝化酶，效果很好。方法是将果蔬置于温度高达150℃、风速107 m/s的热风隧道中短时间处理。据认为，此法的优点是无常规烫漂所排入的大量废水，成本低30%，且果蔬营养成分保存得很好。

▲【知识拓展】

胡萝卜含有丰富的β-胡萝卜素，它在小肠内可以转化成维生素A。维生素A对皮肤的表皮层有保护作用，可使人的皮肤柔润、光泽、有弹性，因此又被称为“美容维生素”。此外还含有维生素B_1、维生素B_2、维生素C、维生素D、维生素E、维生素K、叶酸、钙质及食物纤维等。胡萝卜表面有一层蜡质层，其主要成分是果胶。在加工时需要去除，用手工方法去皮干净、损失率少，并可有修整的作用，但这种方法费工、费时、生产效率低。因此现在大量采用化学去皮等方法。复合磷酸盐法去皮实际也是碱液去皮的一种。因为磷酸氢二钠和磷酸钠都是碱性物质。它的原理是通过碱液对表皮内的中胶层溶解，从而使果皮分离。

▲【思考题】

1. 原料处理对产品质量有哪些影响？

2. 原料处理的方法有哪些？

项目四　农产品加工中的护色及效果观察

知识目标:通过对农产品加工中护色内容的学习,掌握产品加工护色的原理和方法。
技能目标:使学生掌握护色的具体操作技术。
德育目标:培养学生食品安全理念,具有创新能力、科学、严谨的工作作风。

▲【任务提出】

农产品在加工中容易出现原料变色或褪色现象,色泽是判定产品质量的重要指标。如何保持原料原有色泽是产品加工中的重要内容。掌握农产品加工中的护色方法非常必要。

▲【技能要点】

1. 烫漂护色

烫漂用水温度的控制及热烫时间的掌握。

2. 食盐溶液护色

食盐溶液的配制和浓度的计算。

3. 亚硫酸盐溶液护色

亚硫酸盐浓度和浸泡时间的控制。

4. 有机酸溶液护色

主要有机酸浓度的设计、计算和护色对象的选择。

5. 抽空护色

真空度的大小和时间的控制。

▲【任务实施】

1　任务准备

原料准备:苹果、梨、马铃薯、菠菜、莴苣叶等。电炉、不锈钢锅、水果刀、漏勺、搪瓷盘、烘箱、分析天平。0.1%柠檬酸、1%NaCl、2%Na_2SO_3、0.5%$NaHCO_3$、0.5%CaO、0.1%HCl。

2 实施过程

2.1 酶褐变观察

苹果、梨、马铃薯人工去皮，切成 3 mm 厚薄片，裸露于空气中，观察颜色变化。

2.2 酶褐变抑制

(1)热烫　高温可使氧化酶失活，生产中常利用热烫防止酶褐变。将苹果、马铃薯、梨投入沸水即开始计时，每隔 1 min，取出一片苹果、马铃薯、梨，用 1.5% 愈创木酚和 3% 过氧化氢滴在切面上，观察其变色程度和速度，直至取出的果蔬片不再变色为止，将剩余果蔬片投入冷水中及时冷却，再观察颜色有无变化。

(2)化学试剂抑制酶褐变　取同样果蔬片放入 1% NaCl、0.1% 柠檬酸、2% Na_2SO_3 溶液中，护色 20 min，取出观察其色泽。

将上述三类果蔬片同时放入 55～60℃ 烘箱中，恒温干燥，观察经处理和未经处理果蔬片干燥前后色泽变化，并记录于表 1-2 中。

表 1-2　实验结果对照表

原料名称	对照		沸水热烫		1% NaCl		2% $NaHSO_3$		0.1% 柠檬酸	
	烘前	烘后	烫后	烘后	浸后	烘后	浸后	烘后	浸后	烘后
苹果										
梨										
马铃薯										

2.3 叶绿素变化及护绿

(1)将洗净的菠菜 15 条，分别在 0.5% $NaHCO_3$、0.5% CaO、0.1% HCl 溶液中各放 5 条，浸泡 30 min，沥干明水；

(2)将经以上处理的原料放在沸水中 2～3 min，取出放入冷水中冷却，沥干明水；

(3)将洗净的蔬菜放沸水中 2～3 min，取出冷水冷却，沥干明水；

(4)洗净的原料 3～4 条；

(5)将经以上处理的原料放入 60℃ 烘箱恒温干燥，观察不同处理产品的色泽变化，并记录于表 1-3 中。

表 1-3　实验结果对照表

原料名称	对照		0.5% $NaHCO_3$		0.5% CaO		0.1% HCl		0.5% $NaHCO_3$		0.5% CaO		0.1% HCl	
	烘前	烘后	浸后	烘后	浸后	烘后	浸后	烘后	浸后	烘后	烫后	烘后	烫后	烘后

▲【加工中常见问题及解决途径】

1. 烫漂护色如果不彻底，加工中仍会有褐变发生。

解决方法就是根据不同产品烫漂不同的时间，避免处理不彻底，存在酶活性，使产品产生褐变。

▲【考核要点与方法】

对产品进行护色处理操作。解答处理中存在的问题与解决方法。

▲【相关知识】

1 原料护色的目的

原料在去皮和切分后，与空气接触迅速变成褐色，不仅影响外观和风味，还会造成营养损失。因此，护色的主要目的就是防止加工变色，保持产品原有的风味和品质，以免影响产品质量。

2 原料护色的原则

(1)根据作用对象色素的性质与结构形式进行护色。

(2)防止加工变色，应以不影响外观和风味为原则。

(3)要有针对性地选择护色剂，并考虑护色剂的加入对产品呈色是否有负面影响。

(4)注意各种护色剂之间的相互影响(增效或相悖作用)。

3 原料护色的具体方法

果蔬去皮和切分之后，与空气接触会迅速变成褐色，从而影响外观，也破坏了产品的风味和营养品质。其原因是发生了褐变，这种颜色变化对产品外观有影响，必须尽可能地防止。这种褐变主要是酶促褐变，由于果蔬中的多酚氧化酶氧化具有儿茶酚类结构的酚类化合物，最后聚合成黑色素所致。其关键的作用因子是酚类底物、酶和氧气。一般护色措施均从排除氧气和抑制酶活性两方面着手，方法主要有下述几种。

3.1 烫漂护色

烫漂可钝化酶的活性，防止酶褐变，稳定或改进色泽。

将已切分的或其他预处理的新鲜原料放入沸水或蒸汽中进行短时间的处理，可以钝化酶的活性；软化组织；稳定或改进色泽；除去果蔬的部分辛辣味和其他不良气味；降低果蔬中污染物和微生物的数量。

果蔬烫漂常用的方法有蒸汽烫漂和热水烫漂两种。为了保护绿色果蔬的色泽，常在烫漂的水内加入碱性物质，如碳酸氢钠、氢氧化钙等，但维生素 C 损失较大。果蔬烫漂的程度应根据果蔬的种类、块形、大小、工艺要求等条件而定。烫漂后的果蔬要及时浸入冷水中，防止过度受热，组织变软和营养损失。

3.2 食盐溶液护色

3.2.1 护色原理

将去皮或切分后的果蔬浸于一定浓度的食盐溶液中可护色。其原理是：

(1)食盐对酶的活性有一定的抑制和破坏作用。

(2)在盐水中氧气的溶解度比空气中小,有一定的护色效果。

3.2.2 护色方法

果蔬加工中常用1%~2%的食盐水护色。桃、梨、苹果及食用菌类均可用此法。但蘑菇也用近30%的高浓度盐渍并护色。用此法护色应注意漂洗净食盐,特别是对于水果尤为重要。例如,在苹果罐头制作中,苹果切分后用1%盐水进行护色,效果较好,方便、经济、实用。

3.3 亚硫酸盐溶液护色

亚硫酸盐既可防止酶褐变,又可抑制非酶褐变,效果较好。常用的亚硫酸盐有亚硫酸钠、亚硫酸氢钠和焦亚硫酸钠等。罐头加工时应注意采用低浓度,并尽量脱硫,否则易造成罐头内壁产生硫化斑。但干制等可采用较高的浓度。常用方法为浸泡法,即将原料直接浸泡于一定浓度的亚硫酸盐溶液中一定时间。例如,采用亚硫酸盐对蘑菇进行护色处理可以洁净菇体、淡化损伤部位褐变和起到洁白的作用,常用0.09%~0.18%亚硫酸盐溶液处理10~30 min,即可取得较好的效果,硫残留量和含水量均符合国家标准。

3.4 有机酸溶液护色

有机酸溶液既可降低pH、抑制多酚氧化酶活性,又可降低氧气的溶解度而兼有抗氧化作用,大部分有机酸还是果蔬的天然成分,所以优点甚多。常用的有机酸有柠檬酸、苹果酸、抗坏血酸,但后两者成本较高,故除了一些名贵的果品或速冻果品外,生产上一般都采用柠檬酸,浓度为0.5%~1%。

3.5 抽空护色

某些果蔬如苹果、番茄等,组织较疏松,含空气较多,对加工特别是罐藏不利,易引起氧化变色,需进行抽空处理。抽空是将原料置于糖水或盐水等介质里,在一定的真空状态下,使内部的空气释放出来。果蔬的抽空装置主要由真空泵、气液分离器、抽空罐等组成。果蔬抽空的方法有干抽和湿抽两种方法。

(1)干抽法 将处理好的果蔬装于容器中,置于90 kPa以上的真空罐内抽去组织内的空气,然后吸入规定浓度的糖水或水等抽空液,使之淹没果面5 cm以上,当抽空液吸入时,应防止真空罐内的真空度下降。

(2)湿抽法 将处理好的果实,浸没于抽空液中,放在抽空罐内,在一定的真空度下抽去果肉组织内的空气,抽至果蔬表面透明为度。果蔬所用的抽空液常用糖水、盐水、护色液三种,视种类、品种、成熟度而选用。原则上抽空液的浓度越低,渗透越快;浓度越高,成品色泽越好。如糖水草莓罐头护色是将抽空母液倒入真空预抽罐中,再倒入草莓,并用竹帘将果实轻轻压入抽空母液中,密封罐盖,开始抽空。真空度达76 kPa,时间20~30 min。一般果实呈微透明状、组织较硬、色泽鲜红为终点。抽空母液中要加入适量保硬剂,防止加热杀菌时使果实变软。果实与抽空母液体积之比为1∶1.5,以浸没为准。

▲【知识拓展】

切割果蔬亦叫半加工果蔬,它是指新鲜水果、蔬菜原料经清洗、修整、去皮、切分等步骤,最后用塑料薄膜袋或以塑料托盘盛装外覆塑料膜包装,供消费者食用或餐饮业使用的果蔬鲜食加工产品。

切割果蔬的变色除了酶促褐变和非酶褐变以外,还有色素引起的变色。果蔬中所含色素分为水溶性色素和非水溶性色素。一般水溶性色素为广义的类黄酮类化合物,包括花色素和花黄素，非水溶性色素为类胡萝卜素和叶绿素。这些色素性质不稳定，极易变色或褪色。其原因有以下几个方面。

(1)花色素在酸性到中性的范围变化时，会由红色逐渐趋向于紫色。花色素遇铁会变成灰紫色，遇锡会变成紫色。

(2)花黄素在碱性条件下，生成查耳酮类物质，呈现出黄至褐色。花黄素在酸性条件下如遇铁离子变绿色或蓝色。花黄素还有与铝螯合的作用，造成颜色发暗。在芦笋和洋葱的制品生产中如使用铝制器具，会见到这种色泽变暗的现象发生。

(3)类胡萝卜素引起的变色。β-胡萝卜素在酸性时不稳定，弱碱性时较稳定。在低浓度时呈橙黄色至黄色，高浓度时呈橙红色。重金属离子，特别是铁离子可使其褪色。

▲【思考题】

1. 原料护色的目的是什么？

2. 原料护色的方法有哪些？举例说明。

第二单元
果蔬加工综合技能训练

项目一　果蔬速冻

知识目标:通过对果蔬速冻原理的学习,掌握速冻对果蔬质量的影响。
技能目标:掌握常见果蔬速冻加工方法。
德育目标:根据产品速冻工艺确保产品质量。

△【任务提出】

速冻果蔬是近代发展起来的新型果蔬加工制品,它能较好地保持果蔬的色、香、味和新鲜状态,食用便捷,是一种发展前景广阔的方便食品。速冻产品质量控制是关键,必须从原料、速冻工艺、冷冻贮藏、流通食用等多个环节进行综合控制,根据冷冻食品生产的实践和现代食品加工的要求采取综合措施,才能保证产品质量。同时,要定期对生产车间及环境中空气进行杀菌消毒,保证速冻加工品的卫生和质量安全。

△【技能要点】

1. 选择新鲜、适合速冻的原料

选择适合速冻果蔬,注意其新鲜度,原料越新鲜,速冻品品质越佳。因此,原料从采摘到加工的时间越短越好。要做到适期采摘,快速加工。要防止原料堆压酸化,防止叶绿素受到破坏而褪色;防止组织老化,风味变劣,甚至产生异味。

2. 掌握好烫漂温度和时间

热烫适宜的温度和时间,因果蔬的种类而各不相同。如果热烫时间不足,则在果蔬中残存有酶的活性,在冻藏过程中,还会发生酶促褐变,而使冻藏产品失绿变黄,降低冻品的风味。若热烫时间过长,也会使绿色蔬菜变黄,蔬菜组织脆性变低,风味变淡,并损失部分可溶性营养物质。因此,要掌握好烫漂的温度与时间。

同时烫漂用水必须经常更新或用适量的碳酸氢钠水溶液进行调节,把水质控制在 pH 7～8 范围内,以达到保色的目的。

3. 热烫后冷漂要及时

热烫后产品的冷却介质温度要低,速度要快。热烫后应立即移置于－5～－3℃冷却水池中冷却,最好采用卫生的水冰溶液中冷却,确保色泽鲜艳、香味良好。

4. 快速冻结

快速冻结就是在 30 min 或更短时间内,物料迅速通过－5～－1℃冰晶生成带,使原料快速冻结，继而将原料中心温度继续降到－18℃以下，使果蔬细胞组织内外的自由水和结合水能同时形成大量的核晶，形成大量分布均匀、颗粒细小的冰晶体，使细胞内外的压力保持均衡。果蔬产品的快速冻结，要求速冻温度为－35～－30℃，当产品中心温度降至－18℃时，结束冻结。

△【任务实施】

1 速冻菠菜加工

速冻菠菜是将菠菜经预处理后，置于－40～－30℃的低温下快速冻结的一种冷冻方法。冻结后中心温度达－18℃。具有方便、卫生和供应期不受季节限制的优点。速冻菠菜在食用前一般需要解冻或部分解冻，使冰晶融解，菠菜恢复新鲜状态后再烹调。速冻菠菜解冻的过程要快，可放在电冰箱的冷藏柜内(0～5℃)或冷水中或室温下解冻，一经解冻应立即烹调，不要解冻后长时间搁置，更不要在解冻后再行冻结贮藏。

1.1 任务准备

1.1.1 品种选择

菠菜适于速冻加工的品种主要有急先锋、巴卡、欧莱、胜先锋、全能等。

1.1.2 原料准备

速冻用菠菜，震荡筛或离心机，18 cm×13 cm 长方形小铁盘，竹筐，冷冻机，塑料袋瓦楞纸箱。

1.1.3 速冻菠菜加工工艺流程确定

原料选择→修整与清洗→烫漂与冷却→沥水与冻结→包冰衣→包装→冷藏。

1.2 实施过程

1.2.1 原料选择

用于速冻的菠菜必须是采收后不久的新鲜产品，原料要求鲜嫩、浓绿色、叶大、肥厚，株型完整，收获时不散株、不浸水，不得用力捆扎、叠高重压，无机械伤、无病虫害、长度为 150～300 mm。

1.2.2 修整与清洗

加工时应逐株挑选，除去黄叶，切除根须，拣出散株、抽薹株。从根茎以下 0.5 cm 处切去根部，并根据植株的大小分成不同等级。将菠菜投入流水中充分冲洗，清洗时也要逐株漂洗，洗去泥沙等杂物。

1.2.3 烫漂与冷却

由于菠菜的下部与上部叶片的老嫩程度及含水率不同，因此烫漂时将洗净的菠菜叶片朝上竖放于筐内，下部浸入沸水中 30 s，然后再将叶片全部浸入烫漂 1 min。热烫时，在水中加入一定量的食盐或氯化钙、柠檬酸、维生素，可以防止蔬菜氧化变色。为了保持菠菜的浓绿色，热烫后，迅速将原料用 3～5℃的冷水浸漂、喷淋，或用冷风机冷凉到 5℃以下。若不及时冷却或冷却的温度不够低，会使叶绿素受到破坏，失去鲜绿光泽，贮藏中逐渐由绿色变为黄褐色。所以，冷却时应经常检测冷却池中的水温，随时加冰降温。

1.2.4　沥水与冻结

冷却后的原料在冻结前，还需用震荡筛或离心机等沥去沾留在表面的水分，以免在冻结中原料互相粘连或粘在设备上。为使原料快速冻结，通常采用盘装。将沥干水分的原料平放在长方形小冰铁盘中，每盘装 500 g，共放两层，各层的根部分别排在盘的两侧。排盘时，先取一半菜根部朝向一侧，整齐地平铺在小冰铁盘里，超出盘的叶部折回，再将另一半菜的根部朝向盘的另一侧，按照同样方法再排一层，便成为整齐的长方形。冷冻的速度愈快，蔬菜新鲜品质的保存程度愈高。经过上述工序的原料，应立即送入冷冻机中，在－30～－40℃的低温下冻结，要求 30 min 内原料的中心温度达到－15～－18℃。

1.2.5　包冰衣

使速冻菜从冰铁盘中脱离(称脱盘)，置于竹筐中，再将竹筐浸入 2～5℃的冷水中，经 2～3 s 提出，冻菜的表面水分很快形成一层透明的薄冰。这样可以防止冻品氧化变色，减少质量损失，延长贮藏期。包冰衣应在不高于 5℃的冷藏室中进行。

1.2.6　包装

包装的工序包括称重，装袋、封口和装箱，均须在 5℃以下的冷藏室中进行。按照出口规格的要求，用塑料袋包装封口，每个塑料袋装 500 g，用瓦楞纸箱装箱，每箱装 20 袋，每箱净重 10 kg。装箱完毕，粘封口胶带纸，标上品名、重量及生产日期，运至冷藏库冷藏。

1.2.7　冷藏

冷藏库内应保持在－18～－21℃，温度波动不能超过±1℃；空气相对湿度保持在 95%～100%，波动幅度不超过 5%。冻品中心温度要在－15℃以下。一般安全贮藏期为 12～18 个月。运输和销售期间也应尽量控制稳定的低温，如果温度大幅度变动。使冻品反复解冻和冻结，将严重影响产品质量。

1.3　产品质量标准

产品呈青绿色，具有其特有滋味与气味，无异味，组织鲜嫩，茎叶肥厚，株型完整，食之无纤维感。细菌总数不超过 1.0×10^{5} 个/g，大肠菌群、大肠杆菌、葡萄球菌、沙门氏菌均为阴性。

2　速冻草莓加工

2.1　任务准备

速冻草莓是利用－25℃以下的低温，使草莓在极短的时间内迅速冻结，从而达到保鲜的目的。草莓速冻后可以保持果实的形状、新鲜度、自然色泽、风味和营养成分，而且工艺简单，清洁卫生。既能长期贮藏，又可远运外销，因此，速冻草莓是一种较好的保藏方法。

2.1.1　品种选择

速冻草莓必须选择适于速冻的草莓品种作为原料，一般要求用果实品质优良，匀称整齐，果肉红色，硬度大，有香味和酸度，果萼易脱落的优良品种。如宝交早生、春香、全明星、达娜、哈尼、美十三、森格纳等。

2.1.2　原料准备

以生产 100 kg 速冻草莓为例，需原料草莓 50 kg，白糖 50 kg，高锰酸钾 50 g，薄刀片，冷冻机，塑料袋、纸箱等。

2.1.3 速冻草莓加工工艺流程确定

原料选择→洗果→消毒→淋洗→除萼→沥水→称重→加糖摆盘→速冻→装袋→密封→装箱→冻藏→解冻。

2.2 实施过程

2.2.1 原料选择

用于速冻的草莓成熟度必须一致。果实的成熟度为八成熟时比较适合速冻，即果面 80% 着色，具有品种固有风味时采收，速冻后才能保持良好色、香、味。速冻草莓必须保持原料新鲜，采摘当天即应进行处理或放在 0～5℃的冷库内暂时保存，尽快处理。速冻果实要求选择果个适中、果形端正，无压伤，无病虫害的果实。果实横径不小于 2 cm，单果重 7～12 g。

2.2.2 预处理

(1)洗果　将草莓放入流动水槽，漂洗去泥沙杂质。也可以经输送带以流水喷淋洗涤。洗前先以 0.05%高锰酸钾水溶液浸洗 4～5 min。浸洗中要轻轻搅动。

(2)除萼　人工将萼柄、萼片摘除干净，对除萼时可带出果肉的品种，可用薄刀片切除花萼。

(3)沥水　沥去表面水分。按照产品要求，如冻品呈粒状时，沥水时间宜长，如要求冻品呈块状时，沥水时间宜短。

2.2.3 加糖、摆盘

按草莓重的 30%～50%加糖，一层草莓、一层白糖，然后搅拌均匀。可以在加糖时加 0.1%的维生素 C。对于作为加工原料的冻品一般不加糖只加维生素 C。草莓摆盘时一定要平整、紧实。

2.2.4 速冻

摆好盘后立即进行速冻。在－30℃以下速冻至果心温度－18℃为止。

2.2.5 包装

速冻后的草莓冻盘拿到冷却间包装，将草莓块从盘中倒出，装入备好的塑料袋，用封口机密封放入纸箱中。

2.2.6 冻藏

将包装好的纸箱立即送入－18℃的冷库贮藏。贮藏期可达一年半。

2.3 产品质量标准

产品呈草莓固有的色泽，具有其特有风味与香气，无异味，大小均匀，果个完整。细菌总数不超过 1.0×10^5 个/g，大肠菌群、大肠杆菌、葡萄球菌、沙门氏菌均为阴性。

▲【常见问题及解决途径】

1. 变色

在低温状态下，某些酶仍然保持活性。因此，在长期冻藏中发生变色。

防止方法：提高热烫温度和加长热烫时间，对原料进行护色处理。

2. 流汁

解冻后，融化的水不能被细胞吸收，大量汁液流失，组织软烂，口感、风味、品质下降。

防止方法：提高冻结速度，减少温度波动。

3. 干耗

速冻品表面升华所致。

防止方法：加冰衣、改善包装。

△【考核要点与方法】

速冻的关键工艺操作过程、产品质量。

操作态度、操作熟练程度、产品合格率。

△【相关知识】

速冻是近代食品工业中发展迅速的一种新技术，在食品保存方法中占重要地位。20 世纪 20～30 年代，美国、新西兰等国开始研究速冻蔬菜，20 世纪 30 年代开始有商业销售，我国福州市于 1972 年首先进行速冻蔬菜出口，20 世纪 80 年代开始在国内市场出现速冻蔬菜。蔬菜速冻比其他方法更能保持食品的新鲜色泽、风味和营养成分。

1 果蔬速冻原理

果蔬速冻是以迅速结晶的理论为基础，将经过处理的果蔬原料，于－35℃下，在 30 min 或更短的时间内，使果蔬快速通过冰晶体最高形成阶段，进行均匀冻结。然后在－18～－20℃的低温条件下保藏。它是现代食品冷冻的最新技术和方法。

1.1 低温对微生物的影响

微生物生长、繁殖都有适宜的温度范围，其生长繁殖最快的温度称为最适温度，高于或低于此温度，微生物活动即受到抑制、停止甚至死亡。多数微生物在低于 0℃的温度下生长即被抑制，其繁殖的临界温度是－12℃。因此冷冻食品的冻藏温度一般要求低于－12℃，通常都采用－18℃或更低温度。

1.2 低温对酶的影响

多数酶的适宜活动温度是 30～40℃，低温对酶只能使酶活动减慢，不能完全抑制酶活动，防止微生物繁殖的临界温度（－12℃），也不足以有效地抑制酶的活性及各种生物化学反应，要达到这些要求，还要低于－18℃，一般温度在－18℃以下，酶的活性受到显著抑制，因此冻藏温度以－18℃为较适宜。

2 冷冻速度对产品质量的影响

在冷冻过程中，晶体形成的大小与晶核的数目直接相关，而晶核数目的多少又与冷冻速度有关。冷冻速度对速冻产品质量十分重要。

当进行缓慢冻结时，在细胞与细胞之间首先出现晶核，而且形成的晶核少，随着冷冻的进行，水分在少数晶核上结合，冰晶体体积不断增大。首先在细胞间隙中增长扩大，造成细胞的机械损伤破裂。解冻后脱汁现象严重，质地腐软，风味劣变，影响产品质地。

快速冻结则不同，水果蔬菜在较短时间内通过最大晶核生成区（－1～－5℃），由于冻结速度快，细胞内外同时达到形成冰晶的温度条件，此时在细胞内外同时产生晶核，晶核在细胞内外广泛形成，形成的晶核数目多，分布广，这样每个冰晶体较小。这种细小晶体全面、广泛的分布使细胞内外压力一样，细胞膜稳定，不损伤细胞组织，解冻后，可恢复植物组织原来的状态，保持原有的色、香、味和质地。

冻结速度一般与品温、产品大小、与冷却介质接触面积及冷却介质导热快慢有关，在实际生产过程中要综合考虑。

3 速冻方法和设备

3.1 鼓风冷冻法

利用低温空气在鼓风机推动下形成一定速度的气流对产品冻结。一般多采用隧道式鼓风冷冻机，产品放在传送带或筛盘上以一定速度通过隧道，冷空气由一鼓风吹过冷凝管道再送入隧道穿流于产品之间，产品与冷风逆流而行，这种冷冻法通常采用的冷空气温度为－34～－18℃，风速在 30～100 m/min。

主要设备：隧道式鼓风冷冻机、螺旋式连续速冻器。

3.2 流化冷冻法

进行冷冻时，将颗粒产品放在一个有孔眼的网带上或有扎眼的盘子上，铺放厚度为 2.5～12.5 cm，冷空气以足够的速度由网带下方向上强烈吹送，将产品吹起，但不带走，风速至少 375 m/min，冷冻温度为－34℃，这种方法增加了冷空气与物料的接触面积，冷却迅速、均匀，冷冻速度快，一般几分钟至十几分钟就可冻结。这种方法适用于小型单体产品的速冻，如青豌豆、甜玉米、蘑菇、草莓以及各种切分成小块的蔬菜。

主要设备：带式流化速冻装置。

3.3 间接接触冷冻法

利用被制冷剂冷却的金属空心平板与物料密切接触而达到冷冻降温。主要装置是在绝热的厢厨内装置可以移动的空心金属板，制冷剂在平板的空心内部流动，产品则放置在上下两空心平板之间紧密接触，进行热交换，一般的冷冻温度在－45℃。这种方法适用于小型的产品加工，要求产品应扁平，厚度要薄。

主要设备：间隙式接触冷冻厢、半自动接触冷冻厢、全自动接触冷冻厢。

3.4 浸渍冷冻法

将产品直接浸渍于液体制冷剂中进行冻结。液体是热的良导体，在浸渍冷冻中与产品接触面积最大，冷冻速度最快。常用的液体制冷剂有氯化钠、氯化钙、甘油-冰水等。这种方法主要适用于包装食品，否则会影响制品的风味。

3.5 低温冷冻法

将制冷剂直接喷淋于产品上，产品在这种沸点很低的制冷剂进行相变的条件下(液态变为气态)获得迅速冷冻的方法。这是通过制冷剂在沸腾相变过程中需要吸收大量的热，这些热量由产品中吸取而使其降温，通常的制冷剂是液态氮，沸点为－195.81℃，其次是干冰，沸点是－78.5℃，1～3 mm 厚的物料，在 1～5 min 内即可冻至－18℃以下，而且冻结范围广，冻结过程中无氧化现象发生，冻结产品质量高。

主要设备：液氮快速冻结装置。

4 果蔬速冻工艺要点

4.1 原料选择

选择适宜冷冻加工的果蔬品种，含纤维少，蛋白质高、淀粉多，含水量低，对冷冻抵抗力强，按食用成熟度采收。原料要求新鲜、规格整齐，无病虫害、农药残留、微生物等指标符合HACCP要求。

4.2 预处理

预处理包括对原料的挑选、清洗、切分及有些果蔬的驱虫、保脆、护色处理。

(1)挑选　即对原料进行逐个挑选，按大小、长短分级，去除老叶、黄叶等不可食部分。

(2)清洗　通过漂洗槽洗去果实表面的泥沙、尘土及污物。为了除去果皮上附着的农药，可用0.5%～1%盐酸浸洗后以水冲净，对质地柔软的果品如草莓、葡萄、西瓜等可用万分之五的高锰酸钾消毒5～10 min。

(3)驱虫、保脆　对一些易遭虫害的蔬菜如菜豆等，采用2%～3%的盐水浸泡20～30 min进行驱虫处理。对一些速冻后脆性明显减弱的果蔬，一般采用将原料浸泡在0.5%～1%的碳酸钙或氯化钙溶液中浸泡10～20 min，以增加其硬度和脆度。

(4)切分　根据产品要求进行去皮切分，使长短、粗细、块形符合产品标准要求，剔除不合格品。

(5)护色　有些原料如马铃薯、苹果在去皮后常常会引起褐变，这类产品在去皮切分后应立即浸泡在溶液中进行护色。常使用0.2%～0.4%的SO_2溶液，2%的盐水溶液，0.3%～0.5%的柠檬酸溶液等，即可抑制氧化，又可降低酶促反应。

4.3 烫漂

世界上第一次将蔬菜冷冻加工，是在蔬菜新鲜状态下进行的，后发现在－18℃条件下贮藏几周后，蔬菜的风味、色泽均明显变劣。研究发现，新鲜状蔬菜冷冻后品质变劣与酶活性有关。蔬菜在低温状态下，－73℃仍然保持某些酶的活性。20世纪20年代末，美国首先提出把蔬菜在沸水和蒸汽中处理，以降低酶活性，杀灭微生物，这个过程称为烫漂，一直沿用到现在。现今烫漂采用95℃以上热水或蒸汽，热烫2～3 min，品温要达到70℃以上。

4.4 冷却、沥干

烫漂后的原料，应立即浸入到冷水中，否则产品易变色，水温越低，冷却效果越好。一般水温在5～10℃，也有用冷水喷淋装置和冷风冷却。冷却后应将水沥干或甩干。

4.5 速冻

果蔬产品的速冻，要求速冻温度为0～－35℃，当产品中心温度降至－18℃时，结束冻结。而后在－18℃左右的温度下长期冻结贮藏。

4.6 包装

通过对速冻果蔬包装，可以有效地控制速冻果蔬在长期贮藏过程中发生的冰晶升华，即水分由固体的冰蒸发而造成产品干燥；防止产品长期贮藏接触空气而氧化变色；便于运输和销售；防止污染，保持产品卫生。

4.7 冻藏

产品贮于－18℃以下的冷库内，要求贮温控制在－18℃以下，而且要求温度稳定，少波动，防止重结晶发生。

△【知识拓展】

1. 速冻对果蔬的影响

(1)相互结合的细胞引起分离　在冷冻过程中，细胞间隙中的游离水一般含可溶性物质较少，其冻结点高，所以首先形成冰晶，而细胞内的原生质体仍然保持过冷状态，细胞内过冷的水分比细胞外的冰晶体具有较高的蒸汽压和自由能，因而促使细胞内的水分向细胞间隙移动，不断结合到细胞间隙的冰晶核上去，此时，细胞间隙所形成的冰晶体越来越大，产生机械性挤压，使原来相互结合的细胞引起分离，解冻后不能恢复原来的状态，不能吸收冰晶融解所产生的水分而流出汁液，组织变软。

(2)细胞受到破裂损伤　果蔬组织的细胞内有大的液胞，水分含量高，易冻结成大的冰晶体，产生较大的"冻结膨胀压"，而果蔬组织的细胞具有的细胞壁缺乏弹性，因而易被大冰晶体刺破或胀破，即细胞受到破裂损伤，解冻后组织软化流水。冷冻处理增加了细胞膜或细胞壁对水分和离子的渗透性。

在缓慢冻结的情况下，冰晶体主要在细胞间隙中形成，细胞内水分不断外流，原生质体中无机盐浓度不断上升，使蛋白质变性或不可逆的凝固，造成细胞死亡，组织解体，质地软化。

(3)细胞中溶解的微量气体膨胀　组织细胞中溶解于液体中的微量气体，在液体结冰时发生游离而使体积增加数百倍，这样会损害细胞和组织，引起质地的改变。

果蔬的组织结构脆弱，细胞壁较薄，含水量高，当冻结进行缓慢时，就会造成严重的组织结构的改变。

(4)蛋白质变性　产品中的结合水是与原生质、胶体、蛋白质、淀粉等结合，在冻结时，水分从其中分离出来而结冰，这也是一个脱水过程，这过程往往是不可逆的，尤其是缓慢地冻结，其脱水程度更大，原生质胶体和蛋白质等分子过多失去结合水，分子受压凝集，结构破坏；或者由于无机盐过于浓缩，产生盐析作用而使蛋白质等变性。这些情况都会使这些物质失去对水的亲和力，以后水分即不能再与之重新结合。

(5)酶的变化　大多数酶在冻结中仍有活性。果蔬在冻结和贮藏过程中出现的化学变化，一般都与酶的活性和氧的存在相关。果蔬在冻结前及冻结冻藏期间，由于加热、H^+、叶绿素酶、脂肪氧化酶等作用，使果蔬发生色变，如叶绿素变成脱镁叶绿素，由绿色变为灰绿色等。

(6)营养成分得到保护　冷冻过程对果蔬的营养成分也有影响。一般来说，冷冻对果蔬营养成分有保护作用，温度越低，保护作用越强，因为有机物化学反应速率与温度呈正相关。

△【思考题】

1. 简述果蔬速冻的原理。
2. 冷冻速度对产品质量有哪些影响。
3. 如何防止速冻产品在贮藏期间的变色、干耗？
4. 简述果蔬速冻工艺要点。

项目二 果蔬干制

知识目标:明确干制品对原料的要求,掌握果蔬干制的基本原理。
技能目标:掌握干制工艺及操作要点、常见质量问题及解决途径。
德育目标:培养学生节约意识,提高果蔬资源的利用率。

▲【任务提出】

人类生活中每天都要吃到新鲜的果品和蔬菜,但冬季的果品与蔬菜供应量减少,人们想到在夏秋季果品与蔬菜生产的旺季对果品与蔬菜进行干制加工,来补充冬季果品蔬菜供应不足的问题。

果品蔬菜的干制,目的在于将果蔬中的水分减少,而将可溶性物质的浓度提高到微生物不能利用的程度,同时,果蔬中所含酶的活性也受到抑制,果蔬产品生命活动停止,产品能够长期保存。但同时还要尽可能保持果蔬原有的色、香、味及营养成分。因此,必须了解原料的特性,干制中水分的变化规律,干燥介质中空气温度、湿度、气流循环等对果蔬干制的影响。

▲【技能要点】

1. 干燥过程中温度的控制
2. 干燥过程中湿度的控制
3. 干燥工艺流程

▲【任务实施】

1 苹果干加工

苹果干是通过对苹果进行脱水干燥后制成的一种休闲食品,整个加工过程是一个完全的物理脱水过程,这种食品保持了原有水果的风味,酸甜适度,风味独特,便于长期贮存,运输轻便,适于携带,是一种儿童喜欢、旅游方便、老少皆宜的高级休闲食品。尤其是随着人们饮食习惯逐渐向低糖,高营养方面发展,苹果干更具非常广阔的市场前景。

1.1 任务准备

1.1.1 品种选择

选择肉质致密,单宁含量较少,可溶性物质含量高的苹果,以中熟品种为宜。主要品种有国光、印度、金帅、红星、鸡冠、红玉等。

1.1.2 原料准备

原料苹果，柠檬酸、亚硫酸钠适量，苹果去皮机，去核机，烘房或隧道式逆流干制机等。

1.1.3 苹果干加工工艺流程确定

原料→水洗→去皮→修整→切片→护色→硫处理→串杆摆盘→干燥→选片→回软→包装→成品入库。

1.2 实施过程

1.2.1 原料选择

选择果个中等，果实直径不小于 60 mm，新鲜饱满，品质良好，八成熟以上，种子呈褐色，组织不萎缩，无霉烂、畸形、冻伤、病虫害及严重机械伤的苹果，剔除烂果。

1.2.2 清洗

用流动清水清洗，以表皮洗清洁为止。

1.2.3 去皮、去果心、切片

原料经去皮，再经去核机沿果核中心打成圆形孔，然后用切片机沿果实横向切成 5～7 mm 厚的环形片。没有去核机时，可用不锈钢片制成的圆筒状刀具，先从果蒂处插入至一半深度，后从果柄处插入，将果核取出。

1.2.4 护色

将切后的苹果片迅速浸入 3%～5%的盐水或 0.3%～0.5%亚硫酸钠溶液中护色，防止氧化变色。

1.2.5 硫处理

可采用熏硫或硫浸泡方式。

(1)熏硫　将苹果片捞起串好或放入果盘，在熏硫室中熏硫 1 h 左右，一般每 1 000 kg 原料用硫黄 2～4 kg，时间约 0.5 h。

(2)硫浸泡　将护色处理的苹果片捞起，继续放入 1.5%～3%的亚硫酸钠和 0.3%的柠檬酸混合液中浸泡，液面要高于果片面 15～20 cm，为防止果片漂浮在混合液上面，应在果片上面用盖帘加重物压住，以确保果片完全浸泡在混合液中。浸泡时间 30～40 min。果片浸好后逐个串到竹竿上，均匀摆开，防止片与片之间搭叠，以备进干燥室。

1.2.6 干燥

干燥可用烘房干燥或隧道式逆流干制机进行干燥。

(1)烘房干燥　硫处理后，送入烘房进行干制，单位面积装载量为 4～5 kg/m^2，干制开始时用 50～60℃，以后逐渐升至 75～80℃，在干燥过程中要始终进行排湿，维持温度稳定，干燥时间需 5～8 h，产品出干燥室时，果片水分控制在 6%～12%。

(2)隧道式逆流干制机干燥　将苹果圈串在经消毒灭菌处理的细竹竿上，苹果块则放在烘盘上，然后将竹竿(烘盘)置烘车架上，推入烘道进行干燥。逆流干燥机的进料端温度不低于 45℃。出料端温度在 70℃左右即可，最高不要超过 85℃。整个干燥过程最好在 8～12 h 内完成。

1.2.7 选片、回软

已干燥好的苹果干要经过人工挑选和修整。将果片上带有残留籽巢、果皮、机械伤疤、斑点、病虫害的修整掉，将果片中的水片(不干燥片)、糊片、碎片、脏片剔除，并除去杂质。

为使干制苹果各部分含水量均衡，质地呈适宜柔软状态，可在贮藏室的密闭容器内堆放15～20 d。回潮后水分不得超过18%。

1.2.8 分级、包装

应根据产品质量分为标准成品、废品和未干品等。苹果干可用木箱、纸盒、塑料薄膜食品袋进行包装，谨防受潮。采用真空包装，可延长产品保质期。

1.3 质量标准与评价

脱水苹果干呈淡黄色、黄白色或青白色，色泽较一致，不允许有氧化变色片；具有脱水苹果干应有的风味及气味，甜酸适口，无异味；果片呈环状片，不带机械伤、病虫害、斑点，不允许有氧化变色片、焦片、水片，不完整片不超过10%，碎末小块不超过2%(均以重量计)；水分含量不超过18%；硫含量不超过0.1%。

2 胡萝卜干加工

胡萝卜食用部分为肉质根。每100 g鲜重含1.67～12.1 mg的胡萝卜素，高于番茄5～7倍。胡萝卜素在人体消化道内分解成维生素A，可防止夜盲症等疾病。据英、美癌症研究机构经过二十多年观察后证明，经常吃胡萝卜及其他富含维生素A的人，比起不常吃此类食物的人，得肺癌的机会要减少40%，胡萝卜被视为高营养食品。但因胡萝卜的种植带有季节性，秋冬季有大量的鲜品，而春夏季则缺乏，人们常采用干制的方法保存胡萝卜。胡萝卜在干制过程中，无需任何防腐剂，保持原色原味，属纯天然绿色食品，胡萝卜干不但营养成分丰富，而且美味可口、储存、携带食用方便。常食用胡萝卜干对保护视力、预防眼疾、促进儿童发育增强机体抗御的能力、有重要作用。

2.1 任务准备

2.1.1 品种选择

胡萝卜干制应选择胡萝卜素含量高，表皮及根肉呈鲜艳的红色或橙红色，肉质根应新鲜肥大，皮薄肉厚，纤维少，心柱细小而无明显粗筋，组织紧密而脆嫩，干燥后复水率高的品种。如小顶金红、上海本地红、南京红、陕南柿子红、天红2号等。

2.1.2 原料准备

原料胡萝卜，滚筒式洗涤机，切片机，隧道式间歇半连续干燥设备，压榨机等。

2.1.3 胡萝卜干加工工艺流程确定

原料→挑选→清洗→去皮→修整→切分→漂烫→硫浸→干燥→回软→压块成型→包装。

2.2 实施过程

2.2.1 原料选择

选择新鲜洁净、成熟适度、长粗适宜、外皮光滑、直根圆柱形，便于切片加工的胡萝卜。剔除带虫蛀、病斑、严重损伤或畸形、发育不良的胡萝卜。

2.2.2 清洗、去皮、修整、切分

(1)清洗 清洗容器可采用瓷缸、铁板水槽、水泥池等，有条件的工厂应采用带有滤板的清洗槽，或采用配有喷淋水的滚筒式洗涤机进行清洗操作，借助压缩空气对水的翻动或高压水的冲刷等机械作用来清洗胡萝卜原料。

(2)去皮 采用 NaOH 碱液(浸碱或淋碱)的方法去皮。碱液的浓度，视原料的新鲜程度，可在 8%～12%之间进行调整，碱液温度不应低于 95℃，浸碱或淋碱的作用时间为 1～3 min。经碱液处理后的原料，要立即用流动清水进行 2～3 次冲洗，以洗掉被碱液腐蚀的表皮组织及残留的碱液，并起到对物料的冷却作用。

(3)修整 去除胡萝卜黑斑、根须及胡萝卜顶端叶、根尾等部分。

(4)切分 经修整处理后的原料，以手工或切菜机械，切成厚 8 mm 左右薄片。

2.2.3 烫漂

用常压蒸汽或沸水烫漂，烫漂用水以柠檬酸调整 pH 为 5.5～6.0，烫漂 2～5 min，以烫透为准，但不得有软烂现象。

2.2.4 硫浸

用 0.2%～0.5%(以有效 SO_2 计)亚硫酸钠浸泡，硫浸时间 5～10 min。

2.2.5 脱水干燥

采用隧道式间歇半连续干燥设备。胡萝卜物料平铺在透气性能良好的烘盘(平筛)内，物料的装填量控制在 5～6 kg/m^2，装好物料的烘盘，按一定的垂直间距，分层摆放在载料小车的框架上(一般可摆放 10 层左右)，物料进入干燥室后，前期热风温度 80～85℃，中期温度降至 40℃左右，后期热风温度 75～80℃由出料口一端吹入，当物料中的水分含量降至 5%～8%时，即可结束干燥处理。一般情况下，胡萝卜的人工干制在 6～7 h 内即可完成。

2.2.6 回软

将干燥的胡萝卜冷却，剔出湿度过大或焦糊等不合格品，然后于木箱等密闭容器中或以堆聚的形式在室内存放 1～3 d，使物料自身的内部与外部，以及物料与物料之间的湿度一致，质地变得稍加皮软，这样不但为成品的压块成型、包装创造了有利条件，而且可提高成品率。

2.2.7 压块成型

胡萝卜干制品的连续化大批量生产，可不必单独进行回软处理。当物料干燥后可趁热压块成型，其操作可采用螺旋式或液压式压榨机进行，视块型的大小，压榨时间为 1～3 min，工作压力为 70 kg/cm^2左右。

2.2.8 包装

经压块成型的胡萝卜干制品，如水分含量不超过 8%，即可包装。如水分含量超过成品标准，可采用生石灰为干燥剂，与等量的胡萝卜块置于室内同放一段时间，当块料中的水分含量降至 8%以下时，再行包装。包装环境必须干燥清洁、空气清新、温度适宜。蔬菜干制品的包装，应做到防潮，防虫和密封。小型包装以采用不透光的复合薄膜袋真空包装，有条件搞充氮密封包装较为理想。大型包装，一般采用瓦楞纸箱或木箱，并经防潮和密闭处理，每大箱净重为 15～20 kg。贮藏于温度 12～20℃、相对湿度不超过 60%，避免强光辐射的环境中。

2.3 质量标准与评价

脱水胡萝卜干呈橙黄色,色泽较一致,不允许有氧化变色;具有脱水胡萝卜干的气味,无异味;片型完整,片厚基本均匀,干片稍有圈曲或皱缩,无碎片;含水量≤8%(质量分数)。

▲【常见问题及解决途径】

1. 结壳、胀裂

在干制过程中,水分的外扩散和内扩散是同时进行的,只是扩散速度存在着差异。若外扩散速度过快,原料内部水分补不上来,就会使表面因过度干燥而形成硬壳,称为结壳。同时,又要避免因过多水分集结于原料表面产生较大膨压,造成原料表面出现胀裂现象。

防止方法:适当降低干制温度,缓慢干制,采用冷冻升华干燥可减轻干裂现象。

2. 制品褐变

物料在干制过程中或干制后的贮藏中,常出现颜色变黄、变褐或变黑等现象。

防止方法:干制前,进行热处理、硫处理、酸处理等,对抑制酶褐变有一定的作用。

▲【考核要点与方法】

1. 果蔬干制关键工艺操作过程、产品质量。

2. 操作态度、操作熟练程度、产品合格率。

▲【相关知识】

干制在我国具有悠久的历史,早在《本草纲目》中就提到了晒干制桃干的方法;在《群芳谱》一书中还提到了先烘枣而后密封贮藏的方法。我国有许多传统的干制产品,诸如葡萄干、红枣、柿饼、干黄花菜、干辣椒等,在国际上也享有很高的声誉。20 世纪 80 年代末以来,干制在我国迅猛发展,我国脱水蔬菜年产量达 4 万多 t,出口已达 2 万 t,创汇 3 000 万美元,脱水蔬菜已成为重要的出口农产品之一。其中主要脱水蔬菜品种有脱水大蒜、洋葱、青椒、刀豆等。

1 干制定义

干制也称干燥、脱水,是指在自然或人工控制的条件下促使食品中水分蒸发,脱出一定水分,而将可溶性固形物的浓度提高到微生物难以利用程度的一种加工方法。一般而言,干制包括自然干制和人工干制。

(1)自然干制 指利用自然条件如太阳、热风等使园艺产品干燥。自然干制又分为:将原料直接用日光曝晒至干的称为晒干或日光干燥;用自然风力干燥的称为阴干、风干或晾干。

(2)人工干制 指在人工控制的条件下使食品水分蒸发的工艺过程。如烘房烘干、滚筒干燥、隧道干燥、热空气干燥、真空干燥、冷冻升华干燥、喷雾干燥、远红外干燥、微波干燥等。

2 果蔬干制的原理

新鲜果蔬腐败主要是由于微生物侵染的结果。微生物新陈代谢依赖着水分,它是靠本身细胞的渗透压大于其生存环境的渗透压去摄取养料,其实它的生长基质是水溶液。果蔬中含有 65%~95%的水,同时含有各种营养物质,如糖、蛋白质、有机酸和维生素,因此果蔬是微生物天然的培养基,遇到适宜机会就会乘机侵入,造成果蔬腐烂。另外,果实本身存在着各种酶,支配果蔬的新陈代谢,果蔬在采收后即使不被微生物所侵染,营养物质也会逐步消耗,甚至变得不宜食用。

果蔬干制就是在自然条件或人工控制条件下，促使果蔬中水分蒸发的工艺过程，通过蒸发将果蔬中的可溶性物质浓度提高到微生物难以利用程度的一种果蔬加工方法。由于水分下降，酶的活性受到抑制，制品就可以得到较长期的保藏。

3 果蔬中水分的存在状态

果蔬中所含的水分状态，对控制水分蒸发极为重要。新鲜果品含水量为70%～90%，蔬菜75%～90%。果蔬中的水分以游离水、胶体结合水和化合水三种状态存在。

3.1 游离水

游离水存在于果蔬众多的毛细管中，占果蔬水分总量的绝大部分。游离水的特点是在组织中呈游离状态，对可溶性固形物起溶剂的作用，流动性大，不仅易从表面蒸发，而且借毛细管作用和渗透作用可以向外或向内移动，因此在干燥时容易被排除。

3.2 胶体结合水

是指和细胞原生质、淀粉等结合成为胶体状态的水分。由于胶体的水合和溶胀作用的结果，围绕着胶粒形成一层水膜。结合水对游离水中易溶解的物质不表现溶剂的作用，在低温下不易结冰，甚至在－40℃以下也不结冰。这部分水比重大(1.02～1.45)，相当于受750个大气压的水的密度，热容比小(为0.7)。干燥时，组织中的游离水被干燥后，胶体结合水才少量被排除。

3.3 化合水

化合水是指存在于果蔬化学物质中，与物质分子呈化合状态的水，极稳定，不能因干燥作用而被排除。

4 平衡水分和水分活度

果蔬中的水分，还可根据干燥过程中可被除去与否而分为平衡水分与自由水分。

平衡水分：某一种原料与一定温度和湿度的干燥介质相接触，排出或吸收水分，当原料中排出的水分与吸收的水分相等时，只要干燥介质的情况不发生变化，那么，原料中所含水分保持不变，并不会因与干燥介质接触的时间延长而发生改变。此时，果蔬组织所含的水分，即为该干燥介质条件下的平衡水分或平衡湿度。在任何情况下，如果干燥介质的温度、湿度不变，那么相对于这个条件下，原料的平衡水分就是这种原料可以干燥的极限。

自由水分：在干燥作用中能排除去的水分，是果蔬所含有的高于平衡水分的水，这一部分水称为自由水。自由水主要是果蔬中的游离水，也有很少一部分胶体结合水。水分活度A_w又称水分活性，它是溶液中水的蒸汽压与同温度下纯水的蒸汽压之比。

$$A_w=\frac{P}{P_0}=\frac{ERH}{100}$$

式中：A_w—水分活度；P—溶液或食品中水蒸气分压；P_0—纯水的蒸汽压；ERH—平衡相对湿度。

不含任何物质的纯水$A_w=1$，如食品中没有水分，水蒸气压为0，$A_w=0$。A_w值高到一定值时，酶活性才能激活，并随着A_w值增高，酶活性增强。

大多数新鲜食品的水分活度在0.99以上，这类食品中最先引起变质的微生物是细菌。当

A_w为0.80～0.90时，霉菌和酵母都能旺盛生长。当A_w为0.80～0.85时，几乎所有食品还会在1～2周内迅速腐败变质，此时霉菌成为常见腐败菌。若将A_w降低到0.65以下时，能生长的微生物种类极少，食品可贮藏1～2年。干制食品的水分活度在0.60～0.75之间。

5 果蔬干燥过程

5.1 干燥过程的三个阶段

(1)初期加热阶段 初期加热阶段中，其温度迅速上升至热空气的湿球温度，物料水分则沿曲线逐渐下降，而干燥速率则由零增至最高值。

(2)恒速干燥阶段 在此阶段的干燥速度稳定不变，故称恒速干燥阶段，水分按直线规律下降，向物料提供的热量全部消耗于水分蒸发，此时物料温度不再升高。

(3)减速干燥阶段 当物料干燥到一定程度后，干燥速率逐渐减少，物料温度上升，直至达到平衡水分，干燥速度为零，物料温度则上升到与热空气干球温度相等。

5.2 果蔬干燥的水分蒸发过程

果蔬干制时，水分的蒸发是依赖水分的外扩散和内扩散作用完成的。

5.2.1 水分外扩散

水分外扩散是水分在果蔬表面的蒸发，表面愈大、空气流动愈快、温度愈高以及空气相对湿度愈小，则水分从果蔬表面蒸发的速度越快。

5.2.2 水分内扩散

当表面水分低于内部水分时，造成原料内部与表面水分之间的水蒸气分压差，水分由内部向表面转移进行水分内扩散，这种扩散作用的动力是借助湿度梯度使水分在原料内部移动，由含水分高的部位向含水分低的部位移动。湿度梯度差异愈大，水分内扩散速度就愈快。所以，湿度梯度是物料干燥的动力之一。

在干燥过程中，有时采用升温、降温、再升温、再降温的方法，使温度上下波动。即先将温度升到一定程度，使物料内部受热，然后再降低物料表面的温度，这样物料内部温度高于表面温度，形成温度梯度，水分借助温度梯度沿热流方向向外移动而蒸发。因此，温度梯度是物料干燥的另一动力。

6 影响果蔬干燥速度的因素

干燥速度的快慢对成品的品质起决定性的作用。当其他条件相同时，干燥越快越不容易发生不良变化，干制品的品质就越好。影响果蔬干燥速度的因素有干燥介质的温度和相对湿度、空气流速、原料的种类和状态、原料装载量等。

6.1 干燥介质的温度、相对湿度

果蔬干制时，广泛应用热空气作为干燥介质。干燥介质的绝对湿度不变时，温度越高则空气湿度饱和差越大，干燥速度就越快；温度越低，空气湿度饱和差越小，干燥速度就越慢。

但在果蔬干制时，特别是初期，一般不宜采用过高的温度，否则因骤然高温，水分含量很高的果蔬组织中汁液迅速膨胀，易使细胞壁破裂，内容物流失；原料中糖分和其他有机物常因高温而分解或焦化，有损成品外观和风味；初期的高温低湿还易造成“结壳”现象，反而影响水分

的扩散。但温度过低，干燥时间延长，会使原料变色、生酸、发霉等，降低产品的营养成分及风味。

在空气温度不变的情况下，相对湿度越低，空气的湿度饱和差越大，相对湿度每减少10%，饱和差增加100%，原料干燥速度就越快。

当升高温度同时又降低相对湿度时，不但干燥迅速，而且制品含水量可降低至更低的程度。

6.2 空气流速

增加空气流速，能将聚集在果蔬表面附近的饱和湿空气带走，还能及时使干热空气不断地接触果蔬，使果蔬接触的热空气量增加，从而显著加速果蔬水分的蒸发。空气流速越大，越容易带走原料附近的湿空气，有利于原料水分的蒸发，干燥速度越快。

6.3 大气压力或真空度

气压越低，水的沸点越低。若温度不变，气压降低，则水的沸腾加剧。因此，在真空室内加热干制时，就可以在较低的温度下进行。如采用与正常大气压下干燥时相同的加热温度，则将加速果蔬的水分蒸发，还能使干制品具有疏松的结构。对热敏性果蔬采用低温真空干燥，可保证其产品具有良好的品质。

6.4 原料的种类和状态

原料种类不同，所含化学成分及其组织结构不同，即使是同一种果蔬，因品种不同，其成分及结构也有差异，因而干燥速度也各不相同。原料切分的大小与干燥速度也有直接关系。物料切分成片状或小颗粒后，缩短了热量向物料中心传递和水分从物料中心向外扩散的距离，增加了比表面积，干燥速度加快。

6.5 原料装载量

单位烤盘面积上装载原料越多，厚度增加，越不利空气流动和水分蒸发，干燥速度越慢。故干燥过程中可以随着原料体积的变化，改变其厚度，干燥初期薄些，干燥后期可以厚些。

7 果蔬干制工艺要点

7.1 原料选择

果蔬干制的原料应选择干物质含量高、水分少、可食部分比例大、风味良好、粗纤维含量少的种类和品种，对成熟度的要求应根据果蔬种类而异，果品要求充分成熟，蔬菜则要求干制后不致纤维粗糙为原则。

7.2 原料处理

7.2.1 拣选与分级

剔除霉烂及病虫害、畸形、成熟度不一致、破碎或机械损伤的果蔬，按果蔬大小、质量、色泽等进行分级。

7.2.2 清洗

常用软水洗涤。用稀盐酸溶液、高锰酸钾溶液或漂白粉溶液在常温下浸泡5～6 min，再用清水洗涤，除去残留的农药。洗时用流动水，或使果蔬振动摩擦，提高洗涤效果。

7.2.3　去皮、去核、切分

用人工、机械、热力或碱液法去皮。去皮后去核、去心，剔除不适宜干制的原料。再将大物料切分成适宜的尺寸。

7.2.4　烫漂

(1)烫漂的作用　烫漂可以杀死或钝化酶活性，减少氧化变色；烫漂可以使细胞内原生质发生凝固、失水并与细胞壁分离，增加了细胞膜的透性，促使细胞组织内水分蒸发加快，提高干燥速度。干制品复水时易重新吸水，并可使组织柔韧，不易破碎，同时因组织中空气被排除，含叶绿素原料的色泽更加鲜艳，不含叶绿素的原料变成半透明状使成品美观；去除某些果蔬的不良味道；杀灭虫卵和部分微生物。

(2)烫漂温度、时间的确定　烫漂可采用热水或蒸汽处理。烫漂的温度和时间应根据原料种类、品种、成熟度及切分大小不同而异。一般情况下，烫漂水温为 80～100℃，时间为 2～8 min，以烫透而不软烂为宜。要注意白洋葱、荸荠等原料热烫不完全，变色的程度比未烫的还要严重。

7.2.5　浸碱脱蜡

对于果皮上含有蜡质的果蔬，应进行浸碱处理，以除去附着在表面的蜡质，利于水分蒸发，促进干燥。浸碱可用氢氧化钠、碳酸钠或碳酸氢钠。碱液处理的时间和浓度依果实附着蜡粉的厚度而异，葡萄一般用 1.5%～4.0%的氢氧化钠处理 1～5 s，李用 0.25%～1.50%的氢氧化钠处理 5～30 s。

7.2.6　护色

护色处理对于干制过程中易于褐变的原料尤为重要。

(1)护色方法

①热处理护色　为了保持绿色蔬菜的绿色，可在热烫水中加入 0.5%的碳酸氢钠或者其他方法使水呈中性或微碱性。

②浸泡护色　用 1%～5%柠檬酸、0.5%～1%抗坏血酸、0.1%～0.3% *L*-半胱氨酸等进行原料浸泡，抑制酶褐变，但原料种类不同，处理的浓度与时间也不尽相同。

③硫处理护色　用 0.2%～0.5%(以有效二氧化硫计)亚硫酸盐浸泡或用硫磺(每 1 000 kg 原料用硫黄 2～4 kg，时间约 0.5 h)进行熏硫。

(2)硫处理的作用

①加快干燥速度　因为硫处理能增强细胞膜透性，促进水分蒸发，因而缩短了干燥的时间。

②抑制原料氧化变色　因 SO_2 具有强还原性与原料中的氧化合，抑制氧化变色；提高营养物质，特别是维生素 C 的保存率；抑制微生物活动。

7.3　干制过程的管理

7.3.1　干燥过程中温度控制

果蔬一般干制温度为 40～90℃。富含维生素 C、挥发油及糖分的原料宜用低温，以 60～70℃较为适宜。温度控制有低温—较高温—低温、高温—较高温—低温、恒定较低温三种方式。

(1)低温—较高温—低温　在整个干燥期间，烘房的初始温度较低(50～60℃)，中期温度较高(68～70℃，不超过75℃)，后期采用较低温度(50～55℃)直至干燥结束。这种方法耗能较低，制品品质好，成品率较高。主要适用于可溶性物质含量高或不切分的整个果蔬的干制。如红枣、柿饼等。

(2)高温—较高温—低温　先将烘房温度急剧升高到90～95℃，原料进入烘房后由于吸收大量热量而使烘房降温(一般降低25～30℃)，继续增大火力使温度维持在70℃左右，然后逐渐降温至干燥结束。这种方法干燥时间短，成品质量优良，但耗能高。主要适用于可溶性物质含量较低或切成薄片、细丝的果蔬。如金针菜、辣椒、苹果、杏等。

(3)恒定较低温　整个过程温度始终维持在55～60℃，直到干燥结束。这种方法成品质量好，但耗能较高，对于封闭不严密，升温设备差，升温较困难的烘房可采用此法。适用于大多数果蔬的干制。

7.3.2　干燥过程中湿度控制

果蔬干制时大量水分蒸发，使烘房内湿度急剧升高，一般当烘房内相对湿度达到70%以上时，应打开进排气窗通风，通风排湿的方法和时间，应根据室内相对湿度的高低和外界风力的大小来决定。一般每次通风排湿的时间10～15 min。人工干制红枣时，整个烘烤期间排湿6次。

7.3.3　倒换烘盘

为使烘房内上下、前后、左右被烘烤的原料受热均匀，干燥程度一致。为获得干燥程度一致的产品，应在干燥过程中及时倒换烘盘位置，同时注意翻动烘盘内的物料。当烘房温度最高、物料的水分蒸发最快时，应将烘盘进行第一次调换，把烘架最下部的第1、2层烘盘与中部的第4～6层烘盘调换位置。以后间隔一定时间进行调换一次，直到干燥结束。在调换烘盘的同时还应翻动物料，使物料受热均匀。

7.3.4　掌握干燥时间

干燥时间取决于物料的干燥程度。烘至其标准成品含水量时，结束干燥。

7.4　包装

果蔬干制品包装前要经过回软、分级、压块等前处理。

7.4.1　回软

回软即均湿、发汗，经干燥所得的干制品之间的水分含量并不一致，即使同一块干制品内部及表面的含水量也不均匀，常需进行均湿处理，使产品含水量均匀一致，以便包装和贮存。非真空干燥产品在干燥后要进行回软处理。回软的方法是把干燥后的产品稍冷却，装入大塑料袋或铁桶中密封，菜干1～3 d，果干2～5 d。

7.4.2　分级

为了使产品符合规定标准，按干制品分级标准分为标准品、未干品和废品。分级过程中要剔除软烂、破损、变色、霉变等不良品，并经磁铁吸除金属杂质。

7.4.3　压块

压块可使干制品体积缩小3～7倍，便于包装和运输，也减少与空气的接触，降低了氧化。

压块一般采用螺旋压榨机，也可采用专门的水压机或油压机。压力为 70 kg/cm^2，维持 1～3 min。

7.4.4 产品包装

经过处理品后的果蔬干制品，宜尽快包装。包装宜在低温、低湿、清洁和通风的环境中进行，包装材料要求符合食品卫生要求，能严格密封，有效防止干制品吸湿回潮、结块和长霉。在贮藏、搬运、销售过程中不易破损。常用的包装有木箱、纸箱、纸盒、无毒 PE 塑料袋、铝箔复合薄膜袋、马口铁罐等。

(1)普通包装 用于自然干制和热风干制品的包装。采用纸盒、纸箱或 PE 袋。

(2)不透气包装 用于真空干燥、真空油炸、真空冻结干燥、喷雾干燥制品。采用不透气的铝箔复合薄膜袋，小包装的脱氧剂与干制品同时密封于不透气的铝箔复合薄膜袋中。

(3)充气包装 用于真空干燥、真空油炸、真空冻结干燥制品的包装。采用 PE 袋或铝箔复合薄膜袋将干制品装入后，充入二氧化碳、氮气等气体，抑制微生物和酶的活性。

(4)真空包装 用于含水量较高的红枣等干制品的包装。制品装入后，用真空泵抽出容器内的空气，使袋内形成真空环境，延长保存时间。

7.5 贮存

贮存环境要求温度 0～2℃，不超过 10～14℃，相对湿度约 30%，通风、避光。贮藏环境中注意清洁、防鼠、防虫。

7.6 干制品复水

脱水食品在食用前一般都应当复水。复水就是将干制品浸在水里，经过一定时间，使其尽可能地恢复到干制前的状态。

脱水蔬菜的复水方法是：将干制品浸泡在 12～16 倍量的冷水里，经 30 min 后，再迅速煮沸并保持沸腾 5～7 min。复水以后，再烹饪食用。

△【知识拓展】

1 果蔬干制技术的发展

1.1 自然干制

自然干制方式有两种：一种是日光干燥。即让原料直接接受阳光照射，比较简便的做法是将原料直接放置在晒场曝晒，或者放在席箔上晒制；另一种是阴干。即让原料在通风良好的室内或棚下以自然通风吹干。自然干制的主要设备为晒场和晒干用具如晒盘、席箔、运输工具等，以及必要的建筑物如工作室、贮藏室、包装室等。目前，我国在果蔬干制加工中，广大农村采用最多的方法仍是利用阳光和风力的自然干制。

优点：方法简便，设备简单，成本低。

缺点：受气候条件影响大，干燥时间长，产品质量不能保证。

1.2 人工干制

人工干制是人为控制干燥条件和干燥过程而进行干燥的方法。人工干制设备，要具有良好的加热装置及保温设备，保证干制时所需的较高而均匀的温度；要有良好的通风设备，以及时排除原料蒸发的水分；有较好的卫生条件和劳动条件，以避免产品污染，便于操作管理。

优点：人工控制条件，可有效地缩短干燥时间，获得较高质量的产品。

缺点：人工干制机操作复杂，成本较高。

1.2.1 烘灶干燥

烘灶是最简单的人工干制设备，结构简单，生产成本较低，但生产能力低，干燥速度慢，操作劳动强度大。

1.2.2 烘房干燥

烘房形式很多，但基本结构相似，主要由烘房主体、升温设备、通风排湿设备和装载设备组成。

1.2.3 人工干制机干燥

人工干制机是一种功效较高的热空气对流式设备，可以根据需要控制空气的温度、湿度和流速。因此，干燥时间短，制品质量好。

人工干制机类型很多，主要的有：隧道式干燥机、混合式干燥机、滚筒式干燥机、带式干燥机、喷雾干燥机等。在美国马铃薯干燥主要采用大型滚筒干燥机，洋葱干燥采用三级输送带式干燥机，番茄干燥采用真空泡沫干燥机。在主流热风干燥技术方面，我国大量的脱水蔬菜厂采用的设备为各种隧道式干燥机（顺流、逆流和混合流），而国际上发达国家基本上不再采用隧道式干燥机，而常用效率较高、温度控制较好的托盘式干燥机（以美国 Simplicior 公司产品为代表）、多级输送带式干燥机（以美国 Proctor 公司和法国 NEU 公司产品为代表）和滚筒干燥机。

1.2.4 远红外干燥

利用远红外辐射元件发出远红外线，为物料吸收变为热能而达到干燥。红外线是介于可见光与微波之间，把 5.6～1 000 μm 区的红外线称为远红外线。远红外线发射波长与物料吸收波长相匹配，这样干燥效果最佳。远红外线发射有效距离为 1 m 以内，远红外线像可见光一样，也可被物体吸收、折射或反射，物体吸收了远红外线后，温度升高。一般的加热干燥法只能使物体表面受热后再逐步传导到内部，而且远红外线能穿过相当厚的不透明物体，而在物体的内部自发的产生热效应，因此，物体中每一层都受到均匀的干燥作用。远红外线干制速度较快，制品质量更好，且节约能源。

1.2.5 微波干燥

利用微波加热的方法使物料中水分得以干燥。微波的特点似光性，像光线一样的传播并易集中；穿透性，照射于介质物体时能够深入物质内部；非电离性，微波量子能量不大，还不足以改变物质分子内部结构或分子间的键。微波是指频率在 300 MHz 到 300 GHz 之间，波长为 0.001～1.0 m 的无线电波。常用加热频率为 915 MHz 和 2 450 MHz。可用于加热杀菌消毒和解冻冷藏食物，促进新酒老熟陈化。使加热物从内部直接产生热，避免引起外焦内湿现象。利用微波加热原料，使内部水分蒸发。比远红外干燥的速度更快，时间更短，效率更高，而且加热温度可以比普通加热干燥法降低 20℃。

1.2.6 减压干燥

将物料置于减压条件下，使水分气化、溢出，能源消耗少，加热温度低，营养损失小，品质变化轻。因此，目前国内外除了用于谷物的干燥和杀虫外，也应用于蔬菜、水果的干制。

1.2.7 冷冻干燥

又称为"冷冻升华干燥"或真空冷冻升华干燥。其原理是先将原料冷冻至冰点以下，使其中大部分水结成冰，再在较高的真空状态下使冰直接升华气化为水蒸气而被排除。干燥终了，立即向干燥室充入干燥空气或干燥氮气，恢复常压，进行包装。

物料处在冰点低温下干燥脱水，能够非常好地保持原有的色泽、风味及营养成分，避免了加热干燥法对产品品质的不良影响，冻干蔬菜容易复水。此法主要用于医疗药物、食品工艺、珍贵食品的干燥，用此方法生产的食品叫真空冻干食品，冻干食品在国际市场的价格是热风干燥食品4～6倍，是速冻食品7～8倍。

近几年，由于冷冻干燥工艺技术的提高，设备也已能被国内多家企业所生产，虽然设备投资较大，运行成本费用较高，但能得到高品质的干制品，经济效益非常可观，因此冷冻干燥仍为有实力企业的首选。

1.2.8 联合干燥

Litvin S.(1998)联合应用冷冻干燥、微波加热及热风或真空干燥胡萝卜片。初期冷冻干燥的搁板温度为30℃，经2 h后搁板温度为55℃，2 h后胡萝卜片水分含量约为40%；接着微波处理50 s，最后用热风或真空干燥至水分含量为5%。终期为热风干燥时，胡萝卜片的质量特性如颜色、复水比与单独冷冻干燥的质量相似，但胡萝卜片的干燥时间与完全冷冻干燥相比，缩短了3 h；终期为真空干燥时，提高了胡萝卜的颜色质量，复水后总的质量与新煮的胡萝卜片相似。

1.2.9 太阳能干燥

利用热箱原理建筑太阳能干燥室，将太阳的辐射能转变成热能，用以干燥物料中的水分，这种方法称作太阳能干燥。太阳能干燥是国内外作为能源科学技术研究的一个重要内容，利用太阳能干燥食品具有极为重要的意义。世界各国都努力研究太阳能的利用。

2 果蔬干制过程中发生的变化

果蔬干制过程中发生的变化可以分为两类：物理变化和化学变化。

2.1 物理变化

干制时出现的物理变化常有：干缩、重量减轻、体积缩小、表面硬化等。果蔬组织细胞失去活力后，仍能不同程度地保持原有的弹性。但是受力过大，超过弹性极限，即使外力消失，它再也难以恢复原来状态。干缩正是物料失去弹性时出现的一种变化，这是食品干制时最常见、最显著的变化之一。弹性完好并呈饱满状态时的物料全面均匀地失水时，物料将随着水分的消失均衡地线形收缩，即物体大小均匀地按比例缩小。实际上物料的弹性并非绝对的，干制品的块片内的水分也难以均匀的排除，故干制时均匀干缩极为少见。

食品干制后，重量减轻为原料的20%～30%，体积缩小为原料的20%～35%。表面硬化是食品物料表面收缩和封闭的一种特殊现象。如果物料表面温度过高就会因内部水分未能及时转移到物料表面而使表面迅速形成一层硬壳，影响水分的蒸发。这种现象常出现在一些含高浓度糖和可溶性固形物的果蔬中，而在另一些果蔬中并不常见。食品内的水分因受热汽化而以蒸汽形式向外扩散，并让溶质残留下来。块片状和浆质态物料还常存在有大小不一的气孔、裂缝和微孔，小的可细到与毛细管相同。故食品内的水分也会经微孔、裂缝或毛细管上升，其中不少能上升到物料表面蒸发掉，以致它的溶质残留在表面上。干燥初期某些水果表面上积有糖黏质渗出物，其原因就在于此。这些物质就会将干制时正在收缩的微孔和裂缝加以封闭。在微孔说所和被溶质堵塞的双重作用下终于出现了表面硬化。此时若降低食品表面温度使物料缓慢干燥，一般就能延缓表面硬化。

2.2 化学变化

干制时出现的化学变化主要有：营养成分的变化（包括水分、糖、蛋白质和维生素）及色泽的变化。

2.2.1 水分

果蔬在干制过程中水分主要会发生蒸发和转移两种变化。

蒸发是指其中的水分由液相变为气相而散失，这种变化会造成原料和产品在水分含量方面的巨大差异。蒸发的发生是由于果蔬的温度或压力（只有真空冷冻干燥是这个原因，它利用的环境的高真空度而使水分升华）同环境的不相同，造成了其中的水蒸气压也与环境的水蒸气压不相同，当果蔬中的水蒸气压大于环境的水蒸气压时，为了达到二者的平衡，果蔬中的水分就会蒸发，由液态转为气态，散出去，果蔬水分减少；反之，即当果蔬中的水蒸气压小于环境的水蒸气压时，果蔬制品会吸湿，造成产品回潮。转移是水分从食品的某一部位转移到另一部位，食品总的含水量不变，但有的部位水分含量少了，有的部位水分含量增加了，转移造成了食品中水分的分布状况的改变。转移是由于食品内部的水分梯度造成的。

2.2.2 糖

自然干燥温度较低，速度缓慢，酶的活性不能很快得到抑制，呼吸作用仍在进行，消耗糖分，干制时间越长，糖分损失越多。同时，糖分还会和有机酸反应而出现褐变，要用硫处理才可以有效地加以控制。人工干制时，虽然很快抑制酶的活性和呼吸作用，干制时间又短，可减少糖分的损失，但所采用的温度和时间对糖分有很大影响。一般来讲，糖分的损失随温度的升高和时间的延长而增加。

2.2.3 蛋白质

对果蔬原料进行持续不断的高温处理，会对产品的蛋白质情况产生巨大的影响。蛋白质是一种热敏性物质，因此对某些物料而言，过度的加热处理会造成蛋白质效率降低，使其不能再被人体利用；同样，对有些有重要生理活性的氨基酸，如赖氨酸和蛋氨酸，在高温下会发生快速反应。冷冻干燥对蛋白质的损失最小。

2.2.4 维生素

多数的果蔬干制品中，维生素C基本都被破坏了。脂溶性维生素，如维生素A、维生素E在干制过程中也会造成损失，主要由于这些维生素同由脂类所形成的过氧化物和自由基发生反应而引起的。干制过程的时间、温度和氧气量是造成维生素损失的关键因素。同时，不同的果蔬和不同的维生素其损失情况都不相同。如洋葱和豌豆在干制过程中维生素C不会损失，但是玉米和甘薯损失比较大；硫胺素（维生素 B_1）在干制过程中损失较小，而胡萝卜素则会损失较大。

▲【思考题】

1. 简述干制的基本原理。
2. 简述影响果蔬干燥速度的因素有哪些。
3. 简述结壳、胀裂的防止方法。
4. 简述果蔬干制发生的化学变化。

项目三　果蔬罐藏

知识目标:通过对罐藏加工理论的学习,理解果蔬罐藏加工的基本原理。
技能目标:掌握罐藏品加工工艺及操作要点、加工中常见问题及解决途径。
德育目标:在加工中注重原料的综合利用,保护环境。

▲【任务提出】

在市场上看到琳琅满目的罐头产品,必然想到罐头是如何生产的?罐头产品在我们生活中占有重要地位。这是农产品加工的内容,我们要学习罐头产品的加工原理,更要掌握产品的加工工艺,解决罐头生产中出现的各种问题。

▲【技能要点】

1. 排气工艺

排气是指产品装罐后,密封前将罐内顶隙间和原料组织内的空气尽可能从罐内排除的一项技术措施,从而使密封后罐制品顶隙内形成一定真空度的过程。

常采用的排气方法有:加热排气法、真空排气法和蒸汽密封排气法。

2. 密封工艺

密封是与排气工艺紧密结合,在排气后立即将罐体封闭严实的操作。使罐内与罐外实现隔离;达到罐内一定的真空度;减少罐内氧化发生。

3. 杀菌工艺

杀菌是在排气、密封后杀灭罐内的致病菌和腐败微生物的操作。

常采用的杀菌方法有:常压杀菌、高压杀菌法等。

▲【任务实施】

1　黄肉桃罐头加工

黄肉桃,俗称黄桃,属于桃类的一种。黄桃在中国西北、西南一带栽培较多,随着食品罐藏加工业的发展,现在华北、华东、东北等地栽培面积也日益扩大。主要特点:果皮、果肉均呈金黄色至橙黄色,肉质较紧、致密而韧,黏核较多。

黄肉桃除少量鲜食外,主要用于加工。

1.1　任务准备

原料黄肉桃、白糖、罐头瓶、不锈钢锅、杀菌锅、排气箱等。

1.1.1 品种选择

(1)黄露(连黄) 大连农科所育成,著名罐藏老品种。中熟种,果皮和肉皆橙黄,质细而致密,不溶质,黏核,味甜酸品质上等,极耐贮运,为优良的加工品种。

(2)罐5 日本育成,中熟种,果肉橙黄,肉细,韧性强。

(3)黄金 国外引进。晚熟种,果皮金黄,皮较薄,可剥离。果肉黄,质细,鲜食加工兼用种。

1.1.2 原料准备

以生产100瓶500 g装罐头为例,需原料黄肉桃50 kg,白糖10 kg,罐头瓶120个,不锈钢锅,杀菌锅,排气箱等。

1.1.3 黄肉桃罐头加工工艺流程确定

原料选择→选果、清洗→切半、挖核→去皮、预煮→修整、装罐→排气、封罐→杀菌、冷却→保温检验→成品。

1.2 实施过程

1.2.1 原料选择

选用不溶质性的韧肉型品种。要求果形大,肉质厚,组织细致,果肉橙黄色,汁液清,加工性能良好。果实在八成熟时采收。常用品种有丰黄、黄露及日本罐桃2号、黄金等。

1.2.2 选果清洗

选用成熟度一致、果型均匀、无病虫、无机械损伤果,用流动清水冲洗,洗去表皮污物。

1.2.3 切半挖核

沿缝合线用刀对切,注意防止切偏。切半后桃片立即浸在1%～2%的食盐水中护色。然后用挖核刀挖去果核,防止挖破,保持挖核面光滑。

1.2.4 去皮漂洗

配制浓度为4%～8%的氢氧化钠溶液,加热至90～95℃,倒入桃片,浸泡30～60 s。经浸碱处理后的桃片,用清水冲洗,反复搓擦,使表皮脱落。再将桃片倒入0.3%的盐酸液中,中和2～3 min。

1.2.5 预煮冷却

将桃片盛于钢丝筐中,在95～100℃的热水中预煮4～8 min,以煮透为度。煮后冷水急速冷却。

1.2.6 修整装罐

用刀削去毛边和残留皮屑,挖去斑疤等。选出果片完整、表面光滑、挖核面圆滑、果肉呈金黄色或黄色的桃块,供装罐用,将合格桃片装入罐中,排列成复瓦状。装罐量为净重的55%～60%。注入糖水(每75 kg水加20 kg的砂糖和150 g柠檬酸,煮后过滤,糖水温度不低于85℃),留顶隙6～8 mm为度。罐盖与胶圈在100℃沸水中煮5 min。

1.2.7 排气密封

将罐头放入排气箱中,热力排气为85～90℃,排气10 min(罐内中心温度达80℃以上)。

从排气箱中取出后立即密封，罐盖放正、压紧。旋口瓶立即旋紧。

1.2.8 杀菌冷却

密封后及时杀菌，500 g 玻璃罐在沸水中煮 25 min，360 g 装四旋瓶在沸水中煮 20 min。杀菌后的玻璃罐头要用冷水分段冷却至 35～40℃。

1.2.9 擦罐、保温

擦去罐头表面水分，放在 20℃左右的仓库内贮存 7 d，即可进行敲验。贴商标、装箱后出厂。

1.3 产品质量标准

成品呈金黄色或黄色，同一罐中色泽应一致，糖水透明，允许存在少许果肉碎屑。有其固有黄桃风味，无异味。桃片完整，允许稍有毛边，同一罐内果块均匀一致。果肉重量不低于净重的 60%，含糖量为 14%～18%(开罐浓度以折光仪测定)。

▲【常见质量问题及解决途径】

罐制品生产过程中由于原料处理不当、加工不合理、操作不慎、成品贮藏条件不适宜等，往往能使罐制品发生败坏。

1. 胀罐

合格的罐制品其底部、盖部中心部位略平或呈凹陷状态，当罐制品内部的压力大于外界空气压力时，造成罐制品底盖鼓胀，称之为胀罐或胖听。胀罐分物理性胀罐、化学性胀罐、细菌性胀罐三种。

(1)物理性胀罐

原因：罐制品内容物装的太满，顶隙过小；加压杀菌后，降压过快，冷却过速；排气不足或贮藏温度过高等。

防止措施：严格控制装罐量；注意装罐时顶隙大小要适宜，控制在 6～8 mm；提高排气时罐内中心温度，排气要充分，封罐后能形成较高的真空度；加压杀菌后反压冷却速度不能过快；控制罐制品适宜的贮藏温度。

(2)化学性胀罐(氢胀罐)

原因：高酸性制品中的有机酸与金属容器内壁起化学反应，产生氢气，导致内压增大而引起胀罐。

防止措施：罐体宜采用涂层完好的抗酸全涂料钢板制罐，以提高罐体对酸的抗腐蚀性能；防止空罐内壁受机械损伤，防止出现露铁现象。

(3)细菌性胀罐

原因：杀菌不彻底或密封不严使细菌重新侵入而分解内容物，产生气体，使罐内压力增大而造成胀罐。

防止措施：罐藏原料充分清洗或消毒，严格注意加工过程中的卫生管理，防止原料及半成品的污染；在保证罐制品质量的前提下，对原料进行热处理，以杀灭产毒致病的微生物；在预煮水或糖液中加入适量的有机酸，降低罐制品的 pH，提高杀菌效果；严格封罐质量，防止密封不严；严格杀菌环节，保证杀菌质量。

2. 罐内壁腐蚀

原因：影响罐内壁腐蚀的主要因素有氧气、酸、硫及硫化合物、贮藏环境的相对湿度高。氧气是金属的强氧化剂，罐制品内残留氧的含量，对罐藏容器内壁腐蚀起决定性作用，氧气量愈多，腐蚀作用愈强；含酸量愈多，腐蚀性愈强；当硫及硫化物混入罐制品中，易引起硫化斑；贮藏环境相对湿度过大，易造成罐外壁生锈、腐蚀等。

防止措施：排气要充分，适当提高罐内真空度；注入罐内的填充液要煮沸，以除去填充液中的 SO_2；对于含酸或含硫高的内容物，容器内壁一定要采用抗酸或抗硫涂料；贮藏环境相对湿度不能过大，保持在 70%～75%以下为宜。

3. 罐内汁液混浊与沉淀

原因：加工用水中钙、镁等离子含量过高，水的硬度大；原料成熟度过高，热处理过度；贮藏不当造成内容物冻结，解冻后内容物松散、破碎；杀菌不彻底或密封不严，微生物生长繁殖等。

防止措施：加工用水进行软化处理；控制温度不能过低；严格控制加工过程中的杀菌、密封等工艺条件；保证原料适宜的成熟度等。

▲【考核要点与方法】

果蔬罐制品关键工艺操作、罐制品加工质量。操作熟练程度、产品合格率。

▲【相关知识】

1 罐藏加工原理

罐制品之所以能长期保藏，主要是借助罐藏条件（排气、密封、杀菌）杀灭罐内引起败坏、产毒、致病的微生物，破坏或钝化原料组织中酶的活性，并保持密封状态，使罐制品不再受外界微生物的污染来实现。

1.1 罐制品保藏基本知识

园艺产品腐败的主要原因是由于微生物的生长繁殖和产品内所含酶的活动导致。而微生物的生长繁殖及酶的活动必须具备一定的环境条件，罐藏原理就是创造一个不适合微生物生长繁殖的条件，抑制酶的活性，从而达到在室温下较长期保藏的目的。

1.2 罐制品与微生物的关系

微生物的生长繁殖是导致罐制品败坏的主要原因之一，罐制品若杀菌不够，残存在罐内的微生物在环境条件适宜时就会生长繁殖，从而造成罐制品的败坏。

对农产品起到败坏作用常见的微生物主要有霉菌、酵母菌和细菌。霉菌和酵母菌广泛分布于大自然中，其耐低温能力强，但不耐高温，一般在加热杀菌后的罐制品中不能存活。加之霉菌不耐缺氧条件，因此，这两种菌在罐制品生产中较容易控制和杀灭。导致罐制品败坏的微生物主要是细菌，因而，热杀菌的标准是以杀灭某种细菌为依据。

依据细菌对氧的需求可将其分为嗜氧、厌氧和兼性厌氧菌。在罐制品中，嗜氧菌因罐制品的排气密封而受到抑制，而厌氧菌仍能生活，如果在加热杀菌时没有被杀灭，则会造成罐制品的败坏。

不同的微生物适宜生长的 pH 范围不同，制品的 pH 影响细菌对热的抵抗能力，pH 低说明酸度高，细菌及芽孢在此环境下的抗热力低，杀菌效应好。根据食品酸性强弱，可分为酸性食品（pH 4.5 或以下）和低酸性食品（pH 4.5 以上）。也有将食品分为低酸性食品（pH 5.0～

6.8)、酸性食品(pH 3.7～4.5)和高酸性食品(pH 2.3～3.7)。在 pH 4.5 以下的酸性水果罐制品,通常杀菌温度不超过 100℃;在 pH 4.5 以上的低酸性罐制品,通常杀菌温度要在 100℃以上,这个界限的确定是根据耐热的肉毒梭状芽孢杆菌在不同 pH 值下的适应情况确定的。

根据细菌对温度的适应能力,将其分为嗜冷性细菌、嗜温性细菌和嗜热性细菌。嗜温、嗜热性细菌对罐制品的威胁较大,因此,罐制品的杀菌主要是以杀灭此类细菌及其孢子为标准。

1.3 罐制品与酶的关系

果蔬原料中含有各种酶,参与果蔬中有机物质的分解转化,如不加以控制,就会使原料或制品发生质变。因此,必须加强对酶的控制,保持制品质量。

酶的活性和温度之间有着密切关系。大多数酶适宜的活动温度为 30～40℃,如果超过这个温度,酶活性就开始遭到破坏,当温度达到 80～90℃时,受热几分钟后,几乎所有酶的活性都遭到破坏。

在生产中,有些酶类会导致酸性或高酸性罐制品变质,甚至某些酶经热力杀菌后还能再度活化,这类酶的代表就是过氧化物酶。在超高温热力杀菌(121～150℃瞬时处理)时被发现。微生物虽全被杀灭但某些酶的活力却依然存在。因此,加工处理中,要完全破坏酶活性,防止由酶引起的败坏,要采取综合措施。

1.4 排气的作用

罐制品在保藏期间发生的产品变质、品质下降以及罐内壁腐蚀等不良变化,与罐内残留的氧气有关,所以在罐制品生产工艺中,排气对罐制品的质量有着至关重要的作用。

排气达不到要求,容易促使需氧菌特别是其芽孢的生长发育,从而使罐制品质量下降而不能较长时间保藏。过多的氧也对食品色、香、味及营养物质保存产生影响。

1.5 密封的作用

罐制品之所以能长期保存,除杀灭罐内的腐败菌和致病菌外,主要是依靠罐藏容器的密封,使罐内食品与罐外环境完全隔离,不再受到外界环境及微生物污染。罐制品的密封性直接影响着罐制品保藏期的长短,不论何种包装容器,如果未能获得严格的密封,就不能达到较长期保存的目的。因此,罐制品生产过程中要严格控制密封的操作,保证罐制品的密封效果。

1.6 杀菌公式的确定

罐制品通过加热杀死罐内引起罐制品败坏的微生物。要了解高温对微生物的影响以及热能在杀菌时的传递方式,然后制订出合理的杀菌公式。

在兼顾杀菌的同时要最大限度地保持罐头内营养物质少损失。

1.6.1 杀菌的目的

(1)杀死引起罐制品败坏和产生毒素的微生物。

(2)起到加热作用,改进制品品质和风味,便于食用。

罐制品的杀菌不同于细菌学上的灭菌,不是杀死所有的微生物,前者是在罐藏条件下杀死造成食品败坏的微生物即达到"商业无菌"状态。后者是达到完全无菌状态。

1.6.2 杀菌对象菌的选择

各种罐制品,由于原料的种类、来源、加工方法和加工卫生条件的不同,使罐制品在杀菌前存在着不同种类和数量的微生物,不可能也没有必要对所有不同种类的细菌进行耐热性试验。

生产上总是选择最常见的耐热性最强并具有代表性的腐败菌，作为主要的杀菌对象菌。

罐制品的酸度(pH)是确定杀菌对象菌的重要因素。不同pH的罐制品中，腐败菌的耐热性各不相同。一般情况下，在pH 4.5以下的酸性或高酸性食品中，将耐热性低的霉菌和酵母菌作为杀菌对象，生产上容易控制和杀灭。而pH 4.5以上的低酸性罐制品，杀菌的主要对象是厌氧性细菌，这类细菌的芽孢抗热力很强。在罐制品上用产生毒素的肉毒梭状芽孢杆菌的芽孢作为杀菌对象菌。

1.6.3 杀菌公式的确定

杀菌工艺条件主要是确定杀菌温度和时间。其原则是在保证罐制品安全性的基础上，尽可能缩短杀菌时间，以减少热力对罐制品品质的影响。

杀菌温度的确定是以主要对象菌的热力致死温度作为杀菌温度。杀菌时间的确定受多种因素的影响，在综合考虑的基础上，通过计算确定。

(1)微生物耐热性的常见参数值 试验证明，细菌被热力致死的速率与被加热体系内现存细菌数量成反比。这表明热致死速率按对数递减。它意味着在恒定热力条件下，在相等时间间隔内，细菌被杀死的百分比是相等的，即在一定致死温度下，若第一分钟杀死原始菌数的90%的细菌，第二分钟杀死剩余细菌数的90%，依此类推。据此，我们给出"D值"概念，即在一定的环境和一定热致死温度条件下，杀死90%原有微生物芽孢或营养体数所需要的时间(min)。D值的大小，与微生物的耐热性有关，D值愈大，它的耐热性愈强。

(2)杀菌公式 杀菌条件确定后，通常用"杀菌公式"的形式来表示，即把杀菌温度、杀菌时间排列成公式的形式。一般杀菌公式为：

$$\frac{T_1-T_2-T_3}{t}$$

式中：T_1—升温时间(min)；T_2—恒温杀菌时间(保持杀菌温度时间，min)；T_3—降温时间(min)；t—杀菌温度(℃)。

1.6.4 影响杀菌效果的因素

影响罐制品杀菌的因素很多，主要有微生物的种类和数量、果蔬的性质和化学成分、杀菌温度、传热方式和速度。

(1)微生物的种类和数量 不同的微生物抗热能力有很大的差异，嗜热性细菌耐热性最强，芽孢又比营养体更加抗热。而果蔬中所污染的细菌数量，尤其是芽孢数越多，在同样的致死温度下所需的时间越长。

(2)罐制品的酸度(pH) 制品的酸度对微生物耐热性的影响很大，对于绝大多数微生物来说，在pH中性范围内耐热性最强，pH升高或降低都会减弱微生物的耐热性。特别是在偏酸性条件，促使微生物耐热性减弱作用更明显。

由于罐制品的酸度对微生物及其芽孢的耐热性的影响十分显著，所以果蔬酸度与微生物耐热性这一关系在罐头杀菌的实际应用中具有相当重要的意义。低酸性食品一般采用高温高压杀菌；酸性食品则采用常压杀菌。

(3)罐制品中的化学成分 罐制品中的糖、淀粉、蛋白质、盐等对微生物的耐热性也有不同程度的影响。糖浓度越高，杀灭微生物芽孢所需的时间越长，浓度很低时，对微生物耐性的影响很小；淀粉、蛋白质能增强微生物的抗热性；低浓度的食盐对微生物的抗热性具有保护作用，高浓度的食盐对微生物的耐热性有削弱作用。

(4)热的传递方式和传热速度　罐制品杀菌时，热的传递主要是以热水或蒸汽为介质，因此杀菌时必须使罐制品都能直接与介质接触。其次热量由罐的外表传至罐制品中心的速度，对杀菌有很大影响，影响罐制品传热速度的因素主要有罐藏容器的种类和型式、制品的种类和装罐状态、罐制品的初温、杀菌锅的型式和罐制品在杀菌锅中的位置等几个方面。

2　罐制加工要点

2.1　原料的选择

2.1.1　原料基地

罐制品生产是现代机械化程度很高的产业。它的正常生产和发展，必须有充足的原料、适宜品种才能保证罐制品生产的数量与质量。正规罐头厂，要维护其生产顺利进行，必须有可靠的原料基地，以提供生产需要的品种和数量。

2.1.2　原料的选择

罐制原料的选择是保证罐制品质量的关键。一般原料要求：具备优良的质地和色、香、味，糖酸含量高，比例适当，含粗纤维少，无异味，大小适中，形状整齐，耐高温等。

果品常用的罐制原料种类：苹果、梨、桃、杏、柑橘、菠萝等。

蔬菜：菜豆、番茄、竹笋、石刁柏、荸荠、蘑菇、甜玉米等。

2.2　空罐准备

罐藏容器在加工、运输和存放中常附有灰尘、微生物、油脂等污物。因此，使用前必须对容器进行清洗和消毒，以保证容器卫生，提高杀菌效率。

金属罐一般先用热水冲洗。玻璃罐先用清水(或热水)浸泡，然后用毛刷刷洗或用高压水喷洗。不论哪类容器清洗、冲洗后，都要用 100℃沸水或蒸汽消毒 30～60 min，然后倒置沥干水分备用。罐盖也进行同样处理，或用 75%酒精消毒。洗净消毒后的空罐要及时使用，不宜长期搁置，以免生锈或受微生物污染。

2.3　填充液配制

果蔬罐藏时除了液态和黏稠态食品(如果酱等)外，一般都要向罐内加注汁液，称为罐液。果品罐头的罐液一般是糖液，蔬菜罐头的罐液多为盐水。

2.3.1　填充液作用

填充液能填充罐内原料以外的空隙。目的在于增进风味；排除空气，减少加热杀菌时的膨胀压力，防止封罐后容器变形；减少氧化对内容物带来的不良影响，保持或增进果蔬风味；提高初温，并加强热的传递效率。

2.3.2　糖液配制

所配糖液的浓度，依水果种类、品种、成熟度、果肉装量及产品质量标准而定。我国目前生产的糖水果品罐头，一般要求开罐糖度为 14%～18%。每种水果罐头加注糖液的浓度，可根据下式计算：

$$Y=\frac{W_3Z-W_1X}{W_2}$$

式中：Y—需配制的糖液浓度（质量分数）（%）；W_1—每罐装入果肉质量（g）；W_2—每罐注入糖液质量（g）；W_3—每罐净重（g）；X—装罐时果肉可溶性固形物质量分数（%）；Z—要求开罐时的糖液浓度（质量分数）（%）。

生产中常用折光仪或糖度计来测定糖液浓度。由于液体密度受温度的影响，通常其标准温度多采用 20℃，所测糖液温度高于或低于 20℃，则所测得的糖液浓度还需加以校正。

配制糖液的主要原料是蔗糖，其纯度要在 99%以上。配糖液有两种方法，直接法和稀释法两种。

直接法就是根据装罐所需的糖液浓度，直接按比例称取砂糖和水，置于溶糖锅中加热搅拌溶解并煮沸，过滤待用。例如，直接法配 30%的糖水，按砂糖 30 kg、清水 70 kg 的比例入锅加热配制。

稀释法就是先配制高浓度的糖液，也称之为母液，一般浓度在 65%以上，装罐时再根据所需浓度用水或稀糖液稀释。用十字交叉法计算。例如，用 65%的母液配 35%的糖液。

水　　　　30　65 − 35 = 30

　　　35

冰糖液 65　　　35　35 − 0 = 35

大数减去小数即为需用的浓糖液及水的量。上式中，水 30 份、65%浓糖液 35 份，即 6∶7（质量比）混合后就得浓度为 35%的糖液。

糖液配制时要煮沸过滤，因为使用硫酸法生产的砂糖中会有 SO_2 残留，糖液配制时若煮沸一定时间（5～15 min），就可使糖中残留的 SO_2 挥发，以避免 SO_2 对果蔬色泽的影响。煮沸还可以杀灭糖中所含微生物，减少罐头内的原始菌数。糖液必须趁热过滤，滤材选择要得当。另外，对于大部分糖水果品罐头都要求糖液维持一定的温度（65～85℃），以提高罐制品的初温，确保后续工序的效果。而个别生产品种如梨、荔枝等罐头所用的糖液，加热煮沸过滤后应急速冷却到 40℃以下再行装罐，以防止果肉变红。糖液中需要添加酸时，注意不要过早加入，应在装罐前添加，以防止蔗糖转化而引起果肉变色。

2.3.3　盐液配制

所用食盐应选用精盐，氯化钠含量在 98%以上。配制时常用直接法按要求称取食盐，加水煮沸过滤即可。蔬菜罐制品所用盐水浓度为 1%～4%。

2.3.4　调味液的制备

调味液的种类很多，但配制的方法主要有两种，一种是将香辛料先经一定的熬煮制成香料液，香料液再与其他调味料按比例制成调味液；另一种是将各种调味料、香辛料（可用布袋包裹）一次煮制配成调味液。

2.4　装罐

装罐前要对原料进行必要的分选，以保证每瓶产品的质量，力求大小、色泽、形态大致均匀，及时剔除变色、软烂及带病斑的原料。

装罐后将罐头倒置，控水 10 s，以沥净罐内水分。内销一般原料装量 55%，外销 65%。及时加入填充液，装罐量要求误差±3%。装罐速度要快，半成品不应堆积过多，以减少微生物污染机会。

装罐时一定要留顶隙，顶隙是指罐制品内容物表面与罐盖之间所留间隙的距离，一般要求为3～8 mm。顶隙若过大，会造成内容物装量不足，或因排气不足，易使罐制品氧化，或因排气过足，使罐内真空度过大，杀菌后出现罐盖（体）过度凹陷，造成瘪罐。顶隙过小，会在杀菌时罐内制品受热膨胀，内压过大，而造成罐盖外凸，甚至造成密封性不良，或者形成物理性胀罐。

装罐时要注意卫生，严格操作，保证产品质量。

果蔬罐制品，因其原料及成品形态不一，大小、排列方式各异，所以多采用人工装罐，对于流体或半流体制品（果汁、果酱）可用机械装罐。装罐时一定要保证装入的固形物达到规定重量。

2.5 排气

排气应达到一定的真空度。罐制品真空度是指罐外大气压与罐内残留气压的差值，一般要求在26.7～40 kPa(200～400 mmHg)。罐内残留气体越多，它的内压愈高，而真空度就愈低。罐制品内保持一定的真空，能使罐盖维持平坦或微内陷状态，这是正常良好罐制品的外表特征，常作为检验罐制品质量的一个指标。

影响排气效果的因素主要有排气温度和时间、罐内顶隙的大小、原料种类及新鲜度、酸度等。

排气方法有热力排气、真空密封排气、蒸汽密封排气三种。

热力排气采用热膨胀原理。有热装罐排气和加热排气，热装罐排气适用于流体、半流体或组织形态不会因加热搅拌而受到破坏的制品。加热排气是将装罐后的制品送入排气箱，在具有一定温度的排气箱内经一定时间的排气，使罐头的中心温度达到要求温度（一般在80℃左右）。加热排气的设备有链带式排气箱和齿盘式排气箱。

真空密封排气法借助于真空封罐机将罐头置于真空封罐机的真空仓内，在抽气的同时进行密封的排气方法。此法排气，真空度可达到33.3～40 kPa。

蒸汽密封排气是一种蒸汽喷射排气方法，它是在罐制品密封前的瞬间，向罐内顶隙部位喷射蒸汽，由蒸汽将顶隙内的空气排除，并立即密封，目前未普及。

2.6 密封

罐制品密封是保证其长期不变质的重要环节。罐制品密封的方法和要求视容器的种类而异。

金属罐采用专门的封口机，其主要工艺是使罐身和罐盖相互卷合、压紧而形成紧密重叠卷边的过程。

玻璃瓶有卷封式和旋封式两种，现多采用旋封式密封。

复合塑料薄膜袋采用热熔合方法密封。

2.7 杀菌

罐制品密封后，应立即进行杀菌。常用杀菌方法有常压杀菌和高压杀菌。

2.7.1 常压杀菌

杀菌温度在100℃或100℃以下，适合于果品罐制品（酸性），采用的杀菌介质为热水或热蒸汽。

2.7.2 高压杀菌

杀菌温度为115～121℃，适合于低酸性的蔬菜罐制品，一般用高压杀菌锅。

2.8 冷却

杀菌后，应立即冷却，以确保产品的质量。冷却不及时，会对产品造成热处理时间加长，内容物色泽、风味、组织结构均受到影响。

冷却分为常压冷却和反压冷却。

常压杀菌的铁罐制品，杀菌结束后可直接将铁罐取出放入冷却水池中进行冷却；玻璃罐则采用分段冷却，每段温差20℃。高压杀菌须采用反压冷却，即向杀菌锅内注入高压冷水或高压空气，以水或空气的压力代替热蒸气的压力，既能逐渐降低杀菌锅内的温度，又能使内部的压力保持均衡消降。制品冷却至38～43℃即可。

2.9 检验

果蔬罐制品的质量标准及试验方法、检验规则、包装要求如下：

2.9.1 保温检验

在20℃时常温保存7昼夜或25℃条件下保存5昼夜，保温后按质量标准进行检验，合格产品包装。

2.9.2 感官指标检验

在室温下将罐制品打开，将内容物倒入白瓷盘中观察色泽、组织、形态是否符合标准；检验是否具该产品应有的滋味与气味，并评定其滋味和气味是否符合标准。

2.9.3 理化指标检验

净含量按JJT 1070—2005标准检验。可溶性固形物含量、酸含量和重金属含量(测定锡、铜、铅、砷)按NY/T 1047—2006规定的方法检验；氯化钠含量按GB/T 12457—2009规定的方法检验；微生物检验按GB 4789.26—2003规定的方法检验。

2.9.4 检验规则

按QB 1006—90执行。

▲【知识拓展】

1. 罐藏加工的历史

罐藏技术自1804年法国的尼古拉·阿培尔发明以来，经过200多年的历史，已发展成为当代保藏食品的重要手段。当初由于对引起食品腐败变质的主要因素——微生物还未认识，其技术上发展较慢，到1864年法国人巴斯德发现了微生物，为罐藏技术发展奠定了理论基础，使罐藏技术得到较快发展，并成为食品工业的重要部分。在我国，罐头工业始于1906年。改革开放以来，罐制品行业的规模、产量和品种均有了很大的发展，果蔬罐制品的出口量很大。我国果蔬罐制品出口截至目前，形成了蘑菇、橘子、芦笋、番茄酱争雄国际市场的格局，这些产品在国际市场上占有较大市场份额且增长速度迅猛。我国加入WTO后，果蔬罐制品面临新的机遇和挑战。采用新技术、新工艺、新设备，采用国际上先进的GMP(良好作业规范、优良制造标准)和HACCP(危害分析和关键控制点)技术质量管理系统，已成为我国罐制品生产企业的当务之急。在今后我国罐制品将在加大科技投入和培育集团方面有重大突破。

▲【思考题】

1. 简述罐藏加工原理。
2. 简述常见果蔬罐制品加工工艺。

项目四　果蔬糖制

知识目标：通过对糖制加工的学习，理解掌握糖制加工基本原理。
技能目标：掌握果蔬糖制品加工工艺要点及操作。
德育目标：节约能源、注重原料的综合利用，注重农业的可持续发展。

△【任务提出】

果脯、果酱是市场上常见果品加工制品，产品的加工过程，其产品加工原理与具体加工方法如何，学习农产品要认真掌握相关知识与内容。

△【技能要点】

1. 糖制原料选择

糖制加工所用原料，应特别注重原料的组织结构和糖制对原料的影响。选择适宜的原料，运用精湛的加工技术，才能得到优良的糖制品。

(1)原料的种类与品种

(2)原料的成熟度

(3)原料的新鲜度

2. 果蔬糖制的关键工艺

糖制工艺是果脯、蜜饯加工中最重要的环节。

△【任务实施】

1　果脯加工(苹果脯加工)

苹果脯是果脯的代表产品，在制作过程中，技术要求较高。其制品要达到块形完整，肉质柔韧具有原果风味。

1.1　任务准备

1.1.1　品种准备

苹果脯的原料应选择果形完整、果心小、肉质紧实，成熟度在坚熟期采收的果实。可用国光、红玉等品种。

1.1.2　原料准备

以生产 100 kg 产品为例，需原料苹果 300 kg，白糖 400 kg，夹层锅，加热设备，烘盘，烘箱等。

1.1.3 苹果脯加工工艺流程确定

原料选择→预处理→糖制→烘烤→整形→包装。

1.2 实施过程

1.2.1 预处理

预处理包括去皮、切分、去心、硫处理和硬化。

1.2.2 切分、去皮、去心

用手工或机械去皮后,根据大小分成2～4瓣,用挖核器去除果心。

1.2.3 硬化和硫处理

将果块放入0.1%的氯化钙或葡萄糖酸钙与0.2%～0.3%的亚硫酸氢钠混合液中浸泡4～8 h,进行硬化和硫处理。肉质较硬的品种只需要进行硫处理。浸泡后用清水漂洗2～3次备用。

1.2.4 糖制

苹果脯在糖制中有三种方法。先用水和砂糖调配成浓度为40%～45%的糖液煮沸,把已处理好的果块放入煮沸的锅内。

一次煮成法:在夹层锅内配成40%的糖液25 kg煮沸,将处理好的果块30 kg倒入锅内,用旺火煮沸后,再添加50%的冷糖液5 kg,重新煮沸。反复进行3次,用时30～40 min。待果块发软膨胀开始有微小的裂纹出现时,开始撒入白糖。每次煮沸后撒一次,加糖次数5～6次,前两次可加入3～4 kg砂糖,再加入60%的冷糖液12 kg,中间两次加糖为4～5 kg,再加入60%的冷糖液1 kg,最后1～2次加6～10 kg白糖,用文火加热维持20～30 min,然后加入65%的冷糖液,并立即出锅,在缸中浸泡24～48 h后捞出沥干进行烘烤。

除此种方法糖制外还有多次煮成法、变温煮制法等。可根据条件和设备进行选择。

1.2.5 烘烤、整形和包装

将果块捞出,沥干糖液,摆盘使果碗朝上,先在60℃下烘烤6 h,再升温到70℃烘烤6 h,然后再降到60℃烘烤6 h,共用时20 h。将苹果脯放于25℃的室内24 h回潮,剔除果脯上的斑疤、黑点等,将合格产品用手捏成扁圆形,并用无毒玻璃纸单块包装,装入包装盒中。

1.3 产品质量标准

色泽浅黄色至金黄色,鲜艳透明有光泽,色度一致。块形整齐有弹性,无生心、无杂质。不返砂、不结晶、不流糖、不干瘪。保持原果味道,甜酸适宜,无杂味。总糖含量68%～75%,含水量16%～18%。

2 果酱加工(草莓酱)

2.1 任务准备

2.1.1 品种选择

(1)土德拉 本品种引自西班牙。早熟品种,果形呈长圆柱形,一级序果平均重29 g,最大果重90 g,每亩产量可达2 500～3 500 kg,丰产性极强。果面鲜亮红色,果肉鲜红,果肉硬,表皮抗压性强，耐贮运。可溶性固形物含量为7%～9%，酸甜适口，品质中等。

(2)宝交早生　鲜食和加工兼用种。由日本兵库农业试验场以八云×Tohoe育成，是露地栽培的优良品种。

(3)丰香　由日本引进，是栽培的优良品种。该品种植株长势强，株型半开张。叶片圆而大，厚而浓绿。果形整齐，大果率高，商品果率高。

(4)女峰　由日本引进的优良品种。植株直立，生长势强，具丰产性。果色鲜红有光泽，外观美。果皮韧，肉质硬，耐贮运。可溶性固形物高，但含酸量也高，风味浓，有香气，品质佳。

2.1.2　原料准备

以生产100 kg产品为例，需原料草莓100 kg，白糖100 kg，罐头瓶120个，不锈钢锅，夹层锅，排气箱，杀菌锅等。

2.1.3　草莓酱加工工艺流程确定

原料选择→洗涤→去把、萼片→配料→加热浓缩→装罐与密封→杀菌及冷却→成品。

2.2　实施过程

2.2.1　原料选择及处理

选择糖酸比合适、富含果胶的品种，在充分成熟时采收，原料在流动水槽中漂洗，洗净后去梗、萼片和去除青果、烂果。

2.2.2　加糖及配料

草莓与糖的重量比为1∶1，根据原料的含酸量，适当加入柠檬酸和山梨酸调整。

2.2.3　浓缩

(1)常压浓缩　将糖配成糖浆，与原料一同加入锅中。待将要达到浓缩终点时加入柠檬酸、山梨酸，浓缩至可溶性固形物达到60%～65%时出锅。

(2)真空浓缩　将草莓与糖水吸入真空锅内，浓缩至可溶性固形物达到60%～65%，加入溶化的柠檬酸、山梨酸，进一步浓缩可溶性固形物达到65%～70%。解除真空，继续加热，待酱温达100℃时出锅。

2.2.4　装罐、密封、杀菌

出锅后立即装罐，最好装罐前空罐加温。装罐时酱温在85℃以上，杀菌温度为100℃，10～15 min，用玻璃罐包装可采用分段降温冷却。

3　果冻加工(山楂果冻)

3.1　任务准备

3.1.1　品种准备

(1)大金星　单果个体较大，成熟时果面上有小点，故得名大金星。口味重，属于味酸品种。

(2)普通山楂　山楂最早的品种，个头小，果肉较硬，适合入药，市场上的山楂加工的主要原料。

(3)大五棱　此果果型巨大，单果可达31.6 g，果实长圆形，萼部较膨大，萼洼周围有明显的五棱突起，宛如红星苹果。果皮全面鲜红，有光泽，果点小而稀，果肉黄白色，肉质细嫩，味甜微酸，不面不苦不涩，鲜美可口。

3.1.2 原料准备

以生产 100 kg 果冻为例，需山楂原料 100 kg，白糖 50 kg，夹层锅，方盘等。

3.1.3 山楂果冻加工工艺流程确定

原料处理→加热软化→取汁→加糖浓缩→冷却成型。

3.2 实施过程

3.2.1 原料处理

将山楂洗净，切开，除去果梗、果萼。

3.2.2 加热软化

其目的便于打浆和取汁。加入山楂重量 1～1.5 倍的水，加热煮沸 10 min，然后浸泡 12～24 h。

3.2.3 取汁

汁液呈鲜红并带有黏性时，用细筛或布过滤，得清亮的汁液。果酱可进行粗打浆，果浆中可有部分果肉。取汁的果肉打浆，不要过细，过细反而影响取汁。取汁可用压榨机榨汁或浸提汁。

3.2.4 加糖浓缩

将汁液倒入锅中加热，使水分蒸发一部分后再加糖浓缩。加糖量依汁液中果胶量多少而定，果胶含量高，加糖少，果胶含量低，加糖量增加，一般糖与浸出液的比例为 1∶1 或 0.5∶1 或 0.3∶1。加糖后煮至沸点温度 104～105℃，用木板黏果汁悬于空中有片状落下，即可出锅。

3.2.5 冷却成型

温度降至 75℃装入塑料杯密封或放于方盘中自然冷却成型。

4 产品质量标准

4.1 果脯蜜饯质量标准

4.1.1 感官指标

具有该品种正常的色泽，形状大小基本均匀，具有该品种正常的滋味和气味，甜酸适口，无异味。

4.1.2 理化指标

总糖、水分、还原糖、酸度依各产品而定，其他指标要求为：硫残留量(以 SO_2 计)≤0.5 g/kg；苯甲酸钠或山梨酸钾≤0.5 g/kg；糖精：话梅类≤5.0 g/kg；其他≤0.15 g/kg；铅(以 Pb 计)≤1.0 mg/kg；铜(以 Cu 计)≤10.0 mg/kg；砷(以 As 计)0.5 mg/kg；着色剂符合 GB 2760 规定。

4.1.3 微生物指标

细菌总数≤750 个/g；大肠菌群不得检出；霉菌计数≤50 个/g。

4.2 果酱类产品质量标准

果酱类产品应符合 GB 11671—89《果蔬罐头食品卫生标准》。

4.2.1 感官指标

容器密封完好，无泄露、无胖听现象存在。内容物具有原料本身正常的色泽，均匀一致；并具有该产品特有的气味和滋味，甜酸甜口，无焦糊味和其他异味；组织形态为黏稠状，不分泌汁液，无糖结晶。

4.2.2 理化指标

可溶性固形物含量、总糖量依不同产品而异。重金属指标及添加剂要求为：锡（以 Sn 计）≤200 mg/kg；铜（以 Cu 计）≤5.0 mg/kg；铅（以 Pb 计）≤1.0 mg/kg；砷（以 As 计）≤0.5 mg/kg；食品添加剂符合 GB 2760 中的有关规定。

4.2.3 微生物指标

符合罐头食品商业无菌要求，无致病菌及微生物所引起的腐败现象。

△【常见问题及解决途径】

1. 变色

在糖制品加工过程中及贮存期间都可能发生变色，在加工期间的前处理中，变色的主要原因是氧化引起酶促褐变。

解决办法：做好护色处理，在去皮后要及时浸泡在盐水或亚硫酸盐溶液中，组织疏松原料需抽空处理，在整个加工中尽可能地避免与空气接触，防止氧化。而非酶促褐变则伴随在整个加工过程和贮藏期间，其主要影响因素是温度，即温度越高变色越深。因此，控制办法在加工中要尽可能缩短受热处理时间。在贮存期间要控制温度在 12～15℃，对于易变色品种最好采用真空包装，在销售时要注意避免阳光暴晒，减少与空气接触的机会。另外，微量的铜、铁等金属的存在也能使产品变色，因此加工用具一定要用不锈钢制品。

2. 返砂和流汤

质量正常的果脯质地柔软，鲜亮透明。但如果在煮制过程中掌握不得当，就会造成成品表面和内部的蔗糖“重结晶”，这种现象称为“返砂”，“返砂”使果脯质地变硬，失去光亮色泽，容易破损，品质降低。产生这种现象的原因是果脯中蔗糖含量过高而转化糖含量不足的结果；但是，如果果脯中转化糖含量过高，在高温高湿季节，又容易“流汤”，使产品发黏。试验证明，果脯中的总含糖量为 68%～70%，含水量为 17%～19%，转化糖占总糖量的 50%以下时，易出现不同程度的“返砂”；转化糖量达到总糖量的 60%时，在良好条件下就不“返砂”；但当转化糖高达 90%以上时，则易产生“流汤”。

解决办法：掌握好果脯中蔗糖和转化糖的含量，是防止上述现象发生的根本方法。经验证明，控制煮制时条件，是决定转化糖含量的有效措施。目前将糖液的 pH 值保持在 2～2.5，促进蔗糖的转化，其方法是加柠檬酸调节。

3. 微生物败坏

糖制品在贮藏期间最易出现的微生物败坏是长霉菌和发酵产生酒精味。这主要是由于制品含糖量没有达到要求的 65%～70%。

解决办法：加糖时一定按糖要求浓度添加。但对于低糖制品一定要采取防腐措施如添加防腐剂，采用真空包装。必要时加入一定的抗氧化剂，保证较低的贮藏温度。对于罐装果酱一定要注意密封严密，以防止氧气为霉菌生长提供条件。杀菌要充分。

4. 煮烂和干缩

煮制苹果、沙果和枣时，有煮烂和干缩的现象。制作蜜枣煮烂的原因有两方面，一是枣的成熟度太高；二是在划皮时划得过深，而且有的果实两头会合，煮时皮脱落，容易煮烂。制作苹果脯煮烂的原因，与果实的成熟度及品种有密切关系，但是成熟度不够，一则不易吸收糖液，二则干燥以后容易产生干缩现象。

解决办法：果实的成熟度要适当，糖煮前先用清水煮几分钟，糖煮时开始大量加糖，迅速提高糖液的浓度等。

5. 果酱产品的汁液分泌

造成原因是加热浓缩过程中加酸过早，酱体受热时间过长，导致转化糖含量过高。

解决办法：注意加工酸度的控制，避免果酱贮藏时间过长，以免发生汁液分泌和颜色变暗等。

▲【考核要点与方法】

果脯、果酱关键工艺，操作过程，产品质量。

果脯果酱具体加工操作、产品合格率。

▲【相关知识】

1　果蔬糖制原理

糖制品本身无生命力，其保藏主要依靠食糖来抑制微生物的活动。食糖可提高糖制品的品质，其作用非常重要。

果蔬糖制采用的食糖，本身对微生物无害。低浓度糖液有利于微生物生长和繁殖。食糖的保藏作用在于其高浓度糖液的高渗透压，使微生物细胞的原生质脱水而失去活性。因而，食糖只是一种食品保藏剂。只有在较高浓度下才能产生足够的渗透压。1%的蔗糖液约有70.9 kPa的渗透压。大多数微生物细胞渗透压为307～615 kPa。50%的糖溶液能抑制大多数酵母的生长，而65%以上的含糖量能有效地抑制细菌和霉菌的生长。所以糖制品一般最终糖浓度都在65%以上。如果是中、低浓度的糖制品，则是利用糖的渗透压和辅料产生抑制微生物的作用，使制品得以保存。

2　食糖的保藏作用

食糖的保藏作用主要体现在高渗透压、抗氧化和降低水分活性三个方面。

(1)食糖的高渗透压　糖溶液有一定的渗透压，当糖溶液浓度达65%以上时所产生的渗透压大于微生物吸收营养的渗透压，从而抑制微生物的生长，使制品得以保存。

(2)食糖的抗氧化作用　糖溶液中的含氧量比纯水低，在20℃时60%蔗糖溶液溶解氧的能力仅为纯水的1/6。因此高糖制品可减少氧化。

(3)食糖溶液水分活性低　微生物吸收营养要在一定的湿度条件下，就是要有一定的水分活性。糖浓度越高的溶液其水分活性越小，微生物就越不易获得所需的水分和营养。新鲜水果的水分活性大于0.99以上，而糖制品的水分活性为0.80～0.75，具有较强的抑菌作用。

3 糖的性质

糖制品所用糖类有蔗糖、饴糖、淀粉糖浆、果葡糖浆和蜂蜜等。蔗糖具有纯度高,风味好,色泽浅,使用方便和保藏作用强的特点,在糖制中广泛应用。

糖制品质量与所用食糖的性质有极大关系,食糖的性质包括化学性质和物理性质两方面,化学性质有甜味和风味、蔗糖的转化等。物理性质有渗透压、结晶和溶解度、吸湿性等。

3.1 糖的甜度

糖的甜度影响糖制品的甜度和风味。通常用人的味觉来进行判断。相对甜度是以蔗糖为标准计 100,其他种类糖与蔗糖相同浓度下的甜度比较值见表 2-1。

表 2-1 糖的相对甜度

糖	麦芽糖	淀粉糖浆(葡萄糖值)	葡萄糖	蔗糖	果葡糖浆(转化率 40%)	蜂蜜(转化率 75%)	转化糖	果糖
相对甜度	50	70	74	100	100	120	130	173

不同种类的糖其甜度有很大的区别,风味各异,并且在口中留甜的时间长短有差异。在不同的温度下也有一定的变化,如 5%的果糖溶液和 10%的蔗糖溶液,当温度为 50℃时果糖液与蔗糖液的甜度相等;当温度低于 50℃时,果糖液甜于蔗糖液;当温度高于 50℃时蔗糖液甜于果糖液。

糖制品的风味不单纯与甜味有关,还与酸、咸、香味等合理配比才能达到良好效果。

3.2 糖的溶解度与结晶

每 100 g 水中能溶解糖的克数,称为糖的溶解度。糖的溶解度一般随溶液的温度增高而增大,见表 2-2。

表 2-2 蔗糖溶解度

温度/℃	含糖百分比	每克水的糖量	温度/℃	含糖百分比	每克水的糖量
0	64.18	1.792	56	73.58	2.785
2	64.45	1.813	58	74.00	2.817
4	64.73	1.835	60	74.43	2.911
6	65.24	1.877	62	74.86	2.978
8	65.44	1.893	64	75.29	3.047
10	65.65	1.911	66	75.72	3.119
12	65.87	1.930	68	76.15	3.193
14	66.11	1.951	70	76.59	3.271
16	66.37	1.973	72	77.02	3.350
18	66.63	1.997	74	77.45	3.435

续表 2-2

温度/℃	含糖百分比	每克水的糖量	温度/℃	含糖百分比	每克水的糖量
20	66.92	2.023	76	77.88	3.521
22	67.21	2.050	78	78.31	3.610
24	67.52	2.079	80	78.74	3.703
26	67.84	2.109	82	79.16	3.800
28	68.16	2.141	84	79.59	3.899
30	68.50	2.175	86	80.01	4.002
32	68.85	2.210	88	80.43	4.110
34	69.21	2.248	90	80.85	4.221
36	69.58	2.287	91	81.05	4.277
38	69.95	2.328	92	81.25	4.335
40	70.33	2.370	93	81.46	4.394
42	70.72	2.415	94	81.66	4.454
44	71.11	2.462	95	81.87	4.515
46	71.51	2.510	96	82.07	4.578
48	71.92	2.561	97	82.27	4.641
50	72.33	2.614	98	82.47	4.705
52	72.74	2.668	99	82.67	4.770
54	73.16	2.726	100	82.87	4.837

引自《果脯蜜饯加工技术手册》，杨巨斌，朱慧芬，科学出版社，1988.

此表说明同一种糖随温度升高，溶解度加大，在常温条件下蔗糖即可达到65%的浓度，所以应用蔗糖时可煮制，也可以腌制。蔗糖的晶体溶于水中成溶液，浓度达到过饱和状态时，从溶液中析出的现象称“结晶”。蔗糖溶液最易结晶。纯正的麦芽糖也能从溶液中结晶，但一般糖制品常含麦芽糖40%～60%，混有不同程度的糊精成分，所以都为溶液状态。由于含糊精成分能阻止晶体形成，故常利用这一特性，使之与蔗糖混合使用，从而阻止蔗糖在制品中结晶，淀粉糖浆称为“糖稀”，也有不同程度的糊精，通常用来阻止蔗糖“返砂”。使制品保持一定的柔韧性。

3.3 糖的吸湿性

一般情况下，高浓度的砂糖在空气相对湿度不超过60%的条件下，不会吸湿发潮，但纯度差时其晶体表面有少量的非糖物质，易吸收空气中的水分而潮解，甚至使晶体溶解。糖制品吸湿后，糖的浓度和渗透压都因水分增多而下降，削弱糖的保藏作用，引起制品的变质和败坏。糖的种类不同，吸湿性也不同。其中果糖最强，其次是葡萄糖，蔗糖最弱。

3.4 糖的沸点

糖溶液的沸点与温度之间有一定的关系，糖溶液的沸点温度随着糖溶液浓度的增大而升高(表 2-3)。可以根据糖溶液温度的高低来测定出糖液的浓度,从而控制煮制时间和制品可溶性固形物总量。

表 2-3 蔗糖沸点与溶液浓度关系

沸点/℃	100.4	100.6	101.0	101.5	102.0	103.6	105.6	112.0	113.8
浓度/%	10	20	30	40	50	60	70	80	90

3.5 蔗糖的转化

蔗糖属于双糖,在酸性溶液中或在转化酶的作用下转化成等量的葡萄糖和果糖,这个过程称为蔗糖的转化,所生成的葡萄糖和果糖的混合物称为转化糖。蔗糖的转化可以提高制品中蔗糖溶液的饱和度,抑制蔗糖的结晶;增大制品的渗透压,提高制品的保藏性;增加制品的柔韧性,并能增进制品的甜度。蔗糖的转化需要较低的 pH 和较高的温度,最适宜的 pH 为2.5;转化温度越高,作用时间越长,蔗糖转化的数量越多。所以糖煮时要控制制品最终转化糖的含量,必须处理好 pH、煮制时间和煮制温度三者的关系。

对于含酸量偏高的原料糖煮不宜过度,以免生成过多的转化糖而出现流糖现象,使保藏性降低。

4 糖制品加工工艺(以果脯加工工艺为例)

4.1 原料选择

果脯蜜饯的产品加工要进行煮制,为防止软烂发生,应选择果蔬产品组织致密,硬度较高的为果脯、蜜饯加工原料。原料的种类和品种不同,适合不同的加工,根据糖制品加工要求,正确选择加工原料,是保证产品质量的基本条件。

4.2 原料处理

按照制品加工要求对原料进行必要的选别。原料分级常以大小为依据,目的是达到产品质量一致,便于加工。

4.3 洗涤

保证原料清洁卫生,洗去产品表面污物、残留农药等。

4.4 去皮

果皮对产品质量有不利影响,对原料进行去皮,根据原料特点可采用擦皮、削皮、刮皮及剥皮等方法进行去皮。

4.5 切分、去心、划缝

为便于糖煮和糖制加工,使原料透糖快,对个体较大原料进行切分。按食用习惯和产品特点进行切分。手工或机械的方法去除果心、果核。划缝是果脯、蜜饯加工中的特殊工艺,划缝可增加成品外观的纹路,使产品美观,又加速糖制中的制品透糖。可以用手工或用划纹机进行划缝,要求划缝纹络均匀,深浅一致。

4.6 保脆硬化

为提高果脯、蜜饯原料硬度,增强耐煮性,在糖煮前要进行硬化处理。将原料投入含有石灰、明矾、氯化钙或氢氧化钙等水溶液中进行短时间的浸渍，达到硬化目的。使用的盐类含有的钙和铝离子能与果胶物质形成不溶性的盐类，使组织硬化耐煮。硬化剂的选择，用量和处理时间要适当。用量过高会生成过多的果胶酸钙，或引起部分纤维素钙化，从而降低原料对糖的吸入量，使产品粗糙，品质下降。硬化剂的使用浓度：明矾溶液为 0.4%～2%，亚硫酸氢钙溶液为 0.5%左右，石灰水溶液 0.1%～5%。可用 pH 试纸贴到产品中心断面上，若试纸全部变蓝色，表示浸泡已到中心部位，否则继续浸泡。浸泡后用清水漂洗。

4.7 护色与染色

4.7.1 护色

果脯的原料大多数需要护色处理，主要是抑制氧化变色，使制品色泽鲜明。用 SO_2 也有防腐、抗菌的功能。其方法主要有两种，即熏硫和浸硫。

熏硫是在熏硫室或熏硫箱中进行。要求能密封，又可方便开启，以便熏硫时便于密封和开启便于通风。熏硫时，将分级、切分的原料装盘送入熏硫室，分层码放。

用硫熏蒸，一般 1 t 原料用硫黄 2 kg，或 1 m^3 容积用 200 g，熏制时间因品种而异：梨 16～18 h；苹果 16～20 h；杏 8～10 h；樱桃 14～16 h；桃 16～20 h；李 12～14 h；青榄 16～24 h。

浸硫是先配制好 0.2%～0.6%亚硫酸或亚硫酸氢钠溶液，然后将原料置入该溶液中浸泡 10～30 min，取出立即在流水中冲洗。

4.7.2 染色

制品在糖制过程中易使原有色素有所损失，发生色泽变化。为恢复原有的外观，可以用染色法染色。所用色素有两类，一是天然色素，二是人工合成色素。目前，可供糖制品着色的天然食用色素有：红紫色的苏木色素，玫瑰茄色素，黄色的姜黄色素，栀子色素，绿色的叶绿素铜钠盐（可用微量）。人工合成色素有柠檬黄、胭脂红、苋菜红和靛蓝等。所有色素使用量一般不能超过 0.05 g/kg。

染色时，原料用 1%～2%明矾溶液浸泡后再进行染色，然后糖渍或把色素液调成糖渍液进行染色。或在最后制成糖渍品时以淡色溶液在制品上着色。染色要达到固有色泽为宜，切勿过度。

4.8 糖制

糖制是果脯、蜜饯加工工艺中最重要的环节。糖制方法有蜜制和煮制。

4.8.1 蜜制

蜜制是我国蜜饯制作中一种传统的糖制方法。此法适于肉质疏松、不耐煮制的原料。其特点是分次加糖，不加热。由于糖有一定的黏稠度，在常温下渗透速度慢，所以产品加工时间较长。制品能保持原有的色、香、味，保持完整的外形及质地，营养损失较少。

蜜制的具体方法是先用原料重量 30%的干砂糖与原料拌均匀，经 12～14 h 后，再补 20%的干砂糖翻拌均匀。再放置 24 h，又补加 20%的干砂糖腌渍。由于糖渗透压的存在，原料本身含有较多的水分，经腌制后组织中水分大量渗出，使原料体积收缩到原来的一半左右，透糖速度降低。糖制时间 1 周左右，最后将原料捞出，沥干表面糖液或洗去表面糖液，即成制品。

4.8.2 煮制

产品组织致密的原料采用煮制法，可迅速完成加工过程，只是制品在色、香、味、维生素 C

上有所损失。煮制法分为敞煮法和真空煮制法两种。敞煮法又分为一次煮成和多次煮成法。在具体应用中有下列几种方法。

(1)一次糖煮法　对于组织疏松易于透糖的原料，将原料与糖液一起加热煮制，最初使用糖液浓度40%，一直加热蒸发浓缩到结砂为止。这种一次糖煮完成的方法称为“一次糖煮法”。

(2)逐次糖煮法　开始糖煮时，采用浓度为30%的糖液。糖煮沸腾后分次加入少量的冷糖液。使糖液浓度逐渐增加，使组织与糖液之间的浓度梯度不大，组织较紧密，透糖较好。在加冷糖液时也可加干砂糖，可以缩短煮制时间。但整个加工中始终加热，所以称逐次糖煮法。优点是制品组织比较细致紧密，透糖好；缺点是时间延长，易引起颜色加深，维生素C损失多。

(3)一次间歇糖煮法　原料短时间与糖液煮沸后，停止加热放置一段时间使组织内外的糖液浓度有较长时间来达到扩散平衡。然后又加热沸腾，使糖液达到一定浓度后又停止加热，放置一段时间，达到浓度梯度平衡后，再煮沸蒸发，再提高糖液浓度，重复放置。如此反复几次，前后完成糖煮，称为“一次间歇糖煮法”。

(4)逐次间歇糖煮法　不用煮沸浓缩的方法以增加糖液浓度，而是采用逐次补加砂糖来增加浓度，或是在上法的基础上在煮沸糖液浓缩时，把原料移出，糖液浓缩后再加入浸渍以达平衡的方法。此法平衡所需要时间由数小时至若干日。其优点是透糖可有充分平衡时间，又可以利用工作间隙处理，缺点是加工时间长。

(5)变温糖煮法　利用温差悬殊的环境，使原料受到冷热交替的变化。组织内部的水蒸气分压有增大和减小的变化，由压力差的变化，迫使糖液透入组织，加快组织内外糖液的平衡，缩短煮制时间，称为“变温糖煮法”。

由于此方法操作较复杂，生产上应用较少。

(6)减压糖煮法　在较高真空度下进行糖煮。可以使其沸点降低。由于在减压下糖煮，所以组织内的蒸汽分压随真空度的变化而反复收缩，促使组织内外糖液浓度加速平衡，缩短糖煮时间，使产品品质稳定，制品色泽鲜明、风味纯正。减压糖煮法一般所用的真空度是80～87 kPa，温度为60℃。减压糖煮法需要在真空设备中进行，常采用真空锅或真空罐。用30%～40%浓度的糖液，加热到60℃时，开始抽真空减压，使糖液沸腾，同时进行搅拌，沸腾约5 min后可改变真空度，使糖加速渗透，最后使糖液浓度达到60%～65%时解除真空，完成糖煮过程，全部时间仅需1 d左右。

4.9 干燥、上糖衣

4.9.1 干燥

果脯和“返砂”蜜饯制品，要求保持完整和饱满状态，不皱缩、不结晶、质地紧密而不粗糙，水分一般不超18%～20%，因此要进行干燥处理，即烘干或晾晒。烘干多用于果脯和返砂蜜饯，晾晒多用于甘草、凉果类制品。烘干在烘房中进行，人工控制温度，升温速度快，排湿通气好，卫生清洁，原料受热均匀，烘烤中注意通风排湿和产品调盘，烘烤时间在12～24 h。烘烤到手感不黏、不干硬为宜。

晾晒在晒场进行，设有专门的晾架，晒到产品表面干燥或萎蔫皱缩为止。此法受自然条件影响大，产品不卫生。

4.9.2 上糖衣

制作糖衣果脯蜜饯，可在干燥后上糖衣。上糖衣是将配制好的过饱和糖液处理干态蜜饯，干燥后使其表面形成一层透明状糖质薄膜。上糖衣不仅外观好，且保藏性增强，可以减少蜜饯保藏期中吸湿和“返砂”。上糖衣用的过饱和糖浆一般以三份蔗糖一份淀粉糖浆和二份水配制而成，混合后煮沸到113～114.5℃，离火冷却到93℃，将已干燥的蜜饯浸入糖液中1 min，取出放置筛面上，于50℃下晾干即成。或将干燥的蜜饯浸于90℃的1.5%食用明矾和5%白糖的溶液中，取出在35℃左右温度下干燥即成。上糖粉，即在干燥蜜饯表面裹上一层糖粉，增强其保存性。糖粉制法，将砂糖在50～60℃烘干条件下磨碎成粉，即可使用。操作时，将收锅蜜饯稍冷，糖未收干时，即加入糖粉拌匀，筛去多余的糖粉，成品表面有一层白色糖粉。

4.10 整形、回软和包装

果脯和干态蜜饯，由于在加工中进行一系列的处理而使原料出现收缩、破碎、折断等现象，在包装前要进行整形、回软。

(1)整形 按原有产品的形状、食用习惯和产品特点进行大小分级和整形。

(2)回软 许多产品在干燥后，其内部含水量不均匀，为使其含水量均匀，产品质量一致，需要回软。方法为将产品堆放在干燥的环境下，回软大约1周时间。

(3)包装 果脯和干态蜜饯包装的一个重要目的是防潮防霉，一般可先用塑料薄膜包装后，再用其他包装，可用大包装或小包装。利于保藏、运输、销售为原则。

带汁蜜饯用罐包装为宜。进行挑选后装罐，加入糖液，封罐，于90℃下杀菌20～40 min，取出冷却。

▲【知识拓展】

1. 果蔬糖制的发展历史

我国糖制加工的起源是蜜饯类。早在我国古代，已有不少种类用来制成丰富多彩的糖制品。作为糖制品有记载的只有蜜饯类。此外还有一类盐坯制品称为凉果或甘草香料制品。其实这两类并不能概括我国近代及世界各国多种多样果蔬糖制品。

我国最古老的传统蜜饯类，最初是用自然产的蜂蜜进行糖制。到有饴糖生产以后，用饴糖进行糖制。到唐朝有蔗糖生产以后，又用蔗糖进行糖制。从古到今，这类制品统称蜜饯。因此，“蜜饯”一语沿用至今。在“辞源”上的解释为；“蜜饯者糖制果物也”本作蜜煎，俗因其为食物，改用饯字。

果蔬糖制品色、香、味、形俱佳。并且提高了果蔬的经济价值，同时也改善了果蔬的品质，使果蔬的食用种类增加。便于运输和贮藏，给人们生活带来更多食用产品的选择。果蔬糖制加工原料广泛、制品繁多、风味优美、销路广阔，有其特有优点。

2. 果蔬糖制的优点

(1)扩大利用自然资源，改进果蔬的食用价值及提高经济价值。

果蔬糖制不仅对好果进行加工，同时对酸果、未成熟果、伤果等进行有效的利用，大大改进食用品质并可提高经济价值，增加自然资源的利用。

(2)改进食用品质，增加花色品种。

某一种水果、蔬菜单供鲜食，则风味单一。若制成糖制品，则由于糖制工艺的多样化，大大改进食用品质，增加花色品种，如山楂鲜食味酸，食用品质较差，经糖制可制成山楂糕、山楂片、山楂果丹皮等。花色增加，品质提高。

(3)可长期贮存,调节市场供应;体积缩小,便于运输。

新鲜果蔬的生产具有很强的季节性,且不能长期贮存。若制成糖制品,可长期贮存。

果蔬糖制品,加工中脱去水分60%～80%,从而大大地缩小了体积与重量。由于制品含水量低,便于包装及贮藏,从而为外销创造了良好的条件。

(4)加工工艺易掌握,建厂易,投产快。

3. 果脯蜜饯的分类

(1)按加工工艺分　干态蜜饯,果脯类、返砂蜜饯类、糖制蜜饯类、凉果类、甘草制品类。

干态蜜饯:干态蜜饯是不带糖液的蜜饯。即果品在糖制后,进行晾干或烘干的制品。一般含糖量在65%～68%;有时干态蜜饯为了改进产品外观,在它外面沾敷上一层透明或干燥结晶的糖衣。

返砂蜜饯类:与果脯制法类似,只是原料煮制时,直接煮至糖返砂结晶;或是煮到一定程度后将原料捞出,冷却到90℃后,淋上煮到108℃左右的糖液,拌凉后即成为表面有一层糖霜的产品。

糖渍蜜饯类:与果脯制法类似,在煮制后,不再烘干或晒干,产品表面附一层似蜜的浓糖汁,为半干性成品。

凉果类:其糖制不经蒸煮等加热过程,直接以干鲜果品或经过漂洗的果胚浸、拌以辅料后,晾晒即成。

甘草制品类:与凉果类基本相同,主要是其辅料为甘草汁,多为半干态产品。

(2)按生产地域分　由于各地果品原料不同,习俗各异,产品在加工方法上不尽相同。长期实践中逐渐形成了“四大系”即京式、苏式、广式、闽式。

京式主要以果脯类产品为主,保持了原果风味,外观呈半透明状,含糖量高柔软而有韧性口味浓甜,代表品种有苹果脯、桃脯、杏脯等。

苏式起源于苏州,产品表面微有糖液,色鲜肉脆,清香可口,原果风味浓郁,色、香、味、形俱佳。代表品种有糖制梅、雕梅、糖佛手等。

广式起源于广州汕头、潮州一带,以凉果(甘草制品)产品和糖衣类产品为代表。以甘草为矫味或甜味剂,所以称为甘草制品。产品表面干燥,味多酸甜或酸咸甜适口,入口余味悠长。代表品种有奶油话梅、陈皮梅、甘草杨桃等。

闽式主要产于福建漳州、泉州一带,以橄榄制品为代表,其最大特点是凉果类型,含糖量低,表面干燥或半干燥,微有光泽感,肉质细腻而致密,添加香味突出,爽口而有回味。主要代表品种有大福军、丁香榄、十香果等。

4. 糖制品的包装

糖制品的包装对于糖制品的运输、贮存和销售起到重要的作用,同时包装对于产品有一定的宣传和美化作用。

果蔬糖制品包装的目的:

(1)保护产品不受污染,符合卫生要求。

(2)保护成品品质不受外界环境的影响。

(3)延长货架寿命。

(4)方便食用、携带、销售及转运。

(5)美化成品,提高商品价值。

糖制品种类较多,要根据其成品特点,又要达到包装目的为原则,采用各种包装形式对成品进行包装。

糖制品贮存,要在低温、低湿、无尘、无异味的环境中进行。要防止虫、鼠危害。

▲【思考题】

1. 简述果脯、果酱产品的加工原理。

2. 简述苹果脯的加工工艺。

3. 简述草莓酱的加工工艺。

项目五　蔬菜腌制

知识目标:通过对蔬菜腌制加工的学习,使学生掌握蔬菜腌制原理。
技能目标:掌握常见蔬菜腌制工艺。
德育目标:养成良好的职业道德。

△【任务提出】

常见的蔬菜腌制品种类繁多,是日常生活中不可缺少的加工品,在学习中要学习腌制品的保藏原理,能对常见蔬菜进行腌制加工。

△【技能要点】

1. 腌制对原料的选择要求

蔬菜种类很多,根据其食用部分器官的形态,可分为根、茎、叶、花、瓜果菜五类为主,而蔬菜腌制所选用的原料,主要以根菜类、茎菜类、叶菜类、瓜果菜类为主。

(1)根菜类　根菜类含有可食用的肥大肉质直根。此类蔬菜含有较多的糖类和蛋白质,耐贮存,适宜腌制,如萝卜、胡萝卜、甘蓝等,要求肉质紧密、脆嫩、干物质含量高、粗纤维少。

(2)茎菜类　茎菜类蔬菜分为地上茎及地下茎两类。地上茎类包括莴苣、竹笋、榨菜、茭白等,地下茎类包括生姜、大蒜、藕、薤等,一般要求茎体肥大、脆嫩、新鲜、色正、粗纤维少。

(3)叶菜类　凡是用肥嫩叶片和叶柄作食用部分的蔬菜均属此类。叶菜类含丰富的叶绿素、维生素和矿物质等,营养价值高。常用于腌制的有白菜、甘蓝、雪里蕻等一般要求原料新鲜、干物质含量高、无病虫害。

(4)瓜果菜类　瓜果菜类种类繁多,既可炒食、生食,又是腌制的好原料。常用的有黄瓜、茄子等,一般要求在鲜嫩时采收腌制。

2. 腌制品关键加工技术

(1)酸菜的发酵

(2)咸菜的盐渍

(3)酱菜的酱渍

△【任务实施】

1　酸菜加工

酸菜的腌制在全国各地十分普遍。腌制方法简单,除乳酸发酵外,不加或加极少食盐,不加防腐剂。制品味酸故名酸菜。

1.1 任务准备

1.1.1 品种选择

大白菜品种很多,有散叶型、花心型、结球型和半结球型。主要品种有:青麻叶(天津绿)、黄芽白菜、台湾白菜、北京大白菜等。北方的大白菜有:山东胶州大白菜、北京青白、天津绿、东北大矮白菜、山西阳城大毛边等。大多数品种都可作为腌制酸菜的原料,但以青帮品种为好。

1.1.2 原料准备

以生产 100 kg 成品为例,需原料大白菜 160 kg,食盐 6 kg,大缸一个。

1.1.3 酸菜加工工艺流程确定

原料选择和处理→热烫→冷却→腌制→成品。

1.2 实施过程

1.2.1 原料选择和处理

腌制酸菜的主要原料是叶菜类,如白菜、甘蓝等。蔬菜收获后,除去黄帮烂叶,削去菜根,进行晾晒和清洗,菜体一般不切分,如菜体过大可将根部切开。

1.2.2 热烫

酸菜在腌制时有热烫和不热烫两种处理。热烫将原料放于沸水中烫 3～5 min。热烫目的:使腌制品的质地较软,同时增加腌制量。

1.2.3 冷却

热烫后要立即冷却,然后入缸,不热烫的原料直接入缸。

1.2.4 腌制

一般在大缸或木桶中进行。装菜前要严格清洗,可用高锰酸钾溶液进行消毒。减少杂菌,去除污物,防止油脂类物质的带入。原料在缸中要摆紧压实。上部压重物,加入清水或淡盐水,盐水浓度在 4%左右,没过原料 10 cm,防止原料上浮,减少氧气量。在自然条件下进行发酵,需经过 30～40 d 即可达到成熟。

腌制一定要达到成熟后才能食用,要防止亚硝酸盐中毒,亚硝酸盐含量在 20 d 左右达到最高峰,要在腌制 30 d 后才能食用。

1.3 产品质量标准

原料不同其制品的色泽有差异,一般为黄绿色或乳白色,具有乳酸发酵所产生的特有香气、质脆、酸盐适口、无不良气味。

泡菜的加工与酸菜相似,但容器为泡菜坛,比酸菜所用的大缸更为科学合理。泡菜一般直接食用要注意食品卫生。

2 咸菜加工(腌雪里蕻)

腌雪里蕻色青绿,具有香气和鲜味,咸度适口,质地脆嫩。食用方便,腌过的雪里蕻,捞出后切碎,炒、拌、做汤均可,是佐饭佳菜。

2.1 任务准备

2.1.1 品种选择

(1)细叶黄种雪里蕻　属分叶芥类型。植株丛生状，株高 28～33 cm，披针形，叶缘深裂，全叶约有不明显的裂叶 10～12 对，叶色深绿，腌渍加工后，色黄、质嫩、风味好，品质极佳。单株重 1～1.5 kg，一般亩产 3 000～4 000 kg。

(2)九头鸟　植株半直立，侧芽萌发力强，一般多为九个分支，故名九头鸟。中熟，耐寒，纤维细，肉质嫩，品质优，有芥辣味芳香，主要用于腌制加工后食用。

2.1.2 原料准备

以生产 100 kg 成品为例，需原料雪里蕻 140 kg，食盐 10 kg，花椒面 500 g，大缸一个。

2.1.3 咸菜加工工艺流程确定

原料选择和处理→腌制→倒缸→成品。

2.2 实施过程

2.2.1 原料选择和处理

选色泽浓绿、叶片肥嫩的原料菜，采收后去泥土，晾晒 1～2 d，叶柄变软后，经洗涤、晾干，除去黄叶，削平根部。

2.2.2 腌制

容器用缸，洗干净，抹干水，将雪里蕻平铺在缸内，撒一层花椒盐(将花椒和盐拌和在一起)，再铺一层雪里蕻，再撒一层花椒盐，直至将雪里蕻腌完，最上面要多撒一些花椒盐。

2.2.3 倒缸

第二天倒缸一次，以后每 2 d 倒缸一次，腌半个月后，可以食用。倒缸的目的是排除雪里蕻的辣味。这种腌雪里蕻的特点是，腌出的雪里蕻颜色碧绿，味咸而不酸，腌半个月后雪里蕻为鲜绿色。腌 1 个月后则变成深绿色。

2.3 产品质量标准

色泽翠绿，清香脆嫩，鲜咸而无酸味和辛辣味，味道鲜美。

3 酱菜加工(酱黄瓜)

3.1 任务准备

3.1.1 品种选择

(1)方优二号　该品种属中熟一代杂交种，植株生长势强，分枝较多，叶色深绿。瓜码较密，主侧蔓均能结瓜。瓜长 34～37 cm，瓜把短，瓜色深绿，无黄条纹，白刺，刺瘤密，瓜肉淡绿色，质脆味甜，商品性好。

(2)丰抗　该品种植株长势强，叶片适中浓绿，瓜条深绿，长而直，瓜把短，商品性状好。

3.1.2 原料准备

以生产 100 kg 成品为例，需原料黄瓜 240 kg，食盐 100 kg，碱面($NaHCO_3$)200 g，酱油 100 kg，面酱 70～90 kg，大缸等。

3.1.3 酱菜加工工艺流程确定

原料选择→盐腌→脱盐→酱渍→复酱→成品。

3.2 实施过程

3.2.1 原料选择

选取 5～7 cm 长鲜嫩小黄瓜,瓜条匀直,颜色深绿、无籽带刺的嫩瓜作原料,洗净备用。

3.2.2 盐腌

黄瓜含水量高,腌制时要多次加盐、多次换缸。每 100 kg 原料,约需食盐 40 kg,并加碱面($NaHCO_3$)80 g 保绿。初腌时用食盐 15～18 kg,碱面 80 g,每天倒缸 1 次,2～3 d 后,换空缸,加盐 20～25 kg 复腌,复腌期间同样要每天倒缸 1 次,10～15 d 后即可腌成,加盖面盐后贮存备用。盐腌时卤水要没过瓜面,腌菜缸要避免日晒、雨淋;倒缸时要仔细,不能折断瓜条,并扬汤散热,促使盐粒溶化。

3.2.3 脱盐

腌制后将黄瓜取出,用清水浸泡脱盐 5～6 h,沥干水分。

3.2.4 酱渍

将腌好的黄瓜放入缸内,用清水浸泡,漂洗脱盐,浸泡时每天换水 1 次。冬季浸泡 3 d,夏季浸泡 2 d,泡后沥干水分进行两次酱渍。

初酱可用二道酱,即已经使用过一次的酱。每 100 kg 腌黄瓜,用二道酱 100 kg。每天早晚由下到上搅翻两次,2～3 d 后进行复酱。

3.2.5 复酱

复酱用新酱,每 100 kg 腌黄瓜约需甜面酱 55～75 kg,豆酱 20 kg。复酱前要用清水将黏覆在瓜条上的二道酱冲洗净。复酱期间,每天要搅翻 3～4 次。一般冬季约 20 d,夏季 10 d 左右即可酱成。

3.3 产品质量标准

成品颜色黑绿,质地脆嫩,酱香浓厚,甜香可口。

4 糖醋菜加工(糖醋大蒜)

4.1 任务准备

4.1.1 品种选择

供加工糖醋大蒜的原料应选用鳞茎整齐肥大、皮色洁白、肉质鲜嫩的蒜头。

4.1.2 原料准备

以生产 100 kg 成品为例,需原料蒜头 140 kg,食盐 14 kg,白醋 70 kg,砂糖 32 kg。三奈、八角等香料,大缸等。

4.1.3 糖醋菜加工工艺流程确定

原料选择→剥衣→盐腌→换缸→晾晒→配料→腌制→包装。

4.2 实施过程

4.2.1 原料选择

选鳞茎整齐,肥大,皮色洁白,肉质鲜嫩的大蒜为原料。分等级整理,即特级每千克 20 只,甲级每千克 30 只,等外每千克 30 只以上。

4.2.2 剥衣

用刀切除根部和茎部,剥去包在蒜头外面的蒜皮,在清水中洗净,沥干水分。

4.2.3 盐腌

按鲜蒜头 100 kg、食盐 10 kg 的比例腌制。在腌制的缸内先撒一层底盐,然后按一层蒜头一层盐的方法,腌制大半缸为止,再在面上撒一层盐。

4.2.4 换缸

目的为使上下各部位的蒜头腌制均匀。用同样容量的清洁空缸作为换缸之用,每天早晚各换缸一次,直至卤水能淹到全部蒜头为止。同时还需将蒜头中央部位刨一个小洞,以使卤水流入洞中,经常用瓢舀出洞中的卤水浇淋在蒜头的表面。如此管理 15 d 后,即为咸蒜头。

4.2.5 晾晒

从缸中捞出咸蒜头置于竹席上晾晒,晾至比原重减少 30%～35%时为宜。日晒时每天翻动一次,夜间放入室内或覆盖防雨布以防雨淋。

4.2.6 配料

每 100 kg 晾晒过的咸蒜头用白醋 70 kg、砂糖 32 kg。配料时先将白醋加热至 80℃,再加砂糖使其溶解,有的还加入少许三奈、八角等香料。

4.2.7 腌制

将咸蒜头装入坛中,轻轻压紧,装至坛子的 3/4 时,将以上配好的糖醋香液注入坛内,加满为止,蒜头与香液重量基本相等。在坛颈处横档几根竹片,以免蒜头上浮,然后用塑料薄膜或油纸捆严坛口,并加一木板,并涂敷坛口,使其密封。经 3 个月后,蒜头即成熟,如时间更长,成品质量更好。密封的蒜头可长期保存。

4.3 产品质量标准

成品要求呈乳白色或乳黄色,甜酸适口,肉质脆嫩。有光泽,具有蒜香和脂香气,颗粒饱满,质脆少渣。

糖醋大蒜的配方很多,加工时可根据自己的口味灵活调整。

▲【常见问题及解决途径】

1. 腌制蔬菜上长膜

腌制过程中容器密封不好,造成酵母菌繁殖,使酸度迅速下降。常见在腌渍液表面生长一层灰白色或乳黄色具有皱纹的膜状物,是由产膜酵母菌及伪酵母菌等所引起。在表面生成乳白色而光滑的薄膜是由酒花酵母活动所引起。这些是好气性微生物活动,能够氧化糖分、乙醇、醋酸及乳酸等而生成 CO_2 及 H_2O,对制品的质量有不利影响。

防止方法:

(1)要将产品捣紧压实;

(2)用清水或淡盐水没过原料；

(3)长出膜的产品用香辛料、芥籽油、大蒜、洋葱等进行处理，可抑制酵母菌的活动。

▲【考核要点与方法】

1. 蔬菜腌制的关键工艺操作过程、产品质量。

2. 操作态度、操作熟练程度、产品合格率。

▲【相关知识】

1 蔬菜腌制品的分类

蔬菜腌制品的种类繁多，根据腌制工艺和食盐用量的不同，成品风味等的差异，可分为发酵性腌制品和非发酵性腌制品两大类。

1.1 发酵性腌制品

这类腌制利用低浓度的盐分，在腌制过程中，经过乳酸发酵，并伴有轻微的酒精发酵，利用乳酸菌发酵所产生的乳酸与加入的食盐及调味料等一起达到防腐的目的，保藏蔬菜并改善或增进其风味。这一类的代表产品为泡菜和酸菜等。

发酵性腌渍品，根据发酵原料，配料的含水量不同，一般分为半干态和湿态发酵两种。湿态发酵是原料在一定的卤水条件下进行腌制，如酸菜。半干态腌制是让水分失去一半左右，再用食盐及配料混合后腌渍，如榨菜。由于这类腌制品本身含水量较低，保存期较长。

1.2 非发酵性腌制品

此类制品在腌制过程中，不经发酵或微弱发酵，主要利用高浓度的食盐、糖及其他调味品进行保藏和增进风味。非发酵性腌制品依所含配料及风味不同，分为咸菜、酱菜和糖醋菜三大类。

(1)咸菜类　咸菜是一种腌制方法比较简单，大众化的腌制品。主要利用较高浓度的食盐溶液来保藏。并通过腌制品改变蔬菜的风味，由于味咸，故称为咸菜。代表品种有咸萝卜、咸雪里蕻、咸大头菜等。

(2)酱菜类　是将蔬菜经盐渍成咸坯后，再经过脱盐酱渍而成的制品称为酱菜。如什锦酱菜、北京八宝菜、酱黄瓜等。制品不仅具有原产品的风味，同时吸收了酱的色泽、营养和风味，酱的质量和风味对酱菜质量有极大影响。

(3)糖醋菜类　是将蔬菜制成咸坯并脱盐后，再经盐糖醋渍而成。糖醋汁不仅有保藏作用，同时使制品酸甜可口。如南京糖醋萝卜、北京白糖蒜等。

2 蔬菜腌制加工原理

蔬菜腌制主要是利用食盐的高渗透、微生物的发酵作用及蛋白质的分解作用等一系列的生物化学作用，达到抑制有害微生物的活动。

2.1 食盐的保藏作用

食盐是蔬菜腌制中的重要辅料，除具有调味作用外，更重要的是具有防腐保鲜作用，具体有以下几个方面：

(1)渗透压作用　食盐溶液具有较高的渗透压，1%的食盐可产生 0.18×10^5 Pa 的渗透压力，腌渍时食盐用量在 4%～15%，能产生 $(24.72\sim92.71)\times10^5$ Pa 的渗透压力。大多数微生物细胞渗透压为(3.54～16.92)×10^5 Pa,食盐溶液渗透压大于微生物细胞渗透压,微生物细胞内的水分会外渗产生生理脱水现象,造成质壁分离,从而使微生物活动受到抑制,甚至会由于生理干燥而死亡。不同种类的微生物具有不同的耐盐能力,一般对腌制有害的微生物对食盐的抵抗力较弱。表 2-4 列出几种微生物能忍耐的最大食盐浓度。

表 2-4 几种微生物能忍耐的最大食盐浓度 %

菌种名称	食盐浓度	菌种名称	食盐浓度
植物乳杆菌	13	肉毒杆菌	6
短乳杆菌	8	变形杆菌	10
发酵菌	8	酒花酵母	25
甘蓝酸化菌	12	霉菌	20
大肠杆菌	6	酵母菌	25

从表 2-4 中看出,霉菌和酵母对食盐的耐受力比细菌大得多,酵母菌的耐盐性最强,达到 25%,而大肠杆菌和变形杆菌在 6%～10%的食盐溶液中就可以受到抑制。这种耐受力均是溶液呈中性时测定的,若溶液呈酸性,则所列的微生物对食盐的耐受力就会降低。如酵母菌在中性溶液中对食盐的最大耐受浓度为 25%,但当溶液的 pH 降到 2.5 只需 14%的食盐浓度就可抑制其活动。

(2)食盐的抗氧化作用 与纯水相比,食盐溶液中的含氧量较低,对防止腌制品的氧化具有一定作用。可以减少腌制时蔬菜周围氧气的含量,抑制好氧微生物的活动,同时通过高浓度食盐的渗透作用可排除组织中的氧气,从而抑制氧化作用的发生。

(3)降低水分活度的作用 食盐溶于水就会电离成 Na^+ 和 Cl^-,每个离子都迅速和周围的自由水分子结合成水合离子状态,随着溶液中食盐浓度的增加,自由水的含量会越来越少,水分活度会下降,大大降低了微生物利用自由水的程度,使微生物生长繁殖受到抑制。

Na^+ 毒害作用:食盐溶于水后离解出的 Na^+ 能和细胞中原生质的阴离子结合,因而对微生物有毒害作用,并随着 pH 降低,Na^+ 的毒害作用加强。

总之,食盐的防腐效果随浓度的提高而加强。但浓度过高延缓了有关的生物化学变化,当盐量达到 12%时,则会感到咸味过重且风味不佳。因此,用盐量必须合适。生产上结合压实、隔绝空气、促进有益菌群快速发酵等措施来共同抑制有害微生物的活动,从而生产出优质蔬菜腌制品。

2.2 微生物的发酵作用

在腌制品中都有不同程度的微生物发酵作用,有利于保藏的发酵作用如乳酸发酵,不但能抑制有害微生物的活动,还能使制品形成特有风味。也有不利于保藏的有害发酵作用。如丁酸发酵等,要尽量加以抑制。

(1)乳酸发酵 乳酸菌将原料中的糖分分解生成乳酸及其他物质的过程称为乳酸发酵。一般认为,凡是能产生乳酸的微生物都可称为乳酸菌。一般发酵性蔬菜腌制品都有乳酸发酵过程。乳酸菌一般以单糖(葡萄糖、果糖等)和双糖(蔗糖、麦芽糖等)为原料,主要生成物为乳酸。最适温度为 25～32℃,多为杆菌和球菌;常见的乳酸菌有植物乳杆菌、德氏乳杆菌、肠膜明串珠菌、短乳杆菌、小片球菌等，根据发酵生成产物的不同可分为：

①正型乳酸发酵　又称同型乳酸发酵，总反应式如下：

$$C_6H_{12}O_6(\text{单糖})\xrightarrow{\text{正型乳酸发酵}}2CH_3CHOHCOOH(\text{乳酸})$$

这种乳酸发酵只生成乳酸，而且产酸量高。参与正型乳酸发酵的有植物乳杆菌和乳酸片球菌等，在合适条件下可积累乳酸量达1.5%～2.0%。

②异型乳酸发酵　是发酵六碳糖产生乳酸及其他产物的过程。例如，肠膜明串珠菌发酵糖除生成乳酸外，还生成乙醇和二氧化碳。

$$C_6H_{12}O_6\xrightarrow{\text{异型乳酸发酵}}CH_3CHOHCOOH+C_2H_5OH(\text{乙醇})+CO_2\uparrow$$

蔬菜腌制前期，由于蔬菜内含有空气，并存在大量微生物，使异型乳酸发酵占优势，中后期以正型乳酸发酵为主。

腌制品是以乳酸发酵占主导地位，如何充分利用好乳酸菌，从而达到保藏产品，提高质量的目的，必须满足乳酸菌生长所需要的环境条件，影响乳酸发酵因素很多，主要有以下几个方面。

①食盐浓度　食盐溶液可以起到防腐作用，对产品的风味有一定的影响，更影响到乳酸菌的活动能力，经过实验证明，随食盐浓度的增加乳酸菌的活动能力下降，产生乳酸量减少。在3%～5%的盐水浓度时，发酵产酸量最为迅速，乳酸生成量多。浓度在10%时乳酸发酵作用大为减弱，乳酸生成较少。浓度达15%以上时，发酵作用几乎停止。腌制发酵性制品一定把握好食盐的用量。

腌制中用盐的计算方法：

用盐水腌制：

$$S=P(Y+W)/100-P$$

式中：S—100 kg原料应加入干盐量；P—预定腌制后蔬菜组织中食盐浓度所达百分率；Y—原料含水量；W—腌菜100 kg所预计加入清水量。

用干盐腌制：

$$S=PY/100-P$$

②温度　乳酸菌的生长适宜温度是26～30℃，在此温度范围内，发酵快，产酸高。但此温度也利于腐败菌的繁殖，因此，发酵温度最好控制在15～20℃，使乳酸发酵更安全。

③酸度　微生物的生长繁殖均要求有一定的pH（表2-5）。乳酸菌较耐酸，在pH3时不能生长，霉菌和酵母虽抗酸，但缺氧时不能生长。因此，发酵前加入少量酸卤水，并注意密封，可减少制品的腐败和变质。

表2-5　几种主要微生物发育的最低pH

种类	腐败菌	丁酸菌	大肠杆菌	乳酸菌	酵母	霉菌
最低pH	4.4～5.0	4.5	5.0～5.5	3.0～4.4	2.5～3.0	1.2～3.0

④空气　乳酸发酵需要在嫌气条件才能正常进行，这种条件能抑制霉菌等好气性腐败菌的活动，也能防止原料中维生素C的氧化，所以在腌制时，要压实密封，还应注意盐水腌没原

料以隔绝空气。

⑤含糖量　乳酸发酵是将蔬菜原料中的糖转变成乳酸。1 g 糖经过乳酸发酵可生成。0.5～0.8 g 乳酸，一般发酵性腌制品中含乳酸应为 0.7%～1.5%。蔬菜原料中的含糖量常为 1%～3%，基本可满足发酵的要求。有时为了促使发酵作用，发酵前可加入少量糖。

(2)酒精发酵　在蔬菜腌制过程中同时伴有微弱的酒精作用。酒精发酵是由于酵母菌将蔬菜中的糖分分解而生成酒精和 CO_2，其反应式如下：

$$\underset{\text{葡萄糖}}{C_6H_{12}O_6} \longrightarrow \underset{\text{乙醇(酒精)}}{2CH_3CH_2OH} + 2CO_2\uparrow$$

蔬菜腌制中所生成的乙醇，除直接由酵母菌产生外，还包括由大肠杆菌和肠膜明串珠菌等活动所生成的一部分乙醇。在蔬菜腌制初期由于原料淹没在水中引起的无氧呼吸，也可产生微量的乙醇。乙醇的积累对腌制品在后熟期中发生脂化反应生成芳香物质是很重要的。

(3)醋酸发酵　在蔬菜腌制中也有微量的醋酸形成。极少量的醋酸不但无损于腌制品的品质反而有利。只有过多时才会影响成品的品质。醋酸的重要来源是由于醋酸菌氧化乙醇而生成。这一作用称为醋酸发酵，其反应式如下：

$$\underset{\text{乙醇}}{2CH_3CH_2OH} + O_2 \longrightarrow \underset{\text{醋酸}}{2CH_3COOH} + 2H_2O$$

醋酸菌仅在有空气存在的条件下才可能使乙醇氧化变成醋酸。因此，腌制品要及时装罐封口，隔离空气，避免醋酸产生。

总之，在蔬菜腌制过程中微生物发酵作用主要是乳酸发酵，其次是酒精发酵，醋酸发酵极轻微。制作泡菜和酸菜时，要利用乳酸发酵，制作咸菜及酱菜时则必须抑制乳酸发酵。

在腌制过程中常出现不正常现象，如“生花”，“长霉”等，这些都是有害发酵的结果，在腌制中要严格控制。它们多为酒花菌和丁酸发酵所致，要严格按工艺要求，控制好环境条件，从而保证腌制品的质量。

2.3　蛋白质分解作用

蛋白质的分解作用及其产物氨基酸的变化是腌制过程中的生化作用，它是腌制品色、香、味的主要来源。蛋白质在蛋白酶作用下，逐步被分解为氨基酸。而氨基酸本身具有一定的鲜味和甜味。如果氨基酸进一步与其他化合物作用就可以形成复杂的产物。蔬菜腌制品色、香、味的形成都与氨基酸有关。蛋白质分解反应式如下：

$$\text{蛋白质} \xrightarrow{\text{蛋白酶}} \text{多肽} \xrightarrow{\text{肽酶}} RCH(NH_2)COOH\text{(氨基酸通式)}$$

(1)鲜味的形成　除了蛋白质水解生成的氨基酸具有一定鲜味外，其鲜味主要来源于谷氨酸与食盐作用生成谷氨酸钠。反应式如下：

$$\underset{\text{谷氨酸}}{HOOC—CH_2—CH_2—CH_2(NH)—COOH} + 2NaCl \rightarrow \underset{\text{谷氨酸钠(味精)}}{NaOOC—CH_2—CH_2—CH(NH_2)—COONa} + 2HCl$$

除了谷氨酸有鲜味外，另一种鲜味物质天冬氨酸的含量也较高，其他氨基酸如甘氨酸、丙氨酸、丝氨酸等也有助于鲜味的形成。

(2)香气的形成　氨基酸、乳酸等有机酸能与发酵过程中产生的醇类相互作用，发生酯化反应形成具有芳香气味的酯。如氨基酸和乙醇作用生成氨基丙酸乙酯；乳酸和乙醇作用生成乳酸乙酯。氨基酸还能与戊糖的还原产物 4-羟基戊烯醛作用，生成含有氨基类的烯醛类香味物质，都为腌制品增添香气。此外，乳酸发酵过程生成乳酸外，还生成具有芳香味的双乙酰；十字花科蔬菜中所含的黑芥子苷在酶的作用下分解产生的黑芥籽油，也给腌制品带来芳香。

(3)色泽的形成　蛋白质水解生成氨基酸能与还原糖作用发生非酶褐变形成黑色物质；酪氨酸在酪氨酸酶或微生物的作用下，可氧化生成黑色素，这是腌制品在腌制和后熟过程中色泽变化的主要原因。腌制和后熟时间越长，温度越高，制品颜色越深，另外，腌制过程中叶绿素也会发生变化而逐渐失去鲜绿的色泽，特别是在酸性介质中叶绿素发生脱镁呈黄褐色，也使腌制品色泽改变。

2.4 脆度的变化

腌制品一般要求保持一定的脆度。腌制过程处理不当会使腌菜变软。蔬菜脆度主要与鲜嫩细胞和细胞壁的原果胶变化有密切关系。腌制初期蔬菜失水萎蔫，细胞膨压下降，脆性减弱，在腌制过程中，由于盐液的渗透平衡，又能使细胞恢复一定的膨压而保持脆度。由于腌制前原料过熟，会使原果胶被蔬菜本身的果胶酶水解，或在腌制中一些微生物分泌的果胶酶水解生成果胶酸，失去黏结作用，结果导致腌制品的硬度下降，甚至软烂。

保脆的方法：一是防止霉菌生长引起的腐烂；二是在溶液中加入 $CaCl_2$、$CaCO_3$ 等保脆剂，用量为菜体重的 0.05%。

总之，蔬菜腌制加工，虽没有进行杀菌处理，但由于食盐的高渗透压作用和有益微生物的发酵作用，许多有害微生物的活动被抑制，加之本身所含蛋白质的分解作用，不仅能使制品得以长期保存，而且形成一定的色泽和风味。在腌制加工过程中，掌握好食盐浓度与微生物活动及蛋白质分解各因素间的相互关系，是获得优质腌制品的关键。

3 常见蔬菜腌制加工

原料选择总的要求是组织致密，质地嫩，含纤维少，含糖较高，以利于发酵。不同的蔬菜种类有不同的规格要求。

3.1 酸菜的发酵

腌制酸菜原料在入缸发酵前要适当晾晒，脱除部分水分使菜体收缩，组织柔软。晒好后可热烫或直接入缸，可在菜层间少量放盐或不放，并用重物压紧压实菜体，加清水没过白菜，在15～20℃下发酵。

3.2 泡菜的发酵

将处理好的原料，稍加晾晒后入坛，并压紧，装至整坛容量的3/5左右，加入配料及6%～8%浓度的盐水，进行发酵，同时注意密封槽中水位，及时添加。

3.3 咸菜盐渍

经晾晒1～2 d，使原料失去部分水分，经过清洗将蔬菜入缸(或池内)，根据原料含水量不同，可采用干盐和盐水两种方法腌制。

3.4 酱菜的酱渍

酱菜进行酱渍前原料经过处理、盐腌、脱盐后用酱料腌制后即成酱菜。酱菜的质量与酱的品质有密封关系。

制酱：酱的原料不同，酱的质量有一定差异，酱有豆酱和面酱两种，制作工艺基本相同。

豆酱的制作:将黄豆洗净,用凉水浸泡约 24 h,捞出蒸煮约 3 h,豆粒熟软后取出冷却,每 100 kg 黄豆拌入面粉约 50 kg 捣碎,制成坯子,切成小块接上种曲,拌匀后堆置在木盘等容器内,移入室内使其长霉。室温保持 26~28℃,品温在 38~40℃,待坯子表面长满大量黄色菌时即可取出,刷去霉菌孢子,搓碎入缸,加入食盐水并充分搅拌均匀,即可暴晒或人工加温酿制。食盐水的配制比例约为 100 kg,加盐 50 kg。晒制或酿制时要随时搅拌并注意防尘、防蝇、保持清洁卫生。待制品显出棕黄酱色,散发出特有的酱香时即为成熟。

酱渍:经过盐腌的半成品,在清水中泡 1~2 d,进行脱盐,以除去组织中过多的盐分与不良气味。使咸坯盐分含量在 10%,沥干水分后即可浸入酱内进行酱制,酱制有三种方法:一是直接将原料放于酱中;二是原料与酱层积;三是较小的原料用布袋包装后放于酱中。

3.5 糖醋菜的糖醋渍

经盐腌、脱盐的菜坯,用糖醋液浸泡即制成糖醋菜。糖醋液的配制方法很多,选用较习惯的配方进行加工。

3.6 腌制品的包装和贮存

包装:腌制包装容器主要有坛、篓、小型包装可用罐藏容器。也可采用多层复合塑料袋。

包装的目的是利于产品的保藏,便于运输。并对产品起到一定宣传作用。根据不同腌制品特点,采用适宜包装。

贮存:腌制品较易贮存,一般不采用特殊设备,但宜贮存在阴凉干燥处,严防日晒雨淋等。

▲【知识拓展】

1. 蔬菜腌制加工的历史

蔬菜腌制在我国有着悠久的历史,传统的蔬菜腌制主要以蔬菜为原料进行盐腌,经过长期不断地探索和实践,腌制技术有了明显的提高。随着技术工艺的改进,蔬菜的高盐腌制逐渐向低盐、增酸、适甜等方向发展。

2. 多吃腌菜的危害

(1)大量吃腌菜,容易引起人体维生素 C 缺乏和结石。蔬菜在腌制过程中,维生素 C 被大量破坏。腌制后,维生素 C 的成分几乎“全军覆灭”。大量吃腌菜,人体维生素 C 缺乏。因此,适当吃腌菜可以调节胃口,增加食欲,但若嗜食腌菜成癖,则是不可取的。如果长期食用,就容易引起各种疾病。

(2)含有致癌物质——“亚硝酸胺”。腌制类食品应限食的原因,是在加工过程中会加入很多盐。盐分中含有杂质,如亚硝酸盐、硝酸盐等,可能产生如亚硝酸胺等有害物质。在腌制的过程中,腌制食品易被细菌污染。如果加入食盐量少于 15%,蔬菜中的硝酸盐可能被微生物还原成亚硝酸盐。腌制 1 h 后亚硝酸盐含量增加,2 周后可达到高峰,并可持续 2~3 周。食用了这样的腌制食品,重者会引起亚硝酸盐在体内遇到胺类化合物时,生成一种致癌物质亚硝酸胺。因而常吃腌制类食品对身体不利。

(3)盐分过高,影响黏膜系统。由于食品在腌制过程中,需要大量放盐,这会导致此类食物钠盐含量超标,造成进食腌制类食品者肾脏的负担加重,发生高血压的风险增高。

3. 多吃食盐的危害

世界卫生组织建议正常人每人每日盐摄入量不超过 5 g,中国营养学家建议不超过 6 g。

在我国，北方人平均每日食盐量15～20 g，高血压患病率为10%；南方人平均每日食盐量12～13 g，患病率为5%～7%。

当吃得太咸时，由于体内摄入大量盐分，透过肠黏膜首先进入血液循环之中，血液中的盐分过高，必须要吸收水分来稀释，所以人便会觉得口干，于是便大量喝水，这些水分进入血液中，便使得血液的量增多。于是血压便会升高。并不是说患高血压的人不能喝水，而是因为如果血液中没有过量的盐，水分便不能在血液中保留，很快经肾脏排泄出去，而血液中盐分过高时则不同，盐把水分保留在血液中增高了血压。

▲【思考题】

1. 简述蔬菜腌制加工原理。

2. 简述常见蔬菜腌制加工技术。

项目六　果蔬制汁

知识目标：明确果蔬制汁对原料的要求，掌握果蔬汁制品加工的基本原理。
技能目标：掌握各种果蔬汁加工操作要点，加工中常见质量问题及解决途径。
德育目标：节约能源，提高果蔬的综合利用率。

▲【任务提出】

在注重产品质量的今天，大部分人的食用习惯发生了变化，对果蔬汁的需求在逐渐增加，一方面果蔬汁食用方便，同时又便于保藏，市场上的果蔬汁品种琳琅满目。学习掌握果蔬汁加工方法和保证质量的方法是我们的重要学习内容。

▲【技能要点】

1. 关键工艺

(1)破碎　破碎质量是影响果蔬出汁的重要工艺，对不同的果蔬要采取不同的破碎方法才能达到较好的取汁效果。

(2)取汁　为达到获得比较多的果蔬汁，要采取不同的方式取汁，取汁有压榨和浸提两种。

(3)杀菌与包装

①杀菌　果蔬汁杀菌的目的：一是消灭微生物防止发酵；二是钝化各种酶类，避免各种不良的变化。

②包装　使果蔬汁与外界隔离，防止微生物的侵染。使容器内形成一定真空度，较好地保持成品品质。

▲【任务实施】

1　柑橘汁加工

柑橘汁在国际市场上是最受欢迎的饮料之一，具有适口的甜、酸、微苦综合性风味，气味芳香，色泽柔和，且含有多种人体所必需的维生素和矿物质。

1.1　任务准备

1.1.1　品种准备

柑橘类水果如甜橙、宽皮橘、葡萄柚、柠檬等，均为重要的制汁原料。甜橙的制汁优良品种为先锋橙、锦橙、哈姆林橙、伏令夏橙等。宽皮橘类有樟头红、温州蜜柑、雪柑等。葡萄柚类有福斯脱粉红葡萄柚、红宝石葡萄柚、登开葡萄柚。柠檬类有尤力克、里斯本、法兰根等。

柑橘类果品以制成混浊果汁为佳,因为构成风味、色泽和营养成分的主要是果汁中的悬浮微粒。适宜制汁的是皮薄、多汁的种类和品种,宜选用风味较浓、甜酸适度、可溶性固形物含量高、出汁率高、充分成熟的果实为原料。

1.1.2 原料准备

以生产 100 kg 成品为例,需原料柑橘 200 kg,玻璃瓶 220 个,螺旋式压榨机(打浆机),振动筛,柠檬酸,白糖等。

1.1.3 柑橘汁加工工艺流程确定

原料选择→清洗→分级→榨汁→粗滤→混合→均质脱气→装罐→密封→杀菌→冷却。

1.2 实施过程

1.2.1 原料选择

按上述标准选择原料,剔除有病虫害、霉烂及未熟果。从合格的果实中取样,进行糖酸比值、色泽、果汁含量和其他理化指标的测定。

1.2.2 清洗

用清水洗净果实表面泥沙等污物及农药残留物。必要时可用洗涤剂洗果,但洗涤后一定要用清水充分冲洗干净。清洗后用分级机按大小分级。

1.2.3 榨汁

榨汁前果实应去皮、去橘络,最好能除去种子,以免果汁带苦味。然后用杠杆式或螺旋式压榨机榨取汁液。

1.2.4 粗滤

将柑橘浆放入 20 目振动筛中分离出果实碎片、种子等杂物。榨汁机一般均附有果汁粗滤器,榨出的果汁经粗滤后能立即排除果渣及种子,因此,无需另设粗滤器。

1.2.5 混合调配

在橘子汁中添加适量的甜橙汁,可增加柑橘汁的风味。为提高果汁的糖度,可加一定量的糖和柠檬酸,调整橘汁中含酸量达 0.9%、含糖 16%为宜。

1.2.6 均质

均质是柑橘汁的必要工艺。高压均质机压力为 18～19 MPa,在此压力下果汁中所含粗大悬浮粒受压破碎,均匀稳定分布于汁液中。

1.2.7 脱气

柑橘榨汁时往往混入不少空气,溶解在果汁中的氧气会降低罐藏汁中的抗坏血酸含量,并使果汁风味变劣。因此,生产上一般都要进行脱气处理,以降低果汁中氧的含量。可采用真空脱气装置脱气,也可采取加热排气法,即用热交换器快速加热果汁至 95℃维持 30 s。

1.2.8 装罐

真空脱气后的果汁加热至 87～90℃,热装罐(玻璃瓶)。

1.2.9 密封

在果汁中心温度不低于 80℃时,立即密封,不能漏气。

1.2.10 杀菌

100℃杀菌7～10 min。

1.2.11 冷却

杀菌后快速冷却到40℃以下。

1.3 注意事项

柑橘果皮和种子中含苦味物质，影响果汁风味，加工取汁工艺较复杂，一般可在去除果皮和种子后榨汁。柑橘汁属热敏感性果汁，加工和贮藏中易受热氧化，从而引起果汁风味和色泽变化。因此，加工中应尽量缩短果汁受热时间，成品贮存温度不能过高。

1.4 制品质量要求

果汁呈橙黄色或淡黄色。具有鲜柑橘汁应有的风味，酸甜适口，无异味。汁液均匀混浊，静置后允许有沉淀，但经摇动后仍呈原有的均匀混浊状态。原果汁含量不低于40%、60%或80%。可溶性固形物含量(以折光计)为11%～15%。

2 澄清型苹果汁加工

澄清型苹果汁是在一般苹果汁加工的基础上进行改进，使果汁透明。

2.1 任务准备

2.1.1 品种准备

(1)乔纳金 单果重220～250 g，底色绿黄或淡黄，阳面大部有鲜红霞和不明显的断续条纹；果面光滑有光泽，蜡质多，果点小，不明显；果肉乳黄色，肉质松脆，中粗，汁多，风味酸甜，稍有香气，含可溶性固形物14%左右，品质好。是制汁及加工的优良品种。

(2)澳洲青苹 果实大，扁圆形或近圆形，顶部稍窄。单果重210 g，最大果重240 g，果面光滑，全部为翠绿色，有的果实阳面稍有红褐色晕；果肉绿白色，质较粗，松脆，果汁多，味酸，甜少，含可溶性固形物13.5%，品质中上等，是加工果汁的良好品种。

(3)红玉品种 果实中等大小，平均单果重150 g左右。肉质松脆，汁液极多，味甜酸可口。

2.1.2 原料准备

以生产100 kg成品为例，需原料苹果170 kg，玻璃瓶220个，香料，柠檬酸，白糖，螺旋式压榨机(打浆机)，振动筛，淀粉酶制剂，板框式过滤机等。

2.1.3 果汁加工工艺确定

原料选择→清洗和分选→破碎→压榨→粗滤→澄清→精滤→糖酸调整→脱气→杀菌→包装。

2.2 实施过程

2.2.1 原料选择

选择肉质松脆，汁液极多，味甜酸可口，甚为浓厚，含芳香物质多的苹果为加工果汁的原料。

2.2.2　清洗和挑选

在加工前，苹果原料必须清洗和挑选，以清除污物和腐烂果实。果汁加工一般采用水流输送槽进行苹果预清洗作业，该作业一般在垂直或水平螺旋输送机用喷射水流完成。刷式水果清洗机能很好地清洗苹果。清洗前或清洗后由人工在输送带上进行挑选。腐败原料不能用于加工苹果汁。

2.2.3　破碎和果浆处理

破碎苹果应符合所采用的榨汁工艺要求。采用包裹式榨汁机，果浆粒度宜细，以 2～6 mm 为佳；而采用室式、带式或螺旋榨汁机时，果浆的颗粒宜大些。直至开始榨汁时始终保持果浆的粒度。果浆不进行中间贮存而直接送去榨汁。

酶处理是将果浆迅速加热到 40～45℃，在容器中搅拌 15～20 min，通风（预氧化），添加 0.02%～0.03%高活性酶制剂，在 45℃处理 3～4 h 并间歇缓慢搅拌。用酶处理果浆制取苹果汁，出汁率明显提高。

2.2.4　榨汁和浸提

适合苹果的榨汁机类型很多，榨汁机中果浆是运动的，因而制得的苹果汁含有大量的高聚物。成熟的新鲜原料出汁率为 68%～86%，平均在 78%～81%。贮存过的原料或过熟原料，出汁率显著下降。增加榨汁助剂或加酶处理可以提高出汁率。苹果含有 1.5%～5%的水溶性物质，理论上出汁率可以达到 95%～98.5%，但用压榨的方法，苹果的平均出汁率实际上只能达到 78%～81%，苹果残渣中仍然含有一部分苹果汁。榨汁后，通常用离心分离方法去除苹果汁中较大的果肉颗粒。

2.2.5　澄清与过滤

苹果汁的澄清工艺十分重要，处理不当，成品中很容易出现混浊和沉淀。如果是贮藏过的苹果原料，采用液压榨汁机或螺旋榨汁机压榨，苹果汁中更易出现析出物或混浊物。通过酶处理不仅可以彻底分解高分子化合物、果胶、果肉颗粒和细胞碎片，还可以分解完全溶解在其中的简单化合物——半乳糖醛酸或低聚半乳糖醛酸。因此，必须采用酶制剂、澄清剂及其处理工艺来进行苹果汁澄清。苹果汁常用的澄清剂有明胶和明胶-硅胶-膨润土复合澄清剂。处理前要进行预澄清试验来确定澄清剂的最佳添加量。澄清剂的使用量一般为明胶∶硅胶∶膨润土＝1∶10∶5。在澄清处理时，首先添加明胶溶液，混合均匀并沉淀 1～2 h 后再添加硅胶溶液。

苹果汁的澄清还必须考虑苹果汁中是否含有淀粉。只要在苹果原料中存在残留淀粉，也会大大影响澄清效果。在澄清前苹果汁加热到 60～65℃，就会降低淀粉对澄清的影响。用专门的淀粉酶制剂或具有一定淀粉酶活性的果胶分解酶制剂都能分解果汁中的水溶性淀粉，淀粉酶制剂常用的添加量为 2～3 g/100 L 果汁，在特殊情况下可增加用量，直到取得满意的酶处理效果为止。果汁的淀粉酶处理温度不宜超过 35℃，可同时使用淀粉酶和果胶酶。酶处理 6～12 h 可以完全分解果汁中的淀粉。澄清后的果汁，用板框式过滤机或硅藻土过滤机过滤。

2.2.6　成分调整

主要是糖和酸的调整。用一般果实制成的果汁糖酸比为(10～15)∶1。但实际生产中，由于采用的原料不同，糖酸比有差异。只有通过成分调节才能得到满意风味。一般成品含糖量为 12%，酸度为 0.35%，并添加适量香料。但成分调整必须符合有关食品法规。

2.2.7 杀菌

榨出的果汁，为了杀菌和钝化氧化酶及果胶酶，促使热凝固物质凝固，应将果汁立即加热。常用的杀菌方法是巴氏杀菌或高温短时杀菌(HTST)。苹果汁的 pH 值小于 4.5，杀菌可低于 100℃，也能杀灭果汁中的微生物。因此一般要用多管式或片式瞬间杀菌器加热至 95℃以上，维持 15～30 s，杀菌后趁热灌装。

2.2.8 灌装

灌装容器有金属涂料罐和玻璃瓶。在现代化的果汁加工中，灌装机有真空灌装机、等压灌装机和反压灌装机及半自动灌装机。澄清苹果汁饮料通常采用热灌装工艺。

▲【常见问题及解决途径】

1. 变色

果汁在加工中发生的变色多为酶褐变，在贮藏期间发生的变色多为非酶褐变。

对于酶褐变控制的办法：尽快用高温杀死酶活性；添加有机酸或维生素 C 抑制酶褐变；加工中要注意脱氧；加工中要避免接触铜铁用具等。

对于非酶褐变控制的办法：防止过度的热力杀菌和尽可能地避免过长的受热时间；控制 pH 在 3.3 以下；制品贮藏在较低的温度下，贮藏中避光。

2. 混浊果蔬汁的稳定性

带肉果汁或混浊果汁，特别是瓶装带肉果汁，保持均匀一致的质地对品质至关重要。要使混浊物质稳定，就要使其沉降速度尽可能降至零。其下沉速度一般认为遵循斯托克斯方程。

$$V=\frac{2gr^2(\rho_1-\rho_2)}{9\eta}$$

式中：V—沉降速度；g—重力加速度；r—混浊物质颗粒半径；ρ_1—颗粒或油滴的密度；ρ_2—液体(分散介质)的密度；η—液体(分散介质)的黏度。

为了使混浊果汁稳定，应从如下几方面着手：采用均质、胶体磨处理等，降低颗粒体积；可通过添加胶体物质如果胶、黄原胶、脂肪酸甘油酯等，增加分散介质的黏度；通过加高脂化和亲水的果胶分子作为保护分子包埋颗粒以降低颗粒与液体之间的密度差。

3. 绿色蔬菜汁的色泽保持

绿色蔬菜在加工中容易失绿而变褐，可采用热碱水($NaHCO_3$)烫漂处理或清洗后的绿色蔬菜在稀碱液中浸泡 30 min，使游离出的叶绿素皂化水解为叶绿酸盐等产物，绿色更为鲜亮。

4. 柑橘类果汁的苦味与脱苦

柑橘类果汁在加工过程或加工后易产生苦味，主要成分是黄烷酮糖苷类和三萜系化合物。

防止方法：选择含苦味物质少的原料种类、品种，果实充分成熟或进行催熟处理；加工中尽量减少苦味物质的溶入，如种子等尽量少压碎，悬浮果浆与果汁的接触时间尽量短；采用聚乙烯吡咯烷酮、尼龙-66 等吸附脱苦；添加蔗糖、β-环状糊精、新地奥明以及二氢查耳酮等提高苦味物质阈值。

5. 微生物引起的败坏

微生物的侵染和繁殖引起的败坏可表现在变味，也可引起长霉、混浊和发酵。

防止方法：采用新鲜、无霉烂、无病虫的果实原料；注意原料的洗涤消毒；严格车间和设备、管道、工具、容器等的消毒，缩短工艺流程的时间；果汁灌后封口要严密；杀菌要彻底。

△【考核要点与方法】

果汁加工的关键工艺操作过程、果汁质量。操作态度、操作熟练程度、产品合格率。

△【相关知识】

1 果蔬汁制品的分类

天然果蔬汁按照生产工艺、状态的不同，其可以分为以下几类。

1.1 透明果蔬汁

新鲜果蔬直接榨出的汁(浆)液，经澄清、过滤，除去果肉微粒、蛋白质、果胶物质等而呈澄清透明状态。如葡萄汁、苹果汁常制成透明态。这类果蔬汁制品的稳定性较高，但其营养成分有所降低，风味和色泽不及混浊果蔬汁。

1.2 混浊果蔬汁

新鲜果蔬直接榨出的汁(浆)液，经均质、脱气处理，外观呈混浊均匀状态，果蔬汁中含有果肉微粒，且均匀分散在汁液中，含果胶物质。如柑橘汁、番茄汁常制成混浊态果汁，这类果蔬汁制品能较好地保持原果蔬的风味、色泽和营养，只是稳定性稍差。

1.3 浓缩果蔬(浆)汁

由新鲜果蔬直接榨出的汁(浆)液直接浓缩而成，要求可溶性固形物达到40%～60%，含有较高的糖分和酸分。一般浓缩3～6倍。如浓缩橙汁、浓缩苹果汁等。这类制品的营养价值高且体积缩小，便于运输和保存。

2 工艺要点

2.1 原料选择

加工果蔬汁原料要求具有良好的风味和香味，无异味，色泽好而稳定，糖酸比合适，并且在加工贮藏中能保持这些优良的品质，出汁率高，取汁容易。果蔬汁加工对原料的果形大小和形状虽无严格要求，但对成熟度要求较严，严格说，未成熟或过熟的果蔬均不合适。

常见的制汁原料有橙类、苹果、梨、猕猴桃、菠萝、葡萄、桃、番茄、胡萝卜、芹菜等。

2.2 挑选与清洗

为了保证果汁的质量，原料加工前必须进行挑选，剔除霉变、腐烂、未成熟和受伤变质果实；清洗是减少杂质污染、降低微生物数量和农药残留的重要措施。清洗一般先浸泡后喷淋或流水冲洗，对于农药残留较多的果实，可加用稀盐酸溶液或脂肪酸系洗涤剂进行处理。对于受微生物污染严重的果实，可用漂白粉、高锰酸钾溶液来进行消毒。

2.3 破碎

原料取汁前破碎是为了提高出汁率，尤其是对皮、肉致密的果实，更有必要先行破碎。但果实破碎程度要适当，破碎后的果块应大小均匀。果块过大出汁率低，破碎过度则又会造成外层的果汁很快地被压榨出，形成了一层厚皮，使内部榨汁困难，反而影响出汁率。如苹果、梨用破碎机进行破碎时，破碎后果块以3～4 mm大小为宜，草莓、葡萄以2～3 mm为宜，樱桃为5 mm，橘子和番茄可以使用打浆机来破碎取汁，但橘子宜先去皮后打浆。

2.4 加热处理和酶处理

为提高果实出汁率，降低果胶物质黏性，加快榨汁速度，通常原料在榨汁前进行加热或加酶制剂处理。加热处理能抑制原料中蛋白酶的活性。如葡萄、李、山楂、猕猴桃等水果，在破碎后置于 60～70℃温度下，加热 15～30 min；带皮橙类榨汁时，为减少汁液中果皮精油的含量，可预煮 1～2 min。另外，为促使原料中果胶物质分解，在经破碎的果肉中加入适量的果胶酶制剂，使果汁黏度降低，从而使榨汁和过滤顺利。酶制剂的添加量依酶的活性而定，酶制剂应与果肉充分混合均匀，酶与原料作用的时间和温度要严格掌握，一般在 37℃恒温下作用 2～4 h。

2.5 取汁

取汁有压榨和浸提两种，对于大多数果汁含量丰富的果蔬以压榨取汁为主，榨汁方法依原料种类及生产规模而异。常用的压榨机有水压机、辊压机、螺旋式榨汁机和离心式榨汁机、打浆机等。

对于果汁含量较低的果蔬，在采取原料破碎后加水浸提的办法，加水量和浸提时间根据果蔬种类而定。

2.6 粗滤(筛滤)

在制混浊果汁时，需粗滤掉分散在果汁中的粗大颗粒。在制透明果汁时，粗滤后还要精滤，或先行澄清后过滤，务必除尽全部悬浮粒。筛滤通常装在压榨机汁液出口处，粗滤与压榨同步完成；也可在榨汁后用筛滤机完成粗滤工序。果汁一般通过 0.5 mm 孔径的滤筛即可达到粗滤要求。

2.7 果蔬汁澄清和精滤

2.7.1 澄清

果蔬汁为复杂的多分散系统，它含有细小的果肉微粒、胶态或分子状态及离子状态的溶解物质，这些粒子是果蔬汁混浊的原因。在澄清汁的生产中，它们影响到产品的稳定性，必须加以除去。常用的澄清方法有以下几种。

(1)酶法　酶法澄清是利用果胶酶分解果汁中的果胶物质，使其失去果胶的保护作用而形成沉淀，达到澄清目的。目前我国用于果汁澄清的酶制剂是由黑曲霉或米曲霉发酵产生的。使用果胶酶应注意反应温度、处理时间、pH 及酶制剂用量，通常控制在 55℃以下，反应最佳 pH 因果胶酶种类不同而异，一般在弱酸条件下进行，pH 3.5～5.5，酶制剂用量依果蔬汁及酶的种类而异，通常通过预先实验确定。

(2)明胶-单宁絮凝法　明胶、鱼胶或干酪素等蛋白物质，可与单宁酸盐形成络合物，此络合物沉降的同时，果汁中的悬浮颗粒被缠绕而随之沉降。明胶、单宁的用量取决于果汁种类、品种、原料成熟度及明胶质量，应预先实验确定。一般明胶用量为 100～300 mg/L，单宁用量为 90～120 mg/L。此法在较酸性和温度较低条件下易澄清，以 3～10℃为佳。适用于苹果、梨、山楂、葡萄等果汁。

(3)加热凝聚澄清法　将果汁在 80～90 s 内加热到 80～82℃，然后急速冷却至室温，由于温度的剧变，果汁中蛋白质和其他胶质变性凝固析出，从而达到澄清目的。但一般不能完全澄清，加热也会损失一部分芳香物质。

(4)冷冻澄清法　将果汁急速冷冻，一部分胶体溶液完全或部分被破坏而变成无定形的沉淀，此沉淀可在解冻后滤去；另一部分保持胶体性质的也可用其他方法过滤除去，但此法不容易达到完全澄清。

2.7.2 精滤

为得到澄清透明而稳定的果蔬汁，澄清之后的果蔬汁必须经过精滤，目的在于除去细小的悬浮物质。常用的精滤设备主要有硅藻土过滤机、纤维过滤器、真空过滤器、离心分离机及膜分离等。

2.8 混浊果蔬汁的均质和脱气

均质和脱气是混浊果蔬汁生产中的特有工序，是保证果蔬汁稳定性和防止果汁营养损失、色泽变差的重要措施。

2.8.1 均质

均质即将果蔬汁通过一定的设备使其中的细小颗粒进一步破碎，使果胶和果蔬汁亲和，保持果蔬汁均一性的操作。生产上常用的均质机械有高压均质机和胶体磨。

高压均质机的原理是将混匀的物料通过柱塞泵的作用，在高压低速下进入阀座和阀杆之间的空间，这时其速度增至 290 m/s，同时压力相应降低到物料中水的蒸汽压以下，于是在颗粒中形成气泡并膨胀，引起气泡炸裂物料颗粒。由于空穴效应造成强大的剪切力，由此得到极细且均匀的固体分散物(图 2-1)。均质压力根据果蔬种类、要求的颗粒大小而异，一般在 15～40 MPa。

胶体磨的破碎作用借于快速转动和狭腔的摩擦作用，当果蔬汁进入狭腔时，受到强大的离心力的作用，颗粒在转齿和定齿之间的狭腔中摩擦、撞击而分散成细小颗粒。

2.8.2 脱气

果蔬细胞间隙存在着大量的空气，原料在破碎、取汁、均质和搅拌、输送等工序中要混入大量的空气，所以得到的果汁中含有大量的氧气、二氧化碳、氮气等。这些气体以溶解形式在细微粒子表面吸附着，也许有一小部分以果汁的化学成分形式存在。这些气体中的氧气可导致果汁营养成分的损失和色泽变差，因此，必须加以去除，这一工艺即称脱气或去氧。脱气方法有加热法、真空法、化学法、充氮置换法等，且常结合在一起使用。

(1)真空脱气　原理是气体在液体内的溶解度与该气体在液面上的分压成正比。果汁进行真空脱气时，液面上的压力逐渐降低，溶解在果汁中的气体不断逸出，直至总压降到果汁的蒸汽压时，已达平衡状态，此时所有气体已被排除。真空脱气装置见图 2-2。

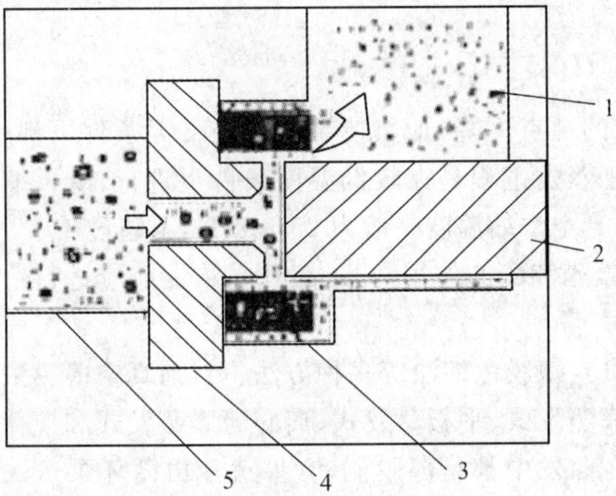

图 2-1　高压均质机工作原理图

1.均质产品　2.阀杆　3.碰撞杯　4.阀座　5.未均质原料

(《果蔬产品加工工艺学》，陈学)

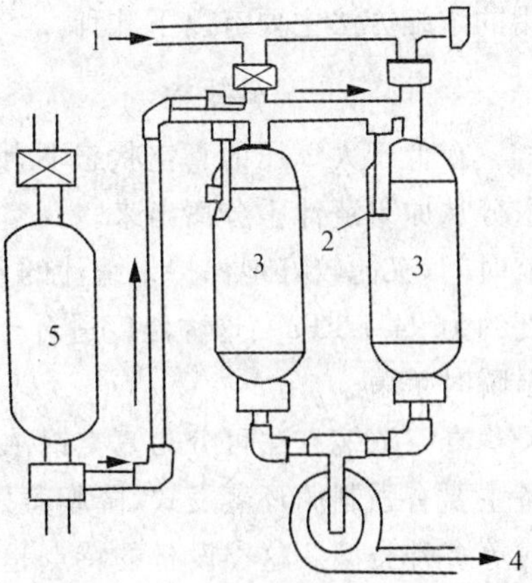

图 2-2　真空脱气装置

1.抽气　2.喷雾头　3.真空泵

4.至杀菌器　5.贮汁桶

真空脱气的要点有三方面，一是控制适当的真空度和果汁温度，一般真空罐内的真空度为0.090 7～0.093 3 MPa；二是被处理的果汁的表面积要大，一般使果汁分散成薄膜状或雾状，常采用的方法有离心喷雾、加压喷雾和薄膜式三种（图 2-3）；三是要有充分的脱气时间，脱气时间取决于果汁的性状、温度和在脱气罐内的状态。

（2）置换法　将氮气、二氧化碳等惰性气体通过专门设备（图 2-4）压入果蔬汁中，形成强烈的泡沫流，在泡沫流的冲击下，氮气、二氧化碳等惰性气体将果蔬汁中的氧气置换出来，达到脱气目的。

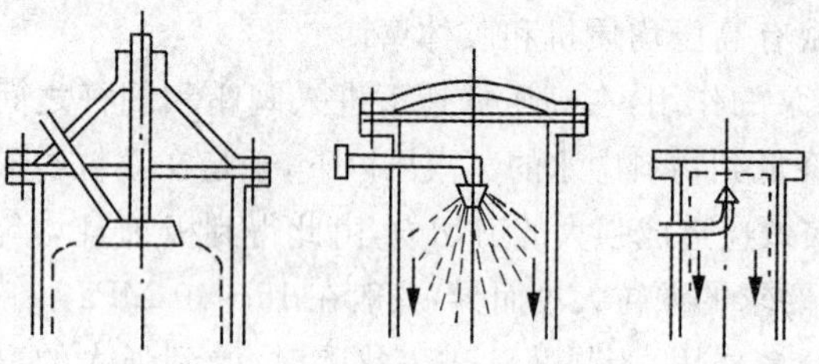

图 2-3　脱气机喷头类型示意图

（《园艺产品贮藏加工学》，赵丽芹，2001）

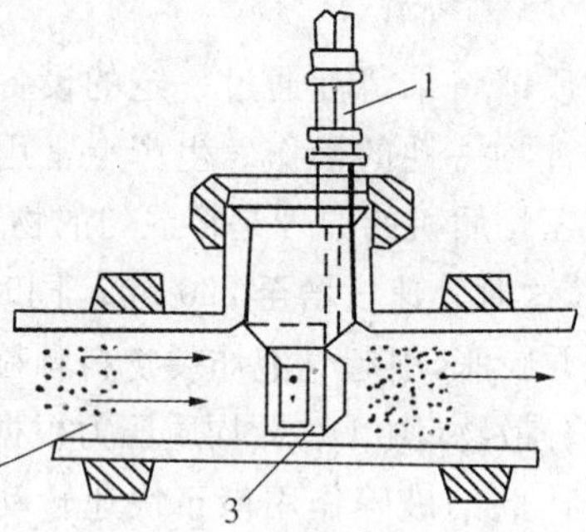

图 2-4　气体分配头

1. 氮气进入管　2. 果汁导入管　3. 穿孔喷嘴

（《园艺产品贮藏加工学》，赵丽芹，2001）

（3）化学脱气法　利用一些抗氧化剂或需氧的酶类作为脱气剂，加入果蔬汁中，消耗果蔬汁中的氧气，达到脱气目的。常用的脱气剂有抗坏血酸、葡萄糖氧化酶等。

2.9　浓缩果蔬汁的浓缩与脱水

浓缩果蔬汁是由澄清果蔬汁经脱水浓缩后制得，其体积小，可溶性固形物含量达到65%～75%，便于包装和运输，能克服果蔬采收期和品种所造成的成分上的差异，果蔬汁的品质更加一致，且糖酸含量提高，增加了产品的保藏性。因此，目前浓缩果蔬汁的生产增长速度较快，常用的浓缩方法主要有以下几种。

2.9.1　真空浓缩法

在低于大气压的真空状态下，使果蔬汁的沸点下降，加热使果蔬汁在低温条件下沸腾，使水分从原果蔬汁中分离出来。真空浓缩由于蒸发过程是在较低温度条件下进行，既可缩短浓缩时间，又能较好地保持果蔬汁的色香味。真空浓缩温度一般为25～35℃，不超过40℃，真空度约为94.7 kPa。这种温度适合于微生物繁殖和酶的作用，故果蔬汁在浓缩前应进行适当高温瞬时杀菌。

真空浓缩方法可分为真空锅浓缩法和真空薄膜浓缩法等多种方法。目前真空薄膜浓缩设备主要有强制循环蒸发式、降膜蒸发式、升膜蒸发式、平板蒸发式、离心薄膜蒸发式和搅拌蒸发式等多种类型。这类设备的特点是果蔬汁在蒸发中都呈薄膜流动，果蔬汁由循环泵送入薄膜蒸发器的列管中，分散呈薄膜状，由于减压在低温条件下脱去水分，热交换效果好，是目前广泛使用的浓缩设备。

2.9.2 冷冻浓缩法

果蔬汁冷冻浓缩应用冰晶与水溶液的固-液相平衡原理。当水溶液中所含溶质浓度低于共溶浓度时，溶液被冷却后，水会变成冰晶析出，剩余溶液中的溶质浓度则由于冰晶数量的增加和冷冻次数的增加而提高，溶液的浓度逐渐增加，到某一温度，被浓缩的溶液以全部冻结而告终，这一温度即为低共熔点或共晶点。

冷冻浓缩的特点是避免了热的作用，没有热变性，挥发性风味物质损失极微，产品质量比蒸发浓缩优越。能耗少，冷冻浓缩所需的能量约为蒸发浓缩1/7，但其缺点是冰晶分离时，会损失一部分果蔬汁，浓缩浓度只能达到55%。

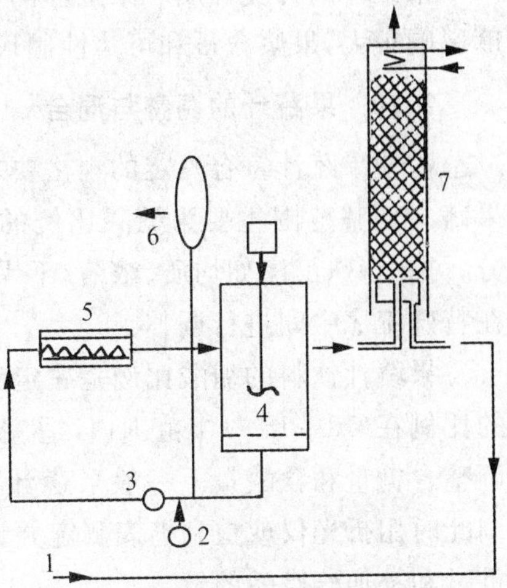

图 2-5 Grenco 冷冻浓缩系统图

1.果汁 2.泵 3.循环泵 4.结晶器 5.刮板式、热交器 6.浓缩产品 7.洗涤塔

(《果蔬产品加工工艺学》,陈学平,1996)

果蔬汁冷冻浓缩包括冰晶的形成、冰晶的成长、冰晶与液相分开三个步骤。冷冻浓缩的方法和装置很多，图 2-5 为荷兰 Grenco 冷冻浓缩系统，它是目前食品工业中应用较成功的一种装置。在此系统中，果蔬汁通过刮板式热交换器，形成冰晶，再进入结晶器，冰晶体增大，最后，冰晶体和浓缩物被泵至洗涤塔分离冰晶，如此反复，直至达到浓缩要求。

2.9.3 反渗透浓缩法

反渗透浓缩是一种现代的膜分离技术，与真空浓缩等加热蒸发方法相比，其优点是蒸发过程不需加热，可在常温条件下实现分离或浓缩，品质变化小。

浓缩过程在密封中操作，不受氧气影响；在不发生相变下操作，挥发性成分的损失较少；节约能源，所需能量约为蒸发浓缩的 1/17，是冷冻浓缩的 1/2。

反渗透浓缩的原理是依赖于膜的选择性筛分作用，以压力差为推动力，使某些物质透过，而其他组分不透过，从而达到分离浓缩目的，因此，高分子膜是实现膜分离技术高效、高选择性的必要条件。目前反渗透浓缩常用膜为醋酸纤维素及其衍生物、聚丙烯腈系列膜等。影响反渗透浓缩的主要因素有以下几个方面。

浓差极化现象 所有的分离过程均会产生这一现象，在膜分离中它的影响特别严重。当分子混合物由推动力带到膜表面时，水分子透过，另外一些分子被阻止，这就导致在近膜表面的边界层中被阻组分的集聚和透过组分的降低，这种现象即所谓浓差极化现象。它的产生使透过速度显著衰减，削弱膜的分离特性。工程上主要采取加大流速、装设湍流装置、脉冲法、搅拌法等消除其影响。

膜的特性及适用性 不同材质的膜有不同的适用性，介质的化学性质对膜的效果有一定的影响，如醋酸纤维素膜在 pH 4～5 之间，水解速度最小，在强酸和强碱中水解加剧。

操作条件 一般来说，操作压力越大，一定膜面积上透水速率越大，但又受到膜的性质和组件的影响。理论上随温度升高，反渗透速度增加，但果蔬汁大多为热敏物质，应控制温度在 40～50℃为宜。

果蔬汁的种类性质　果蔬汁的化学成分、果浆含量和可溶性固形物的初始浓度对透汁速度影响很大，果浆含量和可溶性固形物含量高，不利于反渗透的进行。

2.10　果蔬汁的调整与混合

为使果蔬汁符合一定的规格要求和改进风味，常需要适当调整，使果蔬汁的风味接近新鲜果蔬。调整范围主要为糖酸比例的调整及香味物质、色素物质的添加，调整糖酸比及其他成分，可在特殊工序如均质、浓缩、干燥、充气以前进行，澄清果汁常在澄清过滤后调整，有时也可在特殊工序中间进行调整。

果蔬汁饮料的糖酸比例是决定其口感和风味的主要因素。一般果蔬汁适宜的糖分和酸分的比例在(13～15)∶1范围内，适宜于大多数人的口味。因此，果蔬汁饮料调配时，首先需要调整含糖量和含酸量。一般果蔬汁中含糖量在8%～14%，有机酸的含量为0.1%～0.5%。调配时用折光仪或白利糖表测定并计算果蔬汁的含糖量，然后按下列公式计算补加浓糖液的重量和补加柠檬酸的量。

$$X=\frac{W(B-C)}{D-B}$$

式中：X—需加入的浓糖液（酸液）的量(kg)；D—浓糖液（酸液）的浓度(%)；W—调整前原果蔬汁的重量(kg)；C—调整前原果蔬汁的含糖（酸）量(%)；B—要求调整后的含糖（酸）量(%)。

糖酸调整时，先按要求用少量水或果蔬汁使糖或酸溶解，配成浓溶液并过滤，然后再加入果蔬汁中放入夹层锅内，充分搅拌，调和均匀后，测定其含糖量，如不符合产品规格，可再行适当调整。

果蔬汁除进行糖酸调整外，还需要根据产品的种类和特点进行色泽、风味、黏稠度、稳定性的调整。所使用的食用色素、香精、防腐剂、稳定剂等应按食品添加剂的规定量加入。

许多果品蔬菜如苹果、葡萄、柑橘、番茄、胡萝卜等，虽然能单独制得品质良好的果蔬汁，但与其他种类的果实配合风味会更好。不同种类的果蔬汁按适当比例混合，可以取长补短，制成品质良好的混合果汁，也可以得到具有与单一果蔬汁不同风味的果蔬汁饮料。中国农业大学研制成功的“维乐”蔬菜汁，是由番茄、胡萝卜、菠菜、芹菜、冬瓜、莴笋六种蔬菜复合而成，其风味良好。混合汁饮料是果蔬汁饮料加工的发展方向。

2.11　杀菌与包装

2.11.1　杀菌

果蔬汁杀菌的目的一是杀灭微生物防止发酵；二是钝化各种酶类，避免各种不良的变化。果蔬汁杀菌的微生物对象为酵母和霉菌，酵母在66℃下1 min，霉菌在80℃下20 min即可杀灭。所以，可以采用一般的巴氏杀菌法杀菌，即80～85℃杀菌20～30 min，然后放入冷水中冷却，从而达到杀菌的目的。但由于加热时间太长，果蔬汁的色泽和香味都有较多的损失，尤其是混浊果汁，容易产生煮熟味。因此，常采用高温瞬时杀菌法，即采用(93±2)℃保持15～30 s杀菌，特殊情况下可采用120℃保持3～10 s杀菌。

果蔬汁的杀菌原则上是在装填之前进行，装填方法有高温装填法和低温装填法两种。高温装填法是在果蔬汁杀菌后，处于热状态下进行装填，利用果蔬汁的热对容器内表面进行杀菌。低温装填法是将果蔬汁加热到杀菌温度之后，保持一定时间，然后通过热交换器立即冷却至常温或常温以下，将冷却后的果蔬汁进行装填。高温装填法或低温装填法都要求在果蔬汁杀菌的同时对包装容器、机械设备、管道等进行杀菌。蔬菜汁等可采用UHT（超高温瞬时杀菌）方法，在加压状态下，采用100℃以上温度杀菌。

2.11.2　包装

果蔬汁的包装方法，因果蔬汁品种和容器种类而有所不同。常见的有铁罐、玻璃瓶、纸容器、铝箔复合袋等。果实饮料的灌装除纸质容器外均采用热灌装，使容器内形成一定真空度，较好地保持成品品质。一般采用装汁机热装罐，装罐后立即密封，罐中心温度控制在70℃以上，如果采用真空封罐，果蔬汁温度可稍低些。

结合高温短时杀菌果蔬汁常用无菌灌装系统进行灌装，目前，无菌灌装系统主要有纸盒包装系统（如利乐包和屋脊纸盒包装）、塑料杯无菌包装系统、蒸煮袋无菌包装系统和无菌罐包装系统。

▲【知识拓展】

1. 果汁业的发展前景与发展方向

随着我国经济的迅速发展，人们生活水平的提高，消费意识不断增强，消费结构发生着根本变化，对饮料的需求从嗜好型饮料向营养型饮料转变，果汁就非常符合人们的这种消费趋向。同时，我国人口众多，又是世界上最大、发展最快的消费市场，因此我国的果汁市场发展前景非常广阔。目前我国人均果汁消费水平为1 kg左右，而发达国家达到40 kg，世界平均为10 kg。按我国人口的20%消费果汁计算，达到世界平均水平也要260万t果汁，而目前我国果汁生产总量只有150万t。

果汁工业可以在许多方面有很多发展空间，如浓缩果汁可溶性物质含量高、耐贮藏、体积少，作为一种半成品，是很好的食品配料，可以加水还原成果汁或配成饮料，还可以应用于果冻、果酱、果酒、冰淇淋、糕点等的生产；鲜榨果汁工艺流程及杀菌时间短，能较好地保留产品的原有风味和营养成分，产品的新鲜度保持较好，非常受消费者欢迎。另外，我国有很多的野生水果如刺梨、沙棘等。这些野生水果受污染少，而且营养成分丰富，具有良好的营养与保健价值，是良好的果汁原料。果汁生产充分开发利用这些资源，成为我国特有的果汁品牌，将会有很大的市场和发展前景。

▲【思考题】

1. 果蔬汁加工中的关键工艺有哪些？

2. 果蔬汁浓缩工艺有几种方法？

项目七　果酒酿造

知识目标：明确果酒酿造对原料的要求，掌握果酒酿造基本原理。

技能目标：掌握红葡萄酒、白葡萄酒酿造工艺流程及操作要点、常见质量问题及解决途径。

德育目标：葡萄酒生产中的产品质量和食品安全理念。

△【任务提出】

果酒酿造是利用酵母菌将果浆中可发酵性糖经酒精发酵成酒精，再在陈酿澄清过程中经酯化、氧化、沉淀等作用，制成酒液清晰、色泽鲜美、醇和芳香的果酒过程。

从果酒酿造原理可以看出果酒酿造中要掌握三个关键控制点即酿造微生物、酒精发酵和陈酿。

△【技能要点】

1. 加工场所及设备选择

加工场所及设备选择关系到酒卫生和加工产品的质量，在生产葡萄酒时一定要对加工场所及设备认真考虑。加工场所要通风、能清洗，准备足够的装酒容器。加工场所应保持卫生，防止微生物污染。

2. 容器消毒处理

果酒发酵容器有发酵桶、发酵池、酒罐等，使用前必须消毒，防止外界污染。

3. 控制酿造微生物、酒精发酵和陈酿三个关键点

果酒酿造的微生物种类与所酿造果酒的品质有着直接的关系，果酒发酵应选择葡萄酒酵母等优良的酵母进行发酵，防止杂菌参与，葡萄酒酵母最适生长温度为28～30℃，因此，一般果汁入池后，品温控制在25～28℃；在发酵旺盛时，品温控制在20～25℃，进行低温发酵。由于果酒在陈酿过程中温度变化会引起果酒对O_2吸收等因素，一般陈酿温度控制在8～15℃。

△【任务实施】

1　红葡萄酒酿造

葡萄酒是以葡萄为主要原料，经发酵酿造而成的一种饮料酒，其色泽、果味、醇香，因葡萄的品种、产地、优劣不同而酿出风格也不一样。可分为白葡萄酒、红葡萄酒和玫瑰红葡萄酒。酒精含量一般在8%～20%，味道甘甜醇美，营养丰富，并能防治多种疾病的高雅饮料，最早盛行于法国，在欧美和世界各地流行。近年来，它也成为我国人民餐桌、庆典必不可少的酒水。

红葡萄酒是用颜色较深的葡萄制成的，在酿造时，果皮和果肉一起发酵。红葡萄酒在烹调肉食菜肴中广泛使用。

1.1 任务准备

1.1.1 品种选择

选择含糖量高，并含有一定量有机酸的品种。有机酸在果酒酿造中有促进酵母菌繁殖，抑制腐败细菌生长的作用，还可增加酒香和风味，促进果中色素溶解，使果酒具有鲜丽色泽。用于酿造红葡萄酒主要品种有赤霞珠、品利珠、佳丽酿、增芳德、梅鹿辄、法国蓝等。

1.1.2 原料准备

原料品种葡萄、葡萄破碎机、果汁分离机、果汁压榨机、高速离心机、发酵罐、贮酒罐。

1.1.3 红葡萄酒酿造工艺流程确定

葡萄→采收→分级、挑选→破碎、除梗→成分调整→发酵→压榨过滤→后发酵→陈酿→调配→过滤→包装杀菌→成品。

1.2 实施过程

1.2.1 原料选择

制取红葡萄酒，葡萄果粒必须充分成熟。当葡萄在色深，含糖量高，酸分适中，单宁丰富，风味浓郁，果香典型，完全成熟，糖分、色素达到最高而酸分适宜时采收。

1.2.2 发酵液的制备与调整

(1)破碎、除梗　葡萄采收后，挑出霉烂果及成熟度差的果，选充分成熟的葡萄进行清洗。用破碎机将果粒压碎，不宜太细，用压榨机或搅笼压榨，只破碎果肉，不伤及种子和果梗，使用搅笼时要调整速度。籽粒挤碎会使制成的酒带有涩味或异味。破碎便于榨汁，利于酵母与果汁的接触，利于红葡萄酒色素的浸出，易于二氧化硫的均匀利用和物料的运输等。破碎的葡萄不能与铁铜接触，防止这些金属溶于酒中引起破败病。

破碎后的原料要立即将果浆与果梗分离，除梗可防止因果梗中苦涩物质增加酒的苦味，还可减少发酵体积，便于运输。制红葡萄酒用果肉果皮一起发酵。

(2)成分调整

①糖分调整　一般果实含糖量为5%～23%，在发酵旺盛期，加蔗糖来补充糖分，调整糖分要以发酵后的酒精含量作为主要依据，生产上一般1 L果汁的加糖量可用230～240 g减去果汁原含糖量来计算。加糖时，应将糖先溶于部分果汁中，再加入大量果汁里。同时结合酸分含量情况，如酸分含量过高，则制成糖浆加入；反之，宜加干糖，且要充分搅拌，溶解。生产上酿造高浓度的葡萄酒常用分次加糖法，因葡萄酒发酵要求含糖量不宜超过24%，所以每次加糖量不宜过多，可分2～3次加入。即先加适量的糖，以适应酵母旺盛地繁殖发酵，等发酵降低了糖浓度后，再加剩余的糖。世界上很多葡萄酒生产国家，不允许加糖发酵，或限制加糖量。葡萄含糖量低时，只添加浓缩葡萄汁。

②酸度调整　酸可抑制细菌生长繁殖，可使葡萄酒颜色鲜明，酒味清爽，有柔软感，与醇生成酯，增加酒的芳香，增加酒的贮藏性和稳定性。葡萄酒发酵要求酸度为6 g/L，pH 3.3～3.5。提高酸度的方法：添加未熟的葡萄压榨汁、酒石酸和柠檬酸，以酒石酸为好。加酸时，先用

葡萄汁与酸混合,缓慢均匀地加入葡萄汁中,并搅拌均匀。操作中不可使用铁质容器。降低酸度的方法:添加碳酸钙等降酸剂。1 L 汁液中加 1 g 碳酸钙,可降低酸量(以硫酸计)为 1 g/L。

③含氮物质调整　酵母菌繁殖需一定量氮素物质。汁液中含氮量在 0.1%以上,就能满足需要。含氮量较低的果汁,可在发酵前加入 0.05%～0.1%的磷酸铵或硫酸铵。

④添加二氧化硫　在葡萄除梗破碎后入发酵罐时立即加入,并且一边装罐一边加入二氧化硫。加入量:无破损、霉变、成熟度中等、含酸量高,一般用量为 30～50 mg/L;无破损、霉变、成熟度中等、含酸量低,一般用量为 50～80 mg/L;破损、霉变、一般用量为 80～150 mg/L。二氧化硫在酒中的作用为杀菌、澄清、抗氧化、增酸、利于色素和单宁的溶出、使风味变好。

1.2.3　酒精发酵

(1)酒母的制备　酒母即经三次扩大培养后加入发酵醪的酵母液。

①试管培养　于发酵前 10～15 d 取新鲜、澄清果汁,分装于洁净、干热灭菌试管中,装量为 1/4,常压沸水杀菌 1 h,冷却。常温无菌下,接入活化好的固体斜面酵母菌种,25～28℃恒温培养 24～48 h。

②三角瓶培养　500 mL 三角瓶中装入 1/2 新鲜果汁,灭菌接入试管酵母液 2 支,于 25～28℃恒温培养 22～24 h。

③卡氏罐培养　取洁净 10 L 卡氏罐加入新鲜澄清的果汁 6 L,常压杀菌 1 h,冷却后加入亚硫酸,使其二氧化硫含量达 80 mg/L。24 h 后接入 2 个三角瓶培养酵母,摇匀,25～28℃恒温培养,到发酵旺盛。

④酒母罐培养　用 200～300 L 带盖木桶或不锈钢罐培养酒母。容器经硫磺烟熏杀菌,4 h 后桶中装入容量 80%的 12°～14°的葡萄汁,添加 1～2 个卡氏罐培养酵母,25～30℃下培养 24～48 h,即可作为生产用酒母。此酒母用量为 2%～10%。

(2)发酵及管理　酒的发酵过程分前发酵(主发酵)与后发酵两过程。将发酵醪送入发酵容器到新酒出桶的过程为前发酵;分离后的新酒,由于酒液与空气接触,酵母又得到复苏,在贮存中,酵母将酒液中的残糖进一步发酵以提高酒精浓度,这一过程称为后发酵。

①入发酵池　果汁经糖酸调整后装入发酵池,充满系数 75%～80%为宜,以防发酵旺盛时汁液外溢,采用密闭式发酵。安装发酵栓便于二氧化碳逸出和阻止空气进入。发酵池内装有沉没酒帽的隔板。接入酒母即开始发酵。

②前发酵(主发酵)　它包括酵母繁殖期和酒精生成期。前发酵是酿酒发酵的主要阶段。果汁经前发酵变成了果酒。

酵母繁殖期:发酵之初,液面平静,随着有微弱的二氧化碳气泡产生,发酵开始。而后酵母繁殖加快,二氧化碳逸出增多,温度升高,发酵进入旺盛期。

酵母繁殖期管理上主要是控温。最适温度应控制在 20～30℃,每天应观测品温 3 次、注意发酵过程中及时测定糖分、酒度和酸度,作为发酵情况的控制依据。同时注意空气供给,促进酵母繁殖。

酒精生成期:此时甜味渐减,酒味渐增,皮渣上升在液面结成浮渣层,当品温升到最高,酵母细胞数保持一定。随后,发酵液气泡减少,液体比重下降到 1°左右,发酵势减弱,二氧化碳释放减少,液面接近平静,品温下降近室温。此时,糖分大部分已转变成酒精、完成主发酵。

酒精生成期管理主要控制品温在 30℃以下,不断翻汁,破除酒帽。主发酵结束后,及时将酒液虹吸或用泵抽出,也可通过筛网流出,即为原酒。此工序很重要,可防止糖苷类物质、单宁溶于酒中,造成果酒的涩味,影响品质。

③后发酵　前发酵结束后,应及时出桶。将不加压自行流出的酒即自流酒与压榨酒渣最初得到的 2/3 压榨酒混合,转入消过毒的贮酒桶,装入量为容积的 90%左右,酒中剩的少量糖(1°左右),在后发酵中进一步转化为酒精。如原酒中酒精浓度不够,应补充一些糖分。后发酵仍在密闭容器中进行,装上发酵栓、糖分下降到 0.1%～0.2%,已无二氧化碳放出,后发酵便完成,将发酵栓取下,用同类酒添满,加盖密封。待酵母、皮渣全部下沉后,及时换捅,分离沉淀,转入陈酿。

后发酵管理上控制温度在 20℃左右,经 15～20 d,后发酵完成。

1.2.4　陈酿

陈酿目的是使果酒清亮透明,醇和可口,有浓郁纯正的酒香。陈酿酒桶都应装发酵栓,防止外界空气进入。陈酿酒桶应装满酒,随时检查,及时添满,以免好气性细菌增殖,造成果酒病害。一般陈酿两年开始成熟。陈酿中要多次进行换桶。及时清除不溶解的矿物质、蛋白质及其他残渣在贮藏中产生的沉淀。

(1)贮存环境条件　一般应放置在温度为 10～15℃,相对湿度为 85%左右的地下室或酒窖中,贮存环境空气新鲜,无异味和二氧化碳积累。

(2)贮存中的管理

添桶:用同批葡萄酒添满容器,随时保证贮酒桶内的葡萄酒装满。防止葡萄酒氧化和被外界的细菌污染。

换桶:将酒从一个容器换入另一个容器。目的是加速酒的成熟;调整酒内溶解氧的含量,避免出现二氧化碳饱和现象,清除酒脚,加速酒的成熟。换桶次数和时间因酒质而定,酒质较差需提前换并增加次数。第一次换桶时间在当年的 12 月底到次年元月;第二次换桶在第二年春季的 2～3 月;第三次在秋季 8 月;第四次在冬季。以后根据情况每年换 2 次或 2 年一次,在春季或冬季进行,换桶应选择无风低温时进行。

1.2.5　果酒澄清

果酒在陈酿过程中进行澄清。采用自然澄清或加胶过滤方法除去果酒中的悬浮物。加胶澄清方法有以下几种:

(1)加明胶　果酒中加明胶 0.1～0.15 g/L,单宁 0.08～0.12 g/L,用少量酒将单宁溶解,加入搅匀。白明胶用冷水浸泡 12～14 h,除腥味,然后除去浸泡水,重新加水,用微火加热或水浴加热溶解,再加 5～6 L 果酒搅匀,倒入酒桶,静置 8～10 d,过滤。此法适用于苹果酒的澄清。

(2)加鸡蛋清　100 L 果酒加 2～3 个蛋清,每加蛋清 1 个,添加单宁 2 g。用少量果酒溶解单宁,倒入桶内充分搅匀,经 12～24 h 后,将打成沫状的蛋清,用少量果酒搅匀,加入陈酿酒中。静置 8～10 d,即可澄清。

(3)加琼脂　先将琼脂浸泡 3～5 h,然后用少量水加热溶化,按 1%～5%的浓度稀释,加热至 60～70℃,倒入酒中,充分搅匀,静置 8～10 d,过滤。每 100 L 果酒用琼脂 5～45 g。适于杏酒、李酒的澄清。

1.2.6　成品调配

成品调配包括勾兑和调整。勾兑是选择原酒,并按适当比例混合。目的是使不同品质酒取长补短。调整是对勾兑酒的某些成分进行调整或标准化。调整指标主要有酒度、糖分、酸分、颜色。调配后再经过一段贮藏去“生味”，使成品醇和、芳香、适口。

(1)酒度　原酒的酒精度若低于产品标准，用同品种高度酒调配，或用同品种葡萄蒸馏酒调配。

(2)糖分　糖分不足，用同品种浓缩果汁或精制砂糖调整。

(3)酸分　酸分不足，加柠檬酸补充，1 g 柠檬酸相当于 0.935 g 酒石酸，酸性过高，用中性酒石酸钾中和。

(4)颜色　红葡萄酒若色调过浅，可用深色葡萄酒或糖色调配。

1.2.7　过滤

过滤是葡萄酒生产中常见的澄清方法。一般过滤可采用纸板过滤机或无菌过滤器完成。

1.2.8　包装、杀菌

装瓶前进行果酒成熟度的测定，即将果酒装入消毒的空瓶中，盛酒一半，塞住瓶口，在常温下对光保持 1 周。如不发生混浊或沉淀便可装瓶。

葡萄酒常用玻璃瓶包装，优质葡萄酒配软木塞封口。装瓶时，空瓶先用 30～50℃、2%～4%碱液浸泡，再用清水冲洗后用亚硫酸溶液冲洗消毒。

杀菌有装瓶前杀菌和装瓶后杀菌。装瓶前杀菌是将酒经快速杀菌器杀菌 90℃、1 min 杀菌后迅速装瓶密封；装瓶后杀菌是将酒先装瓶适量，再经 60～70℃、10～15 min 杀菌。对酒度在 16 度以上的干葡萄酒及含糖 20%以上、酒度在 11 度以上的甜葡萄酒，可不杀菌。酒精浓度在 16 度以下的需杀菌，杀菌温度为 60～70℃，时间 10～15 min。

对光检验酒中是否有杂质，装量是否适宜，合格后贴标装箱。

1.3　干红葡萄酒质量标准

1.3.1　感官要求

色泽：紫红、宝石红、红微带棕、棕红色；

透明度：澄清透明、有光泽、无明显悬浮物(使用软木塞封口的酒，允许有 3 个以下大小不超过 1 mm 的软木渣)；

气味：口味纯正，具有怡悦、和谐的果香和酒香。

1.3.2　理化要求

酒精度(20°)9%～13%；总糖(以葡萄糖计)≤4 g/L；总酸(以酒石酸计)5.0～7.0 g/L；挥发酸(以醋酸计)≤0.8 g/L。

1.3.3　微生物指标

细菌总数≤50 个/mL；大肠菌群≤3 个/100 mL。

2　白葡萄酒酿造

白葡萄酒与红葡萄酒生产工艺的主要区别在于，白葡萄酒是用澄清葡萄汁发酵的，而红葡萄酒则是用皮渣(包括果皮、种子)与葡萄汁混合发酵。白葡萄酒酒度 12%，糖分 1.5%以下，酒液呈果绿色，清澈透明，气味清爽，酒香浓郁，回味深长，含有多种维生素，营养丰富。

2.1 任务准备

2.1.1 品种选择

白葡萄酒选用白葡萄或红皮白肉葡萄。最适宜品种有龙眼、白雅、意斯林、贵人香、雷司令、赛美蓉等。

2.1.2 原料准备

原料葡萄、果汁分离机、果汁压榨机、高速离心机、发酵罐、贮酒罐。

2.1.3 白葡萄酒酿造工艺流程确定

原料→采收→分级、挑选→破碎、压榨→皮汁分离→果汁澄清→成分调整→低温发酵→添桶→换桶→陈酿→调配→澄清→包装杀菌→成品。

2.2 实施过程

2.2.1 原料选择

由于白葡萄酒更强调酸度，而在葡萄成熟过程中，成熟度和甜度成正比，和酸度成反比，采收既要达到足够的成熟度，以产生足够的酒精和香气，也要保持足够的酸度，防止葡萄因过熟而造成酸度低。因此，在采收葡萄时必须精确掌握葡萄刚好成熟，又不会过熟的时机。同时，白葡萄比较容易被氧化，采收时必需尽量小心保持果粒完整，以免影响品质。制干白葡萄酒，不能过熟采收。制甜白葡萄酒应充分成熟，确保含糖量多，香味好。

2.2.2 去梗和低温浸皮

传统的白葡萄酒酿造方法是直接进行破皮、压榨和汁皮分离。后来人们发现葡萄皮中富含香味分子，传统的白葡萄酒酿制法使大部分存于皮中的香味分子都无法溶入酒中。因此，如今许多葡萄酒生产厂家，为了丰富白葡萄酒的香气和口感，都采取发酵前低温浸皮过程。

首先将整串的葡萄放入去梗机去梗，然后破皮并轻微的挤出果肉，放入酒槽中，将酒槽温度保持在15℃，并充入二氧化硫气体，以防止发酵和氧化，使葡萄皮中的香料物质进入葡萄酒中。但这种浸皮过程不能太长，时间过久会使葡萄皮中的单宁萃取到酒中，因此一般浸皮时间12 h左右。同时对于那些用红葡萄品种酿造白葡萄酒的情况，这种浸皮过程不能被采用。

2.2.3 榨汁和澄清

这个过程是生产白葡萄酒和红葡萄酒最大的不同之处。红葡萄酒是为了从葡萄皮中萃取更多颜色、单宁和香精物质，因此需要将葡萄汁和葡萄皮长时间的接触；而白葡萄反而需要避免葡萄皮中的色素和单宁进入酒液中，因此需要尽快进行汁皮分离的压榨。

将通过低温浸皮获得的汁皮混合物加入葡萄压榨机，为了不会将葡萄皮和籽中的单宁和油脂榨出，压榨时压力必须温和平均，而且要适当翻动葡萄渣。现代压榨机采用气囊压榨，在机械容器的中部有一个可充气的气囊，随着气体的加注，气囊膨胀，轻柔、缓慢挤压葡萄果粒。

葡萄汁的澄清可采用二氧化硫低温静置澄清法、果胶酶澄清法、皂土澄清法和高速离心分离澄清法等几种方法。快速地去除各种悬浮物，获得清澈葡萄汁。

2.2.4 酒精发酵

白葡萄的酒精发酵温度一般为18～20℃，比红葡萄酒精发酵温度低得多，发酵过程也缓慢得多。主要是为了保持葡萄酒清新果香和口感。所以采用的不锈钢酒槽，会有更多的降温冷却设计。白葡萄酒发酵多采用添加人工培育的优良酵母(或固体活性酵母)进行低温密闭发酵。低温发酵有利于保持葡萄中原果香的挥发性化合物和芳香物质。发酵分成主发酵和后发酵两个阶段。主发酵一般温度控制在16～22℃为宜,发酵期15 d左右。主发酵后残糖降低至5 g/L以下,即可转入后发酵。后发酵温度一般控制在15℃以下,发酵期约1个月。在缓慢地后发酵中,葡萄酒香味形成更为完善,残糖继续下降至2 g/L以下。

白葡萄酒发酵设备目前常采用密闭夹套冷却的钢罐,它发酵时降温比较方便。也有采用密闭外冷却后再回到发酵罐发酵。对于一些适合酿造酒体较重,口感丰富白葡萄酒的葡萄品种,也可采用小橡木桶进行发酵。因为橡木中含有橡木单宁,橡木单宁进入到白葡萄酒中,随着发酵过程的完成,这些单宁物质会和死去的酵母一起沉淀到桶底。这些物质和葡萄酒浸泡在一起,会使白葡萄酒形成更丰实的口感。一般生产上120～360 d之后才换桶移除这些沉淀物质。

2.2.5 乳酸发酵

乳酸发酵在葡萄酒酿造过程中并不是必需的,很多白葡萄酒如长相思、雷司令等,大多数都不会进行乳酸发酵这个过程,以保持清爽的酸度和清新的果香;而霞多丽恰恰相反,大多都要经过乳酸发酵,使口感更柔顺。

为了阻止乳酸发酵的进行,可以在酒精发酵完成就对白葡萄酒进行过滤、澄清,将其中的乳酸菌、蛋白质等物质滤掉;或者将葡萄酒冷却到很低温度;或者灌注少量二氧化硫气体阻止这一进程。

2.2.6 冷却稳定

未经过乳酸发酵的白葡萄酒酸度很高,低温下会析出米粒大小白色结晶物质酒石酸盐,酒石酸盐虽然对人体无害,对酒质也没有影响,但影响酒的美观。因此,酒厂会将未装瓶的白葡萄酒冷却到临近冰点,使酒石酸盐析出。

2.2.7 陈酿、澄清和过滤、混合调配

大多数白葡萄酒都是在不锈钢酒槽中进行陈酿过程。虽然也有部分白葡萄酒也会像红葡萄酒一样进行橡木桶陈酿,但时间一定要短,防止破坏白葡萄酒清新精细的风格。

澄清、过滤和混合调配过程和红葡萄酒相似。此处不再介绍。

2.3 干白葡萄酒质量标准

2.3.1 感官要求

色泽:近似无色,嫩黄带绿、禾秆黄、金黄色;

透明度:澄清透明、有光泽、无明显悬浮物(使用软木塞封口的酒,允许有3个以下大小不超过1 mm的软木渣);

气味:口味纯正,具有怡悦、和谐的果香和酒香。

2.3.2 理化要求

酒精度(20°)9%～13%;总糖(以葡萄糖计)≤4 g/L;总酸(以酒石酸计)5.0～7.0 g/L;挥发酸(以醋酸计)≤0.6 g/L。

2.3.3 微生物指标

细菌总数≤50个/mL;大肠菌群≤3个/100 mL。

▲【常见问题及解决途径】

1. 变色

白葡萄酒加工中变褐色、变粉红色。

白葡萄酒变褐色主要是由酒中所含有的少量着色物质和酚类化合物氧化造成。

白葡萄酒变粉红色是由于葡萄酒中的黄酮接触空气变为粉红色的黄盐。

防止方法：

(1)尽量避免葡萄酒接触空气。可采取水封、每周用同品种同质量的酒液添罐一次、补加二氧化硫等。

(2)减少氧化物质。用含皂土0.02%～0.03%澄清酒液(葡萄汁)。

(3)降低氧化酶的活性。在发酵前后，罐内充入氮气或二氧化碳等惰性气体。

(4)凡与葡萄汁或葡萄酒接触的铁、铜等金属工具及设备，需涂食用级防腐涂料。

2. 微生物引起的葡萄酒病害

(1)酸败　葡萄酒发病时，酒的表面产生一层灰色的膜，最初是透明，逐渐变暗，甚至有时变成玫瑰色，并出现皱纹。而后薄膜脱离，沉入桶底，形成一种黏性的稠密的物体，但也有不生膜的。染病的酒有一种醋和醋酸酯味，有刺舌、刺喉感。

发病原因：主要是醋酸杆菌引起的，还有其他一些产生醋酸的细菌。该菌主要存在于果园中，当带皮压榨葡萄酿酒时，卫生条件不好，温度达到20～25℃，就可繁殖，当发酵盛期温度过高，33～35℃该菌则大量繁殖，使酒变成醋。

防止方法：初病期可对酒进行72～80℃维持20 min的杀菌，而后加胶剂澄清。静置后换桶去除沉淀物。

(2)酒花病　葡萄酒发病时，酒面上先生成灰白色的小点，扩大成光滑的薄膜，逐渐增厚、起褶，震动破碎下沉，使酒混浊，酒味变质。

防止方法：用二氧化硫杀菌，在酒面上经常保持一层高浓度酒精。若已经发生酒花病，过滤除去酒花，用65～70℃杀菌10 min。

3. 霉味、苦味

(1)霉味　由于选用原料未清除霉烂果实或空桶生霉酿酒前未处理使葡萄酒产生霉味。

防止方法：严格分选原料，对空桶检查，刷洗干净。如有霉味用活性炭处理后过滤，可减轻霉味。

(2)苦味　由于种子和果梗中的糖苷带入酒中，使葡萄酒的单宁含量高。此外，发酵温度高，主发酵时间长也会造成葡萄酒的苦味。

防止方法：葡萄除梗，加糖苷酶分解糖苷，选用精制蔗糖，也可采用下胶法除去苦味，1 000 L葡萄酒用明胶35 g。

4. 铁、铜破败病

铁破败病在红葡萄酒和白葡萄酒均可发生。铁破败病有蓝色破败病和白色破败病之分。在红葡萄酒中常发生蓝色破败病，使酒液呈蓝色混浊；在白葡萄酒中常发生白色破败病，使酒液呈白色混浊。

铜破败病常发生于白葡萄酒中，使白葡萄酒酒液有红色沉淀产生。

防止方法：降低葡萄酒中铁、铜含量。采用膨润土-亚铁氰化钾除去过多的铁、铜离子；除去铜离子还可通过皂土澄清或使用硫化钠使铜离子沉淀。

△【考核要点与方法】

1. 果酒酿造关键工艺操作过程、产品质量。

2. 操作态度、操作熟练程度、产品合格率。

△【相关知识】

果酒是水果本身的糖分被酵母菌发酵成为酒精的酒，果酒是低浓度酒精的营养饮料。一般含酒精13%～15%，最高不超过16%～18%。含有糖、有机酸、酯类及多种维生素。饮用适量，益气调中，并有治疗贫血功效。

1 果酒的分类

根据酿造方法和成品特点不同，果酒分五类。

1.1 发酵果酒

用果汁或果浆经酒精发酵酿造而成，如葡萄酒、苹果酒。根据发酵程度不同，又分为全发酵果酒与半发酵果酒。

1.2 蒸馏果酒

果品经酒精发酵后，再经蒸馏所得到的酒，如白兰地、水果白酒等。蒸馏果酒酒精含量较高，多在40%以上。

1.3 配制果酒

是将果实或果皮、鲜花等用酒精或白酒浸泡提取或用果汁加酒精、糖、香精、色素等食品添加剂调配而成。又叫露酒。

1.4 加料果酒

以发酵果酒为基础，加入植物性增香物质或药材而制成。如人参葡萄酒、鹿茸葡萄酒等。此类酒因加入香料或药材，往往有特殊浓郁的香气或滋补功效。

1.5 起泡果酒

酒中含有二氧化碳的果酒，如香槟、小香槟、汽酒。

香槟是以发酵葡萄酒为酒基，再经密闭发酵产生大量的二氧化碳而制成。

小香槟酒中二氧化碳由发酵产生或人工充入二氧化碳制成。

汽酒中二氧化碳由人工充入。

2 葡萄酒的分类

果酒中以葡萄酒的产量和类型最多。

2.1 按成品酒的颜色分类

红葡萄酒：用红葡萄带皮发酵酿造而成。酒色呈自然深宝石红、宝石红、紫红或石榴红色。

白葡萄酒：用白葡萄或红皮白肉的葡萄分离取汁发酵酿造而成。酒色近似无色或浅黄微绿、浅黄、淡黄、禾秆黄色。

桃红葡萄酒：用红葡萄短时间浸提或分离发酵酿造而成。酒色介于红、白葡萄酒之间，呈玫瑰红、桃红、浅红色。

2.2 按含糖量分(以葡萄糖计)

干葡萄酒:含糖量≤4.0 g/L。

半干葡萄酒:含糖量4.1~12.0 g/L。

半甜葡萄酒:含糖量12.1~50.0 g/L。

甜葡萄酒:含糖量≥50.1 g/L。

2.3 按酿造方式分

天然葡萄酒:完全用葡萄为原料发酵而成。

加强葡萄酒:在发酵期间或原酒中,添加白兰地或脱臭酒精以提高酒精度。

加香葡萄酒:以葡萄原酒浸泡芳香植物,再经调配而成,如味美思。

3 果酒酿造原理

3.1 果酒酿造微生物

3.1.1 酵母菌

酵母菌是果酒酿造的主要微生物,包括尖端酵母、葡萄酒酵母、巴氏酵母。在果酒自然发酵过程中,最先繁殖的是尖端酵母,当酒精产量达到4%以上时,尖头酵母的活动被抑制,让位于葡萄酒酵母,葡萄酒酵母又称椭圆酵母。葡萄酒酵母活动能力强、产酒精量高,可使酒精含量达到12%~16%,最高达17%,生香性强,抗逆性强,能在高二氧化硫含量的果汁代谢繁殖,是完成果酒发酵的主要酵母。目前人工筛选的葡萄酒酵母,酒精产量能达到18%以上。果酒后发酵是由巴氏酵母完成。

我国分离选育的酵母已有1203号酵母、39号酵母、玫瑰香酵母、通化1号、通化2号、通化8号酵母,苹果酒酵母。

3.1.2 乳酸菌

乳酸菌也是果酒酿造的重要微生物,乳酸菌能把苹果酸转化为乳酸,使葡萄酒的酸涩、粗糙等缺点消失,使葡萄酒变得醇厚饱满,柔和协调;但当有糖存在时,乳酸菌易分解糖成乳酸、醋酸等,使酒的风味变坏。

3.2 酒精发酵

水果中的糖分被酵母菌发酵成为酒精的过程称为酒精发酵。

影响酒精发酵的因素主要有温度、酸度、氧气浓度、糖浓度、乙醇浓度及SO_2加入量。

3.2.1 温度

酵母菌活动的最适温度是20~30℃,20℃以上,繁殖速度随着温度升高而加快,至30℃达到最大值,40℃停止活动。根据发酵温度的不同,可将发酵分为高温发酵和低温发酵。30℃以上为高温发酵,发酵时间短,但口味粗糙、杂醇、醋酸等含量高。20℃以下为低温发酵,发酵时间长,但果酒风味好。果酒发酵的理想温度为25℃左右。一般红葡萄酒发酵最佳温度为26~30℃;白葡萄酒发酵最佳温度为18~20℃。

3.2.2 酸度

酵母菌在pH 2~7范围内均可生长,pH 4~6生长最好,发酵能力最强,但一些细菌也生长良好,因此生产中一般控制 pH 3.3～3.5 之间,此时,细菌受到抑制,酵母菌活动良好。

3.2.3 O_2和 CO_2浓度

酵母是兼性厌氧微生物,在氧气充足时,酵母繁殖快,酒精产量减少;而在缺氧条件下,酵母虽然繁殖慢,但酒精产量却很高。根据这一特性,在果酒酿造初期供给酵母菌充足氧气,使其大量繁殖,后期创造缺氧的环境,使其产生大量酒精,完成酒精发酵。CO_2浓度过高时,也会阻止酒精发酵。

3.2.4 糖分

酵母菌生长繁殖所需要的营养从果汁中获得,糖浓度影响酵母的生长和发酵,糖度为 1%～2%时,生长发酵速度最快,果汁中含糖量超过 25%,会抑制酵母菌活动;含糖量 60%以上,发酵几乎停止。因此,生产高酒度果酒时,要采用多次加糖的方法,以保证发酵的顺利进行。

3.2.5 乙醇含量

多数酵母在乙醇达到 2%,就开始抑制发酵,尖端酵母在乙醇浓度达到 5%不能生长,葡萄酒酵母可忍受 13%～15%的酒精。所以自然酿制生产的果酒不可能生产过高的果酒,必须通过蒸馏或添加纯酒精生产高度果酒。

3.2.6 SO_2抑杂菌

酵母菌对二氧化硫的抵抗能力比较强,在果酒生产中使用 SO_2进行发酵容器和发酵液的灭菌,添加二氧化硫主要是为了抑制有害菌的生长。葡萄酒酵母可耐 1 g/L 的二氧化硫,果汁含 10 mg/L 二氧化硫,对酵母无明显作用,但其他杂菌则被抑制。二氧化硫含量达 50 mg/L 发酵仅延迟 18～20 h,其他微生物完全被杀死,二氧化硫是理想的抑菌剂。二氧化硫在果汁中加入量为 100～150 mg/L。

3.3 陈酿

新酿成的果酒浑浊、辛辣、粗糙不适宜饮用,必须经过一定时间的贮存,以消除酵母味、苦涩味、生酒味和二氧化碳刺激味等,使酒质透明、醇和芳香,这一过程称酒的陈酿或老熟。

陈酿中发生了一系列化学变化,这些变化中,以酯化反应和氧化还原反应对酒的风味影响最大。

3.3.1 酯化反应

是指酸和醇生成酯的反应。酯类物质是果酒香气的主要来源之一。在陈酿的前两年,酯的形成速度快,以后逐渐减慢。影响酯化反应的因素主要有温度、酸的种类、pH 及微生物种类等。

(1)温度 在葡萄酒贮存过程中,温度越高,酯的生成量也越高,这是葡萄酒进行热处理的依据。

(2)酸的种类 有机酸的种类不同,其生成酯的速度也不同,而且酯的芳香也不同,对于总酸 0.5%左右的葡萄酒来说,如通过加酸促进酯的生成,以加乳酸效果最好,柠檬酸次之,苹果酸又次之,琥珀酸较差,加酸量以 0.1%～0.2%的有机酸为适当。

(3)pH 氢离子是酯化反应的催化剂,因此 pH 对酯化反应的影响很大,同样条件下,pH 降低一个单位,酯的生成量增加 1 倍。

(4)微生物种类 微生物种类不同,生成的酯的种类和数量有一定差异。

3.3.2 氧化还原反应

氧化还原反应是果酒加工中重要的反应,直接影响到产品的品质。因为氧化还原反应可以通过酒中的还原性物质去除酒中游离氧的存在,还可以促进一些芳香物质的形成,对酒的芳香和风味影响很大。

△【知识拓展】

1. 我国果酒酿造的历史

果酒酿造在我国已有 2 000 多年的历史,早在汉武帝年间,张骞出使西域,带回葡萄品种和酿造技术,但一直未得到发展,直到 1892 年,华侨张弼士在烟台建立了"张裕葡萄酒公司"才开始进行小型工业化生产。

我国果酒业的发展极不平稳,新中国成立初期,果酒的产量、品种均寥寥无几,20 世纪 60 年代才开始以 30%的增幅加速增长,进入大发展时期,同时也涌现出了许多优秀产品,北方的辽宁熊岳苹果酒、沈阳山楂酒、一面坡的三梅酒、紫梅、香梅、金梅;南方的四川渠县红橘酒、广柑酒,万县地区的中国橙酒,福建的荔枝酒;野生植物中的内蒙古牙克石红豆酒,河北涿鹿的沙棘酒,以及食疗兼用的长白山五味子酒等,这些产品大部分是含糖高的或糖含量高于酒精含量的甜型酒,包括葡萄酒类产品也以这种类型产品为主。这种甜型酒,当时市场销势很好,很受消费者的欢迎。但随着生活水平的提高,国际交往的频繁,扩大了人民对生活要求的视野,反映在饮食结构上也发生了巨大的变化,在饮料酒中突出表现的是果酒、葡萄酒酒种的甜型酒不再受人们的欢迎,市场销量下降,果酒业开始走入低潮。20 世纪 90 年代初期,葡萄酒适时地转型,在经过 10 余年的努力后,干型酒主导了市场的位置,取得了消费者的认可,并由于名牌产品的领衔作用,使葡萄酒行业获得了辉煌的发展。但果酒类产品却一直没有走出低谷,行业上缺乏龙头企业,市场上缺乏领衔产品,使果酒行业整体形象得不到树立。

2. 我国果酒酿造的现状

随着人民生活水平的提高以及果酒生产者等各方面的共同努力,最近几年我国果酒业结束了长期徘徊不前的局面,发展呈现出良好的态势,如广东省投资建设了数家以荔枝为原料的果酒加工厂,浙江宁波地区也建成了杨梅酒和桑椹酒生产基地。另外,西北地区的枸杞酒、天津的果酒也都进行了规模化生产和管理。这些,都显示着我国的果酒业正在健康地向前发展。在世界饮酒中占 15%~20%比例,葡萄酒是果酒中的主要产品,其次产量较大的为苹果酒,苹果酒以生产历史悠久的法国产品最具盛名,美国、澳大利亚、英国的产品也具有较高的市场地位。目前,在世界上虽然果酒占饮料酒的比例为 15%~20%,而在中国果酒只占饮料酒的 1%左右。我国果酒的人均年消费量为 0.2~0.3 L,而世界人均年消费量为 6 L,彼此之间相差甚远,但同时说明我国果酒市场有潜力可挖。随着人们健康意识的加强,果酒正以其低酒度、高营养、好口感的特点而越来越被众多消费者认同和接受。尽管短时间内,我国的果酒消费量不可能同比增长,但是,我国的果酒市场绝对有着充分的发展空间和市场前景。

3. 我国果酒酿造的未来发展

(1)我国丰富的水果资源为果酒酿造提供基础。我国除了葡萄酒以外的其他水果种植面积广阔,资源丰富(包括栽培和野生两大类),种类繁多,产量较大。2002 年水果总产量达 6 952 万 t,约占世界上水果总产量的 14%。人均果品占有量为 43.3 kg,而发达国家人均年消费为 80 kg 左右。我国的大宗水果主要有苹果、梨、桃、橘子、杏、山楂、草莓、杨梅、石榴、大枣、猕猴桃、沙棘果、樱桃、哈密瓜、西瓜、枇杷、橄榄等。其中，苹果、梨的产量占世界首位，约占世界总产量的40%。

(2)利用各类水果酿造口味各异的果酒，在我国已有悠久历史。随着经济发展，生活水平的提高，开发和利用各种果酒资源已成为必然的趋势。由于水果中含有大量的糖类物质、有机酸、维生素、矿物质等营养成分，所以利用水果酿造果酒以满足不同口味、不同爱好的消费者的需求，其市场前景是可以预期的。此外，果酒还可以作为鸡尾酒的调配基酒。配置果酒，不单以水果为基本原料，某些植物的果、花、叶、茎都可用来酿制各种各样的果酒。有的取其优良的色、香、味；有的单取其香，有的单取其味，有的甚至单取其疗效成分。单就其数量和质量而言，酿制果酒仍以各种各样的水果为最佳。特色果酒生产，是利用新鲜水果为原料，利用自然界或人工添加的酵母菌来分解糖分，产生酒精及其他副产物。伴随着酒精和副产物的产生，果酒内部发生一系列复杂的生物化学反应，最终赋予果酒独特的风味及色泽。

(3)我国果酒的品牌特点。在果酒中，葡萄酒是世界性产品，其产量、消费量和贸易量均居酒类的第一位。其次是苹果酒，在英国、法国、瑞士等国较普遍，美国和中国也有酿造。此外还有柑橘酒、枣酒、梨酒、杨梅酒、柿酒、刺梨酒等，它们在原料选择上要求并不严格，也无专门用的酿造品种，只要含糖量高，果肉致密，香气浓郁，出汁率高的果品都可以来酿酒。在历届全国评酒会上，都有特色果酒获得金银奖，如辽宁沈阳的山楂酒，四川渠县的广柑酒及红橘酒，黑龙江一面坡的紫梅酒，辽宁熊岳的苹果酒，福建漳州的荔枝酒，四川都江堰的中华猕猴桃酒以及四川蓬溪的青苹果酒等，这些酒都曾风靡一时。近年来，一些酿酒巨头也纷纷加入特色果酒行业，五粮液开发出仙林青梅酒，全兴集团的馨千代青梅酒市场前景均很好。

(4)我国果酒的发展趋势。随着人们健康意识的加强，果酒正以其高营养、好口感的特点而越来越被众多消费者认同和接受。果酒酿造也将由以生产干酒为主向以生产甜型为主转变；由纯果酒生产向生产复合型果酒转变；由低度果酒生产向高度果酒转变。

△【思考题】

1. 简述果酒酿造的基本原理。
2. 简述红葡萄酒酿造工艺要点。
3. 简述葡萄酒酿造中常见质量问题及解决途径。
4. 简述我国果酒酿造的发展趋势。
5. 简述果酒陈酿中的化学反应。

第三单元
粮食加工

项目一　稻谷制米

知识目标:掌握稻谷制米各工序的目的、原理和方法。
技能目标:学会稻谷制米技术要点、质量鉴定方法。
德育目标:养成严谨的工作作风。

任务一　稻谷清理

△【任务描述】

在清理稻谷中的杂质时,第一要根据稻谷中的含杂种类和含杂量,合理的选用除杂设备,以充分发挥设备的除杂效率;第二,要根据各种杂质的物理特性,本着先易后难的原则,加以清除;第三,清除的杂质要分别归类,以便集中处理;第四,稻谷经过清理后(即净谷),其含量应符合下列要求:含杂总量不应超过 0.6%,其中含砂石粒数不应超过 1 粒/kg;含稗粒数不应超过 130 粒/kg。

△【任务准备】

根据稻谷中的杂质种类和数量,选用合理的除杂设备。

△【任务实施】

1. 工艺流程

初步清理→除稗→去石→磁选→清理工艺效果的评价。

2. 实施步骤

(1)初步清理　清除稻谷中比较容易清除的杂质,如形状、大小与谷粒大小差异很大的稻杆、杂草种子等。主要采用筛选、风选,或风筛结合,清理设备用带有筛面的初清筛和自衡振动筛。

(2)除稗　采用高速除稗器、跳筛、横动筛、圆动筛等。

(3)去石　去除平肩石、平肩泥。采用比重去石机。

(4)磁选　去除磁性金属杂质。常用设备有溜管吸铁装置、吸铁箱、永磁滚筒和电磁式磁选机。

(5)清理工艺效果的评价

$$净粮提取率=\frac{清理后净谷量}{清理前稻谷量}\times 100\%$$

▲【相关知识】

1 清理目的

稻谷在生长收割、贮藏和运输过程中，都有可能混入各种杂质。在加工过程中，如果不先将这种杂质清除，不仅会混入成品，降低产品的纯度，影响成品大米的质量；而且在加工过程中，还会影响设备的工作效率；损坏机器；污染车间的环境卫生，危害人体健康；严重时会酿成设备事故和火灾危险。因此，清除粮食中的杂质，是稻谷加工过程中的一项首要任务。

2 稻谷的含杂种类

(1)稻谷杂质按其化学性质可分为无机杂质和有机杂质。

无机杂质：泥土、砂石、砖瓦块、并肩石(其形状大小与稻谷相仿)及其他无机物质。

有机杂质：无食用价值的稻谷粒、黄粒米(胚乳呈黄色)、稗子(形状近似半球形，断面呈三角形)、异种粮粒及其他有机物质(虫尸、虫蛹、虫卵、稻草等)。

(2)按其粒度大小可分大、中、小型杂质和并肩石杂质。

大杂质是留存在直径为 5 mm 圆孔筛上的杂质。

中杂质是留存在直径为 2 mm 圆孔筛上的杂质。

小杂质是通过直径为 2 mm 圆孔筛上的杂质。

(3)按其比重不同可分为轻型杂质、重型杂质。

轻型杂质，如绳头、布片、秸秆、杂草、纸屑。

重型杂质，如石块、金属等以及细小杂质(泥沙、尘土)。

在这些杂质中，以稗子和粒状、大小与稻谷相似的“并肩石”、“并肩泥”最难清除。

3 清除的基本方法及机理

清理杂质的方法很多，主要是借助杂质与稻谷的物理性质的不同进行分选。

3.1 风选法

3.1.1 机理

风选是根据稻谷与杂质在悬浮速度(表 3-1)等空气动力学性质方面的差异，利用一定形式的气流使杂质与谷粒分离。

表 3-1 稻谷、糙米及有关物料的悬浮速度

物料名称	粳稻谷	籼稻谷	粳糙米	籼糙米	大米	小碎米	米糠	稻壳	带芒稗子	无芒稗子	并肩石
悬浮速度/(m/s)	7.7～7.9	6.7～7.7	11.3～12.6	9.6～11	11～14	10～13	1～2	2～3	3～4.5	5～7	11～14

3.1.2 种类

按气流运动方向不同可分为垂直气流风选法、倾斜气流风选法和水平气流风选法。

(1)垂直上升气流去杂 垂直气流风选就是利用两种物料间悬浮速度的差异,选取一定的气流速度,使一种物料向上运动,一种物料向下运动,从而使二者分离。

由于垂直风道,一般都与其他作业机组合,以节省占地位置,如与筛选可组合成振动筛,与去石机组合成密度去石机等。大多用于清除灰尘、芒、瘪谷等轻杂质。

(2)倾斜气流去杂 不同质量的物质处在倾斜气流中时,能被气流带走的距离互不相同,物料重被吹得近,物料轻被吹得远,因此,生产中,通常采用向上倾斜(30°左右)的气流来分离杂质,能比水平气流的飞行差距拉得更远,分离效果更好。工厂中常用的风选设备主要有风箱,吸风分离器和去石风车等。

(3)水平气流去杂 利用横向水平气流可将不同质量的稻谷与杂质分开。不同质量的物质处在水平中时,能被气流带走的距离互不相同,物料重被吹得近,物料轻被吹得远。

3.2 筛选法

3.2.1 筛选原理

主要根据稻谷与杂质宽度、厚度和长度以及形状的差别,借助筛孔分离杂质或将物料进行分级的方法称为筛选。

3.2.2 筛选的基本条件

(1)选择适当的筛面和筛孔。

(2)筛面上料层不宜超过一定厚度,应使物料有充分接触筛面的机会。

(3)保证物料与筛面之间有适宜的相对运动速度。

3.2.3 筛面形式

有冲孔筛和编织筛。

冲孔筛开孔率低,质量大,刚度好,不变形。

编织筛开孔率高,质量小,筛孔变形。

一般筛面层数少时使用冲孔筛,而筛面层数多时通常使用编织筛。

3.2.4 筛面孔形状

(1)圆形孔 主要用于分离与稻谷宽度不同的杂质。只有当筛理物的宽度小于圆孔直径时,才能使筛理物穿过筛孔。

(2)长形孔 主要是根据稻谷和杂质厚度的差别进行分离,只有当筛理物的厚度小于孔的宽度时,才能穿过筛孔。

(3)三角形孔 主要用于清理稻谷中形状近似于三角形的杂质,当杂质的粒形呈三角形,且每边长小于三角形筛孔边长时,才能穿过筛孔。如谷、稗分离采用三角形筛孔,有利于稗子的分离。

(4)鱼鳞孔 主要用于比重去石机,其主要作用是改变气流方向,便于物料悬浮,阻止石子向下滚动,使谷、石得以分离。

3.2.5 筛孔表示方法

(1)筛板 筛板的筛孔以实际尺寸表示。例如:ϕ6 mm 表示直径为 6 mm 的圆孔;长方形,1.5 mm×20 mm 表示宽 1.5 mm,长 20 mm 的长孔;三角形,3 mm 表示边长为 3 mm 的三角形孔。

(2)筛网　筛网的筛孔呈方正形和长方形。英制以每英吋筛网宽度上的筛孔数表示筛的号数，以“W”表示金属网的代号。如每英吋7孔则筛网号为7W。公制以每50 mm筛网宽上的筛孔数表示筛的型号。Z10表示镀锌低碳钢丝方孔每50 mm10孔的筛；Z8×7，表示每50 mm经向筛数8，纬向筛孔数为7的镀锌低碳钢丝筛。

3.2.6　筛选设备

(1)初清筛　初清筛是专门清除稻草、稻穗、破布、麻绳、大泥块和大石块等大型杂质以及泥灰、草屑等轻杂质的初步清理设备。它对提高以后各道清理设备的除杂效率，防止设备的堵塞事故和灰尘污染车间，有很好的作用。目前许多米厂，在毛稻进车间前都设置初清筛，收到很好的效果。

(2)振动筛　是筛体作纵向往复动作的筛选设备，在进口和出口均装有吸风装置，是典型的风筛结合、以筛为主的清理设备，常用于稻谷的第一道清理，分离大、中、小和轻型杂质。振动筛按照筛体的传动方式，可分自动平衡传动筛和偏心传动振动筛两种，筛面振动频率一般为500～600次/min。

振动筛工作原理　振动筛主要是利用作往复运动的筛面使物料在筛面上产生相对运动，物料层形成自动分级，轻的物料浮于上层，小而重的物料沉于底层而穿过筛孔，从而达到分离的目的。

(3)平面回转筛　此筛可作为第二、第三道筛选设备，用于分离中、小杂和轻型杂质。

工作原理　平面回转筛在筛理过程中，筛面上的物料由于轻重、大小不一，经过与筛面的相对运动，物料便产生自动分级；底层物料由于所受摩擦阻力大，加之受到上层物料的压力，在筛面上移动速度慢，接受筛理的机会多，浮于上层的物料由于摩擦阻力小，能较快地从筛面上排出，从而达到分离目的。

(4)高速振动筛　在碾米厂中，此种设备广泛用于稻谷除稗，效果较好。

高速振动筛的工作原理：高速振动筛采用惯性振动机构，筛体支持或悬挂在弹簧上，作高速振动，物料在筛面上作小幅度跳跃，翻滚运动，其运动轨迹为圆或椭圆，稻谷与稗子在这种运动形式下，增加了接触筛面机会，根据它们在粒度上的差别，得到高效率的分离。

3.3　密度分选法(比重分选法)

密度分选法是根据谷粒与杂质在密度、容重、摩擦系数、悬浮速度等物理性质的不同，利用运动过程中产生的自动分级的原理，采用适当的分级面使之分离。

密度分选法根据所用介质的不同，分为干式和湿式两类。

湿式以水为介质，利用物料间的相对密度和在水中的沉降速度的不同进行分离(如洗谷机)。碾米厂只适用于加工蒸谷米时稻谷的清理。

干式是以空气为介质。在碾米厂应用较为普遍。干法去石的主要设备为比重去石机。

比重去石机的工作原理：比重去石机主要利用稻谷和石子比重和悬浮速度的不同，使稻谷和石子分离。当物料由进料斗落在去石筛面中部时，由于机体作往复运动而产生自动分级，使比重大的而表面光滑的石子沉到料层下面，比重小的而表面粗糙的稻谷浮在上层，形成物料的初步分层。同时由于稻谷和石子的悬浮速度有一定的差别，在自下而上的气流作用下，进一步促进了自动分级，以致使石子下层，接触筛面，稻谷则进一步上浮并呈半飘浮状态。随着物料不断进入去石筛面，处在上层的稻谷由于受进口物料的推力及本身重力的作用，逐渐向出料口下滑而排出机外，紧贴筛面的石子，当机体作向上加速运动时，由于受鱼鳞孔凸出边缘的阻挡，不能下滑，而当机体作反向加速运动时，石子在惯性作用下，爬过鱼鳞孔的背面向上滑动，最后进入砂石检查装置。在砂石检查装置反向气流的作用下，把混在石子中的稻谷吹回筛面，石子则得到净化，连续不断地从出石口排出从而达到谷石分离目的。

3.4 磁选法

磁选是利用金属杂质和稻谷的磁性不同(稻谷为非磁性物质，混入稻谷中的各种磁性杂质如铁钉、铁片铁屑等磁性物质)，用磁钢的磁力将稻谷中的金属杂质吸除，从而达到与稻谷分离的目的。通常使用永久磁铁作磁场。常见磁选器有栅式、栏式和滚筒式。

3.5 精选法

精选法是根据谷粒与杂质长度的不同，利用有一定形状和大小的袋孔的工作面进行分 离的方法。

精选法中分离工作面形式有滚筒和蝶片两种形式。当物料进入旋转的滚筒中，不断地与滚筒内表面接触，促成短物料进入袋孔内，当滚筒转到一定角度，短物料就依靠自身重力脱离袋孔，落入滚筒中部的收集槽中，长粒物料在滚筒底部运动，从而使长短分离，蝶片分离工作同滚筒相似。工作时，蝶片下部插入粮堆中，由于物料与蝶片接触，短粒物料进入袋孔之内，随蝶片转至一定位置时，短物料脱离袋孔进入收集槽而与长粒物料分离。

任务二 砻谷及砻下物分离

▲【任务描述】

用稻谷直接进行碾米，不仅能量消耗大、产量低、碎米多、出米率低而且成品色泽差，纯度和质量都低。因此，在碾米厂中，都是先将颖壳去掉，制糙米后再碾米。

▲【任务准备】

砻谷机、稻谷分离筛、谷糙分离机。

▲【任务实施】

1. 任务流程

砻谷→谷壳分离→谷糙分离。

2. 实施过程

(1)砻谷　可采用橡胶辊筒砻谷机、砂盘砻谷机。

砻谷时，应尽量保持米粒完整，减少米粒的破碎和爆腰，以利于提高出米率；应尽量避免糙米的光滑表面遭到破坏，以利于提高谷糙分离的效果；应保持较高而稳定的脱壳率，以利于提高砻谷机台时产量；同时必须节省动力和减少物料的消耗，以利于降低生产成本。

(2)谷壳分离　利用离心沉降或重力沉降分离谷壳。

标准：砻下物经谷壳分离后，每 100 kg 稻壳中含饱满粮粒不应超过 30 粒，谷糙混合物中含稻壳不超过 1.0%，糙米含稻壳量不应超过 0.1%。

(3)谷糙分离　可采用稻谷分离筛、谷糙分离机。

要求：糙米中含谷不超过 40 粒/kg；回砻谷中含糙米不超过 10%。

▲【相关知识】

1 砻谷及砻下物分离的目的和要求

在稻谷加工中,去除稻谷颖壳的过程称为砻谷,使稻谷脱壳的机器称为砻谷机,砻谷工艺效果的好坏,不仅直接影响后继工序的工艺效果,而且与成品质量、出品率、产量和成本都有密切关系。

要求砻谷时,应尽量保持米粒完整,减少米粒的破碎和爆腰,以利于提高出米率;应尽量避免糙米的光滑表面遭到破坏,以利于提高谷糙分离的效果;应保持较高而稳定的脱壳率,以利于提高砻谷机产量;同时必须节省动力和减少物料的消耗,以利于降低生产成本。

2 砻谷机理

砻谷是根据稻谷结构特点,由砻谷机施加一定的机械力而实现的。根据脱壳时的受力和脱壳方式,稻谷脱壳可分为挤压搓撕脱壳、端压搓撕脱壳和撞击脱壳三种。

(1)挤压搓撕脱壳　是指谷粒两侧受两个不等速运动的工作面的挤压,搓撕而脱去颖壳的方法。胶辊砻谷机就是应用此机理的典型的设备。

(2)端压搓撕脱壳　是指谷粒长度方向的两端受两个不等速运动的工作面的挤压,搓撕而脱去颖壳的方法,砂盘砻谷机是应用此机理的典型设备。

(3)撞击脱壳　指高速运动的粮粒与固定工作面撞击而脱去颖壳的方法。离心砻谷机是应用此机理的典型设备。

3 砻谷机

我国目前使用的砻谷机械,主要是橡胶辊筒砻谷机和少量的砂盘砻谷机。

3.1 橡胶辊筒砻谷机

橡胶辊筒砻谷机简称胶砻,它的主要工作构件是一对并列的,富有弹性的胶辊,两辊异速相向旋转,稻谷进入两辊间,受到胶辊的挤压和摩擦所产生的搓撕作用,稻壳破裂,与糙米分离。

3.2 砂盘砻谷机

砂盘砻谷机的主要工作构体是上、下两个平卧的砂盘,上砂盘固定不动,下砂盘作平面旋转运动,当稻谷由上砂盘中心进口落入转动的下砂盘时,在惯性离心力的作用下,便迅速进入金刚砂盘工作区(轧距)内,当谷粒在工作区内与盘作相对运动时,由于谷粒本身受惯性力和下砂盘摩擦力所形成的力偶的作用,有竖立起来的趋势,但由于砂盘轧距小于谷粒长度,大于谷粒厚度,谷粒竖起至倾斜位置时,其两顶端与上、下砂盘发生冲击、碰撞、挤压、撕搓等作用,使稻壳破裂,达到脱壳目的。

砂盘砻谷机具有结构简单、取材方便,造价低廉等优点。由于它受气温影响较小,适用于南方气温较高的地区。但由于砂盘砻谷机的作用力较强,对谷粒损伤较大,出碎米较多,而且脱壳率较低,同时维修时劳动强度大,目前我国粮食加工厂很少使用。

4 砻谷机工艺效果的评定

砻谷机的脱壳率、完整率和碎米率是评定其工艺效果的主要指标,同样还应结合台时产量，单位电耗、胶耗等进行综合评定。

(1)脱壳率是指稻谷经砻谷机一次脱壳后，脱壳的稻谷数量占进机稻谷数量的百分率。胶辊砻谷机的脱壳率：粳稻 80％～90％，籼稻 75％～85％。

(2)完整率是指稻谷经砻谷机脱壳后，完整米粒占脱壳产品中整米和碎米总和的百分率。

(3)碎米率是指稻谷经砻谷机脱壳后，碎米粒占脱壳产品中整米和碎米总和的百分率。砻下物碎米含量：早籼稻谷不超过 5％，晚籼稻、粳稻谷不超过 2％。

5 谷壳分离

5.1 谷壳分离的目的

稻谷经砻谷后，砻下物为稻谷、糙米和稻壳的混合物。由于稻壳的容积大、比重小、散落性差，若不把它分离开，则将影响以后工序的工艺效果。如在谷糙分离中，若混有大量的稻壳，必然会影响谷糙混合物的流动性，使之不能很好地形成自动分级，将会降低其分离效果；又如回砻谷中若混有较多的稻壳，将会使砻谷机产量降低，动力及胶耗增大，因此，砻谷后必须及时将谷壳分离干净。

5.2 稻谷分离的质量标准

砻下物经谷壳分离后，每 100 kg 稻壳中含饱满粮粒不应超过 30 粒，谷糙混合物中含稻壳不超过 1.0％，糙米含稻壳量不应超过 0.1％。

5.3 谷壳分离的基本原理

由于稻壳的悬浮速度为 2～2.5 m/s，而稻谷的悬浮速度为 8～10 m/s，糙米更大。根据上述物理特性的不同，可利用风选法，从砻谷后的混合物中分离出稻壳。

5.4 稻壳的收集

(1)离心沉降　是将带有稻壳的气流进入离心分离器内，利用离心力的作用，使稻壳沉降。

(2)重力沉降　是利用沉降室，稻壳在气流突然减速时依靠自身的重力而沉降。

6 谷糙分离

6.1 谷糙分离的目的要求

将未脱壳的稻谷与糙米分开的过程称为谷糙分离。在谷糙分离中，糙米的纯度和回砻谷中糙米含量的多少对工艺都会产生一定的影响，糙米中含稻谷粒越少，碾米过程中精度的均匀性越易掌握，而且越能保证成品质量。回砻谷中如含糙米多，不仅降低砻谷机的台时产量，增加胶耗和动力消耗，而且还会使糙米受到损伤，表面起毛，发黑、爆腰或折断，既降低出米率，也影响谷糙分离本身的效率和产量。

6.2 谷糙分离设备

谷糙分离设备大致可分为稻谷分离筛(选糙溜筛、59 型选糙溜筛、选糙平转筛、平筛)及谷糙分离机(巴基机、袋孔式振动谷糙分离机)两大类。我国目前常用的有溜筛和平面回转筛两种，溜筛用作谷糙分离结构简单，不耗用动力，分离效果好，但设备道数多，占地面积大，且回流量大，不利于简化米厂工艺设备，近年来很少使用，选糙平转筛是我国目前定型的谷糙分离设备。

6.3 谷糙分离筛的工作原理

由于稻谷与糙米在粒度,比重及表面组成等特性存在一定差异,当它们与筛面有相对运动时会产生良好的自动分级现象。其结果是颗粒大而长,比重小,表面粗糙的稻谷上浮,糙米沉于底层,与筛接触,配备适当的筛孔,则粒度稍小,比重大,表面光滑的糙米穿孔而过,成为筛下物,浮于上层的稻谷由于糙米层的阻挡,不易穿孔从筛面上层流过,成为筛上物。这样就达到谷糙分离目的。

7 谷糙分离工艺效果的评定

净糙含谷量:部颁标准,1 kg 净糙的含谷量不应超过 40 粒。

回砻谷含糙:不超过 10%。

回流量:除了糙米和稻谷外,还有一部分返回设备本身的物料。即谷糙混合物,这部分物料的多少称为回流量。它是衡量设备利用率高低的一个指标,回流量一般为净糙产量的 40%～50%。

净糙米质量标准:净糙米含杂总量不超过 0.5%。

任务三 碾米和成品整理

▲【任务描述】

运用物理机械的方法将糙米皮层去掉,使之成为符合食用要求的白米的过程称为碾米。它是稻谷加工最主要的一道工序,是保证大米质量、提高出米率,降低电耗的重要环节。糙米碾白后要将白米的米糠等分开的过程称为成品整理和副产品整理。要求将黏附在米粒上的糠粉去除干净,并设法降低米温使适于贮藏,还需根据国家规定的成品含碎标准,进行分级。

▲【任务准备】

碾米机(擦离式碾米机、碾削式碾米机、混合式碾米机)、擦米机、凉米箱、分级筛。

▲【任务实施】

1. 任务流程

碾米→擦米→凉米→成品分级→副产品整理。

2. 实施过程

(1)碾米　除去皮层,可采用碾米机。碾米机有擦离式碾米机、碾削式碾米机、混合式碾米机。

对碾米的要求是:在保证成品精度等级的前提下,提高产品纯度,减少碎米,提高出米率,提高产品质量,降低成本和保证安全生产。

(2)擦米　擦除白米表面的糠粉以及米粒间混杂的糠块,可采用铁辊筒碾米机、卧式胶带擦米机。

(3)凉米　目的是降低米温,使大米便于贮藏。方法可采用自然冷却或通风冷却,一般用通风冷却,常用设备有吸式风选器和溜筛凉米箱。

(4)成品分级　目的主要是根据成品质量要求分离出超过标准的碎米。成品分级一般采用的设备有溜筛,平面转筛。对于分级要求较高的成品,常用平面回转筛。

(5)副产品整理　主要是分离米糠中的碎米、米糠及漏入米糠中少量整米，分门别类整理出米，将各种副产品合理利用。

米糠整理一般采用风选和筛选，常用的筛选设备有振动筛、圆筛、平面回转筛等。风选设备有木风车，吸式风选器，糠粞分离器等。

△【相关知识】

1 碾米

1.1 碾米的目的要求

糙米皮层内含有大量的粗纤维、脂肪以及维生素 B_1、维生素 B_2 等。粗纤维是人体不能吸收消化的物质，而且还会影响成品大米的色泽和气味，因此必须通过碾米过程将皮层除去，除去的皮层称为米糠。米糠具有较高的经济价值，从中可提取米糠油和谷维素、植酸钙等产品，也可用作饲料。

碾米是稻谷加工的最后一道工序，而且是对米粒直接进行碾制，如操作不当，碾削过强时，会产生大量碎米，影响出米率和产量；碾削不足时，又会造成糙白不均的现象，影响成品质量，所以，碾米工序工艺效果的好坏，直接影响整个碾米厂的经济效益。

1.2 碾米的基本原理

机械碾米主要是依靠碾米机碾白室构件与米粒间产生的机械物理作用，将糙米碾白。根据在碾去糙米皮层时的作用性质不同，一般可分为擦离碾白、碾削碾白和混合碾白三种。

1.2.1 擦离碾白

碾米时依靠米机辊筒对米的推进和翻动，造成米粒与米粒，米粒与碾白室构件发生碰撞、挤压和摩擦，使糙米皮层与胚乳脱离而达到碾白的目的。

这种碾白方式由于米粒在碾白室内受到较大的压力，碾米过程中容易产生碎米，故不宜用来碾制皮层干硬，籽粒极脆，强度较差的籼米。

这种碾白方式制成的成品表面光洁、色泽明亮，擦离碾白由于米机内部压力较大，也称压力式碾白。

1.2.2 碾削碾白

碾米时，借助高速转动的金刚砂碾辊表面无数坚硬、微小、锋利的沙粒，对米粒皮层进行不断碾削，使米粒皮层分割、剥落、将糙米碾白。

这种去皮方式称为碾削碾白。由于它去皮时所需压力较小，产生的碎米较少，适宜于碾削皮层干硬、结构松弛，强度较差的粉质米粒。

但碾削碾白会使米粒表面留下砂粒去皮洼痕。因此，碾制的成品表面光洁度和色泽较差。同时，这种碾白方式碾下的米糠往往含有细小的淀粉粒，如用于榨油，会降低出油率。

1.2.3 混合碾白

混合碾白是一种以碾削去皮为主，擦离去皮为辅的混合碾白方法。它综合了以上两种碾白方式的优点。我国目前普遍使用的碾米机大都属于这种碾白方式。

1.2.4 化学碾米

是先用溶剂对皮层进行处理，然后对糙米进行轻碾，获得白米。其方法出米率高，米质好，投资大，成本高，溶剂来源、损耗、残留等不易解决。

1.3 碾米机

1.3.1 碾米机的主要工作构件

有进料机构、碾白室、出料机构、传动机构以及座机等部分。组合碾米机还有擦米室，米糠分离机构等。喷风米机还有喷风机构。其中碾白室是碾米机的心脏，是影响碾米工艺效果的关键因素。碾白室由螺旋输送器、碾辊和米筛组成。我国碾米定型设备有 NS 型碾米机。

1.3.2 碾米机的种类

碾米机按碾白方式可分为擦离式、碾削式和混合式三类。

(1)擦离式碾米机 采用擦离碾白，碾米机的碾辊为铁辊，碾米机的线速度一般在 5 m/s 左右。碾制相同数量大米时，其碾白室容积比其他类型的碾米机小，常用于高精度米加工，多采用多机组合，轻碾多道碾白，碾白压力大而常用于饲料碾轧，菜籽磨泥，小麦剥皮等。

(2)碾削式碾米机 采用碾削碾白，碾辊为圆锥形或截圆锥形砂辊。碾辊线速度一般在 15 m/s 左右。机形较大，碾白压力较小。

(3)混合式碾米机 采用混合碾白方式，碾辊为砂辊或砂铁辊结合，碾辊线速度一般在 10 m/s 左右。其碾白作用以碾削为主，擦离为辅。机型中等。工艺效果较好。

1.4 碾米工艺效果的评定

(1)精度 用感官鉴定法观察米粒的色泽、留皮、留胚、留角的情况是否符合标准。

(2)碾减率 糙米在碾白过程中，因皮层及胚的脱落，其体积重量均有减少，而减少的百分数称为碾减率，又称脱糠率。米粒精度越高，其碾减率越大。一般重量减少 5%～12%。

(3)糙出白率 是指出机的白米数量占进机糙米数量的百分率，精度越大，出米率越低。因此在评定碾米机的出米率时，首先应要求精度评定一致，然后再评定出米率。

(4)碎米 指出机白米中，含碎米的百分数。

(5)糙白不均 指碾制的白米精度不一致的程度。

(6)完整率 指出机白米内完整籽粒所占的百分率。

(7)含糠率 指白米或成品米试样中，糠粉占试样重量的百分数。

(8)经济指标 米机的产量、电耗等。

2 成品整理

2.1 成品整理的目的要求

糙米碾白后要将白米的米糠等分开的过程称为成品整理和副产品整理。刚碾压后的白米，其中混有米糠和碎米，米温也较高，既影响成品质量，也不利于成品贮存，因此必须经过整理。要求将黏附在米粒上的糠粉去除干净，并设法降低米温使适于贮藏，还须根据国家规定的成品含碎标准，进行分级。

2.2 成品整理包括擦米、凉米、成品分级三个基本工序

2.2.1 擦米

擦除白米表面的糠粉以及米粒间混杂的糠块。大都采用轻微的摩擦作用将它们除去使米粒光洁，提高成品质量，便于保管。擦米过程中，作用力不应强烈，以免产生碎米。

擦米一般采用擦米机,常用的有两种。

铁辊筒碾米机,在加工高精度大米时,一般将铁辊筒碾米机安排在末道工序,使其发挥碾、擦两种作用,目前使用的305A型米机、NS型米机的铁辊筒部分主要起擦米作用。

卧式胶带擦米机,其主要工作部件为一旋转的擦辊,上面装有螺旋橡皮条,牛皮条或尼龙刷,擦辊外围为圆筒形的冲孔筛板。白米从进口进入工作区,借擦辊的转动,受橡胶及筛壁的摩擦,将米粒表面附着的糠层擦去,糠屑穿过筛孔排出,米粒在倾斜胶带的推动下由末端排出。其特点是:米粒经过工作区的时间较长,作用力较轻,擦米效率高,产生碎米少。

2.2.2 凉米

目的是降低米温,使大米便于贮藏。方法可采用自然冷却或通风冷却,一般用通风冷却,常用设备有吸式风选器和溜筛凉米箱。

2.2.3 成品分级

目的主要是根据成品质量要求分离出超过标准的碎米。成品分级一般采用的设备有溜筛,平面转筛,对于分级要求较高的成品,常用平面回转筛。

我国大米质量国家标准中有关碎米的规定是:

留存在直径2 mm的圆孔筛上,不足正常整米的2/3的米粒为大碎米;通过直径2 mm圆孔筛,留存在直径1 mm圆孔筛上的碎粒为小碎米。

各种等级的早籼米、籼糯米含碎总量不超过35%,其中小碎米为2.5%;各种等级的晚籼米、早粳米的含碎总量不超过30%,其中小碎米2.5%;各种等级的晚粳米,粳糯米的含碎总量不能超过15%,其中小碎米为1.5%。

世界各国把大米含碎量作为区分大米等级的重要指标,美国一等米含碎率为4%,而六等米含碎米为50%;日本成品大米的含碎为分5%、10%、15%三个等级。

▲【思考题】

1. 回答有关稻谷清理的概念。

2. 论述稻谷加工过程。

项目二　小麦加工

学习目标

小麦制粉的基本原理和工艺过程；与制粉有关的一些主要问题，包括小麦的分类、小麦品质性状、小麦粉的加工品质、小麦籽粒构造和化学成分以及小麦等级粉和专用粉的生产工艺特点。

任务一　小麦的麦路流程

▲【任务描述】

小麦的清理流程简称麦路，是由原粮小麦经一系列的处理达到入磨净麦要求的整个过程。因此，麦路不仅仅是进行小麦的清理，还包括小麦的搭配和水分调节等过程。

▲【任务准备】

清理设备、水分调节设备、搭配设备。

▲【任务实施】

1. 任务流程

除杂→精选→打麦→碾麦→洗麦→水分调节→小麦搭配。

2. 实施过程

(1)除杂　小麦清理流程中进行筛选、风选、密度去石和磁选等除杂方法及设备与清理水稻中的杂质过程基本相同。

(2)精选　在小麦中混杂的一些与小麦差别不大的杂质进行的清除，这个步骤称为精选。用来分离小麦中的荞麦、大麦等与小麦差别不大的杂质的机械称为精选机。精选机可分为碟片精选机、滚筒精选机和螺旋精选机三种。

(3)打麦　进入制粉流程的原料是整粒小麦，虽然清除了混入麦粒中的绝大部分杂质，但麦粒表面尚未达到理想的干净程度，因此在小麦入磨之前必须将黏附在表皮上，麦沟中的泥沙、尘土、有害微生物等污染较彻底地清除，这个工序称为小麦的表面清理。

打麦的目的就是要打下麦粒表面的各种附着物。打麦的设备为打麦机。

(4)碾麦　通过碾削作用对小麦表面进行清理的工艺方法称为碾麦，碾麦设备在对小麦表面的碾削过程中，可较彻底地将小麦表面黏附的杂质碾去，还可碾去部分小麦皮层，对提高入磨小麦的纯度很有好处。

常用的碾麦设备为碾麦机。

(5)洗麦 洗麦的作用:洗麦的主要作用是洗去麦粒表面的污染物,保证面粉质量。但洗麦需要大量净水,使用后的污水也需要净化处理,因而会增加生产成本。

常用的洗麦机有两种:一种是 FXMW 去石洗麦机,它既能起洗除和着水的作用,又能起分离砂石的作用;另一种是 FXML 立式洗麦机,能对麦粒起洗涤和温和的打麦作用,但不能分离砂石。

(6)小麦的水分调节 一般经过着水和润麦两个步骤,小麦经过着水设备着水后,通过螺旋输送机搅拌混合,使水分在麦粒间的分配较为均匀,然后送去润麦,使水分向小麦内部渗透。小麦着水后如果着水量达不到要求,可再经过第二次着水,然后再到润麦仓去润麦。

小麦着水后的润麦时间一般为 18～24 h,在加工硬麦或气温较低的地方可适当加长润麦时间。

(7)小麦搭配 将各种小麦按一定比例混合后加工称为搭配。将分仓存放的不同性质的小麦,同时打开仓门,由配麦器控制搭配比例,使小麦流入麦仓下的螺旋输送机或其他输送机中混合。也可先将各批小麦分别清理、着水、进入润麦仓、再由仓下的配麦器或放麦闸门控制搭配比例,在螺旋输送机中混合。

▲【相关知识】

1 精选机的种类、工作原理和精选工艺效果的评定

1.1 精选机的种类

精选机可分为碟片精选机、滚筒精选机、组合精选机和螺旋精选机 4 种。

1.1.1 碟片精选机

碟片精选机的特点:产量较大,调节较方便,但物料对碟片的磨损较厉害,分选精度不高,较适合用来分级。

工作原理:碟片精选机的主要工作部件是两侧均布袋孔的圆环形碟片。工作过程中,碟片在物料中转动,碟片与物料接触的部分称为盛料段,在接触过程中,宽、厚度小于袋孔的物料均可嵌入袋孔;随着碟片的转动,嵌入孔内的物料被带离料层,因袋孔的深度一定,较长的颗粒因重心在外,一旦失去承托马上掉出,较短的颗粒则可稳定地留在斜口向上的袋孔中,随碟片转过保持段,直至通过最高点进入卸料段后,因袋孔斜口朝下,孔内物料滑出落入收集槽而实现分选。

1.1.2 滚筒精选机

滚筒精选机的特点:分选精度高,下脚含粮少,但产量较小,设备占地面积较大。

工作原理:滚筒精选机的主要工作部件为内表面均布半球形袋孔的滚筒,工作过程中滚筒恒速转动,物料进入筒内后,与筒底接触并被带至一定的高度,在筒底形成倾斜的盛料段。为保证选出短粒的纯度,盛料段的上沿不得超过主轴所在的水平面。滚筒将进入孔内的物料带出盛料段后,长粒落下,短粒留在孔内随筒转过保持段,进入卸料段,由自身重力克服离心惯性力的影响而落入收集槽中,被收集槽中的绞龙推出;长粒在滚筒的带动下,一边在筒底翻滚,一边流向筒口排出。为有利筒内物料的流动,滚筒的轴线向出口端倾斜。

1.1.3　组合精选机

按一定工艺流程将滚筒或碟片精选机构组合起来的设备称为组合精选机，可以提高设备的处理量及除杂效果。

工作原理及过程：设备主要由两组碟片、两只滚筒及相应的调节、输送、传动机构等组成。其中由处理量较大的碟片对物料进行分级，由滚筒从分级麦流中精选出较纯净的杂质。

物料进入设备后先由大袋孔碟片组分级，较短麦粒及全部荞子被选出绞龙送入小袋孔碟片组中进行再分级；大孔碟片组选出的轴向推出的较长麦粒与全部大麦送至大麦滚筒，由滚筒将其中的小麦选出；小孔碟片组选出的小粒小麦与全部荞子由绞龙送至荞子滚筒，将其中荞子选出。该机共分选出五种物料，其中三种为小麦，选出杂质有大麦类长粒杂质及荞子类短粒杂质，通常短粒杂质中含有小粒并肩石及并肩泥块。

1.1.4　螺旋精选机

螺旋精选机又称为抛车，是利用小麦与杂质粒形差别进行除杂的设备，除杂对象是荞子，豌豆类球形杂质。

工作原理：螺旋精选机的主要工作机构是与水平面具有一定倾角的螺旋面抛道。

螺旋精选机不须动力，物料依靠自身的重力沿抛道向下运动，在运动过程中实现分选。原料由抛道上端进入后，沿倾斜的螺旋面流下，因抛道面具有一定的倾角与螺旋角，使得沿抛道作不规则滚滑动的麦粒运动的线速度较低，只可沿螺旋面内侧稳定地滑下；而进入抛道的荞子由于外形为球形，可在抛道上良好地滚动并逐渐加速，由此获得较大的离心惯性力而被甩出抛道，收集甩出的荞子，实现麦、荞的分选。

1.2　精选工艺效果的评定

各类精选设备除荞子、大麦类杂质的效率应≥75%。下脚中含正常麦粒应≤3%。

2　打麦机的种类、工作原理和打麦工艺效果的评定

2.1　打麦机的种类

常用的打麦机有卧式打麦机、立式打麦机及撞击机等。

2.2　打麦机的工作原理

打麦主要是利用机械的打击和摩擦作用来清理小麦的。打麦机的主要工作构件是高速旋转的打板和耐磨的工作圆筒表面。在打板与圆筒之间形成环形的工作区，打板与圆筒之间的间距即工作间隙。进入工作间隙的麦粒受到一定强度的打击、碰撞、可振落黏附在其表面的杂质，而设备工作面对麦粒的挤擦作用及麦粒之间的相互摩擦可直接擦落一部分黏附的污染物。工作区内的物料在打板的推动下，沿筒内表面作螺旋运动，形成一定长度的运动轨迹，得到多次清理机会。

2.3　打麦工艺效果的评定

每经过一道打麦，灰分降低量应≥0.02%；每道打麦设备的碎麦增量应≤0.5%；下脚中完整麦粒含量应≤1%。

3　碾展工艺的应用

采用碾麦方式清理工艺如下：

毛麦→筛选去石精选→碾麦机 $\xrightarrow{94\%\sim95.5\%}$ 水分调节→净麦入磨。

↓

皮层 4.5%～6%

毛麦经除杂后进入碾麦机，在进行表面清理的同时，还可除去 4.5%～6% 的麦皮。因碾麦过程中已将表皮撕裂，小麦进入粉路后，麸皮易碎，因此目前碾麦工艺在生产较高等级的面粉的工艺中应用较少。与打麦机比较，碾麦机的动耗较高，操作也较复杂。

由于碾去了部分表皮，使水分调节时间可缩短至 2～4 h，但麦路的部分胚乳已外露，着水后在润麦仓中很易板结，因此采用该工艺时，小麦着水后在润麦仓中不能久留。一般应采用动态润麦的方法。

4 洗麦机的工作原理和洗麦机工艺效果的评定

4.1 洗麦机的工作原理

根据物料的比重、大小形状不同来分离杂质，不同颗粒在水中不仅受其自身重力，且受水的浮力和阻力作用，比重小于水的颗粒上浮，因而一些病粒可以分离出去，比重大于水的颗粒下沉，按沉降速度不同，可将小麦和石子分离开，并肩石在水中沉降的速度比小麦快得多，利用具有一定速度的绞龙，将在水中下沉慢的小麦，从一端推向另一端，砂石下沉较快，便逐渐离开小麦绞龙而沉入水底的另一小绞龙中，从相反方向送出。从而达到将小麦和砂石分离的目的。

洗麦过程还可增加小麦的水分，对于含水量低的小麦，起润水作用。

4.2 洗麦机工艺效果的评定指标

(1)小麦灰分降低 0.02%～0.04%；

(2)产生的碎麦不超过 0.5%；

(3)洗后小麦砂石含量应低于 0.03%(入机小麦含砂量不大于 0.3%的情况下)；

(4)有病菌的麦粒(黑穗病、赤霉病、麦角病)和残留的熏蒸药剂应得到最大限度的清除；

(5)小麦水分应符合工艺要求；

(6)排出的污水中不应含有食用价值的麦粒。污水净化处理质量应符合环境保护要求，污水中带走的干物质重量，不应超过小麦重量的 0.3%。

5 小麦水分调节种类和作用

5.1 小麦水分调节含义和种类

小麦在制粉前利用水、热、时间三种因素的作用，改善小麦性质的工艺，称为小麦的水分调节。小麦的水分调节，分为室温水分调节和加温水分调节两种。

5.2 小麦水分调节的目的和作用

目的在于调整小麦水分，借以改变麦粒的物理和生物化学性质，使其适合于制粉工艺的要求，获得良好的工艺效果。

作用：

使小麦有适宜的入磨水分，以适合制粉工艺的要求，保证制粉工艺过程的相对稳定，便于操作管理；

保证面粉的水分符合国家标准；

使小麦皮层韧性增加，在研磨过程中，便于保持麸皮完整，以刮净麸片上的胚乳，有利于保证面粉的质量及提高出粉率；

在水分调节过程中，麦粒皮层与胚乳先后吸水膨胀，并产生位移，使皮层与胚乳间的结合力有所减弱，便于皮层与胚乳分离，有利于研磨；

胚乳中所含的淀粉和蛋白质是交叉混杂在一起的，在水分调节过程中，由于淀粉和蛋白质的吸水速度不同，引起两者颗粒间产生位移，使胚乳结构变得松散，强度降低，易于磨细成粉，有利于降低动力消耗。

6 小麦搭配的目的、搭配原则和要求、搭配的计算

6.1 小麦搭配的目的

(1)保持生产过程及产品质量的相对稳定。

(2)合理利用原料，生产合格的产品，提高原料的使用价值与经济价值。

6.2 小麦搭配的原则和要求

按国家规定的面粉质量，进行小麦搭配，使之磨出符合质量标准的面粉。这是小麦搭配的主要原则。

搭配的要求：

(1)为搞好原料的搭配，应使购入的原料符合拟定产品的要求。

(2)购入原料须分类存放，若造成互混则无法再进行准确的搭配。

(3)工艺过程中须具备较完善的搭配手段，可根据工艺要求对数种原料进行较准确的搭配。

(4)搭配比例一旦确定以后应保持相对稳定，若需调整时，应在完成后续设备的相应调整以后才可更改搭配比例。

6.3 小麦的搭配的计算(交叉法)

例如　有甲、乙两种小麦，甲麦面筋含量为 30%，乙麦为 20%，要求搭配后面筋达到 24%，搭配小麦为 500 t，求两种小麦搭配的比例和用量。参照 59 页填充液配制。

7 麦路

小麦的清理、水分调节、配麦等流程即麦路。

7.1 影响麦路的长短的因素

(1)小麦的含杂情况　包括含杂质的多少和含杂特点。杂质含量多，特别是含有较多不易清理的杂质，如土粒、荞子、霉变籽粒，清理的环节应多，麦路就长。反之，麦路可短些。

(2)小麦的类型多少及含水量　对于较大规模的制粉厂，小麦原粮的类型多，每批粮食的工艺品质有较大差异，需进行合理搭配。含水量低，着水量则大，润麦时间长，麦路设置宜长些。

(3)面粉质量要求　小麦清理流程要求较高，特别是生产高等级面粉的工厂，对原料要求严格，杂质清理要彻底，水分调节要合适，麦路要长些。

(4)设备条件　小麦清理流程的各种设备性能好；效率高，可减少清理次数，麦路可短些，

反之则应增加清理次数及环节。

7.2 比较完整的麦路系统

原料接收→初清圆筛→自动秤→初清振动筛→立筒仓→毛麦搭配仓→配麦器→磁选器→振动筛→去石机→组合精选机→卧式打麦机→平面回转振动筛→自动着水机→润麦仓→配麦器→(着水混合机→二次润麦仓→配麦器)→磁选器→卧式打麦机平面回转振动筛→喷雾着水机→净麦仓→自动秤→磁选→磨粉机。

7.3 麦路配置

7.3.1 初步清理

从原料接收→立筒仓除去小麦的大型杂质(麦秆、麦穗、破布、麻绳、泥块等)和部分轻而小的杂质。

7.3.2 毛麦清理

分离小麦中的各种杂质,使之达到入磨净麦含杂标准以下。一般采用筛选、去石、洗麦、打麦、精选和磁选设备。

7.3.3 水分调节

自动着水机→润麦仓,使小麦达到入磨水分要求。

7.3.4 光麦清理

确保入磨净麦质量,提高产品纯度,对润麦后的小麦进行进一步彻底清理。主要采用打、筛等设备,为保证磁性杂质分离效率,再进行一次磁选。

7.3.5 入磨净麦的质量要求

(1)尘芥杂质(包括有机杂质、无机杂质、有害杂质以及不属于食用的作物种子)不超过0.3%,其中砂石不超过0.02%,粮谷杂质(异品种粮粒以及小麦的干瘪粒、虫蚀粒、发芽粒、霉坏粒等)不超过0.5%。

(2)小麦经过清理后,灰分降低不少于0.06%。

(3)保证适宜的入磨净麦水分。

任务二 小麦的粉路流程

▲【任务描述】

研磨制粉是利用研磨、筛理、清粉等设备,将净麦的皮层与胚乳分离,并把胚乳磨细至粉,或经过配粉等处理,制成各种不同等级和用途的成品面粉。

▲【任务准备】

研磨设备、筛理设备、清粉设备、刷麸设备。

▲【任务实施】

1. 工艺流程

研磨→筛理→清粉→刷麸。

2. 实施过程

(1)研磨 常用的研磨设备是辊式磨粉机,辅助筛理研磨设备是松粉机。

(2)筛理　主要筛理设备是高方平筛,辅助筛理设备有圆筛和打麸机。

(3)清粉　清粉设备用来提纯麦渣、麦心等物料,常用的清粉设备为复式清粉机。

(4)刷麸　中后路皮磨平筛提取的麸片上大多还黏附有粉料,若继续研磨对工作效果不利,所以在研磨前,通常对这些物料采用打麸机或刷麸机进行处理。

刷麸、打麸是利用旋转的扫帚或打板,把黏附在皮上的粉粒分离下来,并使其穿过筛孔成为筛出物而麸皮则留在筛内。刷麸、打麸工序设在皮磨系统尾部,是处理麸皮的最后一道工序。

▲【相关知识】

1　制粉过程中的系统设置

在粉路中,由处理同类物料设备组成的工艺体系称为系统,通常一个系统中应设置多道处理设备。

制粉过程一般设置皮磨、心磨、渣磨和清粉系统。皮磨和心磨系统是制粉过程的两个基本系统,其中每一道都配备一定数量的研磨,筛分设备。

(1)皮磨系统　剥开小麦,在保证皮层不过度破碎的前提下,逐道刮净皮层上的胚乳,提取量多质优的胚乳粒和一定质量与数量的面粉。

(2)心磨系统　将各系统提供的较纯净的胚乳粒,逐道研磨成具有一定细度的面粉,并提出麸屑。通常还配置尾磨,用以研磨前中路心磨分离出的麸屑及较粗粒。

(3)渣磨系统　对前中路提供的连麸胚乳粒进行轻研,使皮层与胚乳分开,从而得到纯净的麦心送往心磨制粉。

(4)清粉系统　对前中路提取的麦渣和麦心进行提纯、分级、再分别送往相应的研磨系统处理。

(5)配粉系统　将不同面粉分别存放,再按一定比例搭配、添加和混合配制成各种不同用途的成品面粉。

2　研磨效果的评定

研磨效果是指物料通过各道研磨的剥刮率和取粉率。

2.1　剥刮率的计算

$$K=\frac{A-B}{1-B}\times 100\%$$

式中:K—剥刮率;A—研磨后物料中可穿过粗筛的物料百分率;B—研磨前物料中已含可穿过粗筛的物料百分率。

测定时,从皮磨系统的每对磨辊分别取出有代表性的物料(研磨前和研磨后的)约 100 g(皮磨只取磨后的物料,)不作任何添减后称重,放入装置粗筛的电动验粉筛中,筛格内放一个直径 19 mm 的橡皮球,筛理 1 min 后,分别称重,计算求得:

$$A\text{ 或 }B=\frac{\text{筛下物数量}}{\text{取样数量}}\times 100\%$$

求出 A 及 B 后,即可计算剥刮率 K,剥刮率的高低,主要反映皮磨系统的操作及粉路负荷情况。

2.2 取粉率的计算

物料经过各道研磨后，穿过粉筛的数量占本道流量的百分比，称取粉率。测定和计算方法与剥刮率相同，只是改用粉筛筛理而已。测定各道取粉率可反映粉路中的出粉位置，据以改进操作。

3 研磨设备

研磨是小麦制粉的主要环节。研磨过程可完成将麦粒破碎，刮净麸皮上的胚乳，将胚乳磨成面粉的任务，研磨主要采用辊式研磨机，其主要构件是一对以不同速度相向旋转的磨辊，两磨辊间轧距很小，在 0.07～1.2 mm，根据磨的类型而定。磨辊表面拉成齿数和齿角不同的磨齿。通过液压装置调整两个磨辊的轧距，两磨辊在相向旋转过程中，完成对麦粒及各种在制品的研磨。

3.1 磨的种类

辊式研磨机，由于工作要求不同，分成不同类型，其差别主要是磨齿的多少，齿角的大小、排列、两磨的转速及转速差和磨辊间的轧距大小等。

(1)皮磨　任务是破碎麦粒，并刮净皮层上的胚乳。皮磨又分为前路皮磨和后路皮磨，第一道皮磨负责研碎麦粒，以后各道皮磨负责把较大麸片上的胚乳刮净，各道皮磨在工艺上构成皮磨系统，生产上根据工艺要求，控制各道皮磨的研磨效果。

(2)渣磨　用于处理第一道皮磨下来带有部分皮层的较大胚乳颗粒，用轻碾的方法碾除麦渣颗粒上的皮层，然后将麸皮和胚乳颗粒分流到其他系统处理。

(3)心磨　将皮磨和渣磨下来的粗细麦心研磨成面粉。

3.2 磨辊的技术特征

磨辊由铁合金材料浇铸而成，表面要求有较大的硬度，磨辊的直径一般为 250 mm，长度有 600 mm、800 mm、900 mm、1 000 mm 等不同规格，磨辊有光辊和齿辊两种，光辊表面不拉成锯齿状，经磨光而成光滑的表面，齿辊是在磨辊表面拉出锯齿状或称拉丝。磨粉机的磨辊大多数是齿辊。光辊较少，限于心磨系统。不同种类的磨及同一种磨的前后位置不同，磨辊的技术特征都不相同。

3.2.1 磨辊的转速及转速差

两只磨辊分为快辊和慢辊，其速比为 2.5∶1。速比大，其快辊表面对麦粒的剥刮长度大，小麦在单位时间内被剥刮的次数也多，对小麦的破碎程度高，产量高。但消耗动力大，机械磨损快。

3.2.2 磨辊的齿数

齿数是指磨辊表面每厘米圆周长度内磨齿的数目。齿数越多，研磨作用越强，物料粉碎越大。实际生产中，齿数应该是皮磨稀，心磨密，就皮磨和心磨系统而言，应该是前路稀，后路密，如前路皮磨为 5.5～6 牙/cm，后路皮磨为 8.5～9.5 牙/cm 心磨系统 10～12 牙/cm，齿数随磨的道数逐道增加 1～1.5 牙/cm，粉路长，磨的道数多，逐道增加的齿数少，粉路短，道数少，逐道增加的齿数可多些。

3.2.3 齿角

磨齿的横断面为两个不对称的侧面。较窄的一面称锋面，较宽的一面称钝面。从齿顶到齿辊中心的连线，可将磨齿分成两部分，连线与锋面的夹角称为锋角，用α表示；连线与钝面的夹角称钝角，用β表示。两个侧面所形成的夹角为齿角，用γ表示，$\gamma=\alpha+\beta$。齿顶是一个平面，对物料起碾磨作用，齿顶的大小，根据研磨工艺的要求而定。物料的研磨效果，受齿角大小的影响。齿角越大，破碎作用越大，研磨效果还受前角大小的影响，前角是快辊磨齿与物料接触，并对物料进行粉碎作用的锋角或钝角。具体与磨齿的排列有关。

实际生产中，为了多出面粉，少出麦渣、麦心、并保持麸片完整，可采用较大的齿角，尤其是采用较大的前角，加工硬质小麦和低水分小麦时更应如此。常用的齿角有35°/65°，30°/60°，35°/55°，40°/70°，30°/65°等。

3.2.4 磨齿的斜度

磨辊表面的齿槽是按螺旋线刨出的，使磨齿与磨辊母线，形成一定的倾斜度，即为磨齿的斜度，这是为了提高研磨过程中对物料剪切设计的。一对磨辊相向旋转时，快辊磨齿与慢辊磨齿将形成许多交叉点。磨齿的斜度越大，两辊产生交叉点越多，研磨中的剪切作用越强，制刮力小，动力省，但麸片易碎，产品质量较差。对于软质小麦、高水分小麦可用磨齿斜度大的研磨机，而加工硬质小麦、低水分小麦时，则宜采用较小的斜度，磨齿的斜度通常以同一磨齿两端在磨辊端面圆周上的距离（弧长）与磨辊长度之比表示，即S/L。制粉厂磨齿斜度一般为1∶7；1∶8；1∶9；1∶10。

3.2.5 磨齿的排列

磨齿既然有锋面（窄面）和钝面（宽面）的分别，对每一对磨辊来说，根据快辊和慢辊磨齿大小面相对位置不同，就有4种不同的排列方式。

(1)锋对锋排列 在安装时，快辊锋口朝下，慢辊锋口朝上。这种排列方式，磨齿前角小，对物料剪切作用强，破碎率高，产生的麦渣、麦心多、麸片碎、动力省、处理量大，但影响面粉质量。

(2)钝对钝排列 在安装时，快辊的锋口朝上，慢辊锋口朝下，物料进入研磨区先受到挤压作用，然后受剪切作用，破碎作用缓和，麸片大，麦渣麦心少，出粉多、面粉好，但动力消耗大。

(3)锋对钝排列 在安装时快辊慢辊锋口都朝下。

(4)钝对锋排列 在安装时快辊慢辊锋口都朝上。

除齿磨外，光磨主要起研压作用。用以处理齿磨所刮不着的连粉麸。

3.2.6 磨辊的速度与速比

磨辊的线速度越大，则物料在单位时间内通过磨粉机的数量就越多，磨粉机的产量也越高。如流量固定不变，则物料通过研磨区的流层厚度减薄，则加强制刮作用。但磨粉机转速快到一定限度时，使机器发生震动，轴承发热，甚至产生磨辊断轴等事故。快辊线速一般以6～7.2 m/s为宜。

快慢辊的速度之比称为速比。在单位流量和快辊线速不变的情况下，速比K增加，生产的麦渣、麦心、粗粉和面粉数量增多，灰分增加，单位产品的动力消耗增加，说明速比越大，剥刮作用越强。

3.3 磨粉机

磨粉机一般由五部分组成：磨辊、喂料机构、轧距调节机构、传动机构、磨辊清理机构。

(1)磨辊　物料在两个磨辊间研磨。

(2)喂料机构　其主要作用是：①稳定入机流量；②使物料均匀分布在磨辊的整个长度上；③将物料准确地喂入研磨区；④与磨辊的离合闸动作联锁，合闸时喂料，离闸时停料。

(3)轧距调节机构　主要作用一是完成磨辊的合、离闸动作；二是方便、准确地调整轧距。

(4)传动机构　通常有两部分：一是给磨辊、喂料辊传递动力，一般采用皮带传动；另一是设置在快、慢辊之间，保持两辊间准确、稳定的传动比，并称定速机构，其传动形式有齿轮、双面圆弧同步带和滚子链等三种。

(5)磨辊清理机构　其作用是清理辊面的黏附物，保持辊面的正常状态，保证研磨效果。

4 松粉机

4.1 松粉机的作用

在生产等级粉时，心磨系统一般采用光辊。由于光辊研磨以挤压为主，很容易将物料挤压成片状，若直接送往筛理，则影响筛理效果和实际取粉率。因此，光辊的磨下物在筛理之前，需经松粉机处理，击碎粉片。

4.2 松粉机的种类

松粉机有撞击和打板两种。

(1)撞击松粉机　撞击松粉机的工作原理类似撞击打麦机，利用高速旋转的转子撞击物料，使之粉碎。

撞击松粉机适应于处理前路心磨磨下物，该机主要由撞击机构、机壳及电机组成。松粉作用强烈。

(2)打板松粉机　打击机构为打板叶轮，该机松粉作用缓和，体积小，动耗低，安装灵活，可用来处理渣磨和中、后路心磨研磨后的物料。

任务三　筛理

▲【任务描述】

在制粉过程中，小麦经磨粉机逐道研磨后，获得颗粒大小及质量不一的混合物料，利用各种设备将其按颗粒大小分级。

▲【任务准备】

筛理设备。

▲【任务实施】

(1)粗筛　用于皮磨磨下物，分出麸片的筛理。

(2)分级筛　用于麦渣、麦心按颗粒大小分级的筛理。

(3)细筛　用于清粉前，分离粗粉的筛理。

(4)粉筛　用于从各道研磨后的物料中筛出面粉的筛理。

▲【相关知识】

1 筛理的目的和效果评定

在制粉过程中，小麦经磨粉机逐道研磨后，获得颗粒大小及质量不一的混合物料，利用各种设备将其按颗粒大小分级的工序，称为筛理。

1.1 筛理的目的

从磨下物中筛出面粉，将在制品按颗粒大小分选出来，分别送入下一道磨继续进行剥刮和研轧，在制粉过程中，各道筛理设备若不能将磨下物中的面粉及时提出，将使后续设备负荷增大，产量降低，动耗增加，研磨效率下降；若对磨下物不进行分级就可能使后续各系统流量分配不平衡。

1.2 筛理效果的评定

通常用筛上物中残留数量除以筛下物料的数量，即未筛净率对筛理效果评定。

$$未筛净率=\frac{筛上物中残留数量}{样品中筛下物数量}\times100\%$$

测定方法：从设备筛上物出口取样品 100 g 左右，采用配备与筛理设备相同筛号的检验筛（筛格内放 ϕ19 mm 的橡皮球一只），筛理 1 min，称取筛下物数量，然后用上式进行计算。

粗筛、分级筛未筛净率小于 10%；粉筛的未筛净率一般为 15%～20%。

1.3 各种物料允许的未筛净率指标

皮磨系统上层筛上物内不超过 15%。

心磨系统上层筛上物内不超过 20%。

皮磨和心磨系统底层筛上物心不超过 20%。

各系统的粗粉内不超过 25%。

2 筛网和制品种类

2.1 筛网的种类

(1)金属丝网　具有强度大、耐磨、不蛀等优点，缺点是没有吸湿性，制成细的钢丝比较困难。金属丝筛网又有白钢丝与黑钢丝之分。白钢丝筛网用镀锌或锌锡低碳钢丝织成的，常用于粗筛和分级筛。黑钢丝是用黑低碳钢丝织成，丝线较粗，常用于刷麸机上。

(2)丝织筛网　用蚕丝或化学纤维织成的筛网称为丝织网丝，蚕丝有坚韧性，又有适宜的弹性、吸湿性和导电能力，缺点是耐磨性差，易受虫蛀。化纤筛网较耐磨，但吸湿性差，易产生静电，筛面易附粉粒。用化纤和蚕丝交织的筛网具有二者共同的特点，耐磨性好，不受虫蛀，又消除了纯化纤制品的缺点。粉筛要用丝织筛网。粗筛和分级筛也可选用丝织筛网。

2.2 制品种类

麸片：呈片状带有不同程度的胚乳的表皮。

麦渣：带有麦皮的较大胚乳颗粒。

麦心：混有麦皮的较小胚乳颗粒。

粗粉：未磨细成分的粉粒。

3 筛理设备

3.1 平筛

是面粉厂中主要的筛理设备。因其筛面为水平装置，且整个筛体在工作时作平面回转运动，故称为平筛。其主要特点是筛理面积大，分级种类多。

平筛的筛格形状有正方形和长方形两种，目前常用安装多格正方形筛格的高方平筛。高方平筛采用方形筛格，并以16～24层筛格重叠成较高的筛体。

3.1.1 平筛的筛路

多个筛格按照一定的规律组成的筛理流程称为筛路。

(1)制定筛路的依据　制定平筛筛路时须考虑筛理物料的性质、分级的种类、平筛的类型以及气候等因素，以确定提取各种在制品的顺序及各自需要的筛理长度。

(2)各系统筛路特点

①前路皮磨筛路　前路皮磨的磨下物料中，在制品种类多，麸、渣心、粉的粒度和品质差别大，散落性和自动分级性好，要求分级的种类多。一般心磨出粉法要求分出5～7种物料；前路均衡出粉法要求分为4～5种物料。一般提取麸片的粗筛用3～5格，提取渣心和粗粉的分级筛用4～6格，要将粉基本提出则须配8～12格粉筛。

一般采用先提粗料，再分级、筛粉的筛理顺序。

②中后路皮磨筛路　在中后路皮磨的磨下物料中，麸片粒度较小，胚乳含量减少，渣心的数量减少，一般只分为4～5种物料。分离每种物料的筛理长度一般为：分离大麸片3～6格、小麸片6格、渣心4格、粉筛8格。筛路顺序与前路相似。

(3)皮磨重筛筛路　进入重筛的物料是皮磨粉筛的筛上物，即为麦心、粗粉和面粉的混合物，粒度和品质较接近，散落性和自动分级性较好，一般采用先筛粉后分级，或分级、筛粉再分级的筛路。每种物料的分级筛的长度为5～6格，其余为粉筛。

(4)渣磨系统筛路　渣磨的物料是连有皮层的胚乳粒，故其筛路主要是分离少量细麸和面粉，提出较多的细渣和麦心，其粉筛筛理长度较心磨为短，分离细麸用4格，分离每种渣心用4～6格，其余为粉筛。

(5)心磨系统筛路　心磨的物料粒度和品质差别小，散落性和自动分级性差，除少量麸屑外，均为纯净的麦心、粗粉和面粉，所以心磨系统主要是粉筛。前中路心磨可配置适当的分级筛，提出物料中的麸屑，确保后续心磨物料的品质，每种分级的筛理长度为4～5格。筛理顺序为：前路粗心磨可采用先分级再筛粉再分级；前路的心磨和中路心磨常采用先筛粉后分级；后路心磨不设分级，全部为粉筛。

(6)面粉检查筛筛路　面粉检查筛的工作目的是分离混入面粉中的麸屑，粗粒夹杂物，筛理物中99%以上都是面粉，因此不设分级，全为粉筛，为充分利用筛理面积，提高产量，降低筛上料层厚度，提高筛理效率，常采用多进口筛路。

3.2 圆筛

圆筛是一种强迫筛理设备，有卧式与立式两类，常用的是立式振动圆筛。

3.2.1 圆筛的作用及原理

粉路中的吸风粉、打麸粉等物料散落性差，质轻黏腻，采用平筛筛理效果较差，一般采用可对物料进行打击搅散，具有强迫筛理作用的圆筛来处理，圆筛的筛理面积较小，筛面利用率低，处理量小，分级种类少，对黏腻物料筛理效率较高。

3.2.2 立式振动圆筛

常用圆筛为FSFL型立式振动圆筛。筛体采用四根玻璃钢吊杆悬吊在机架上，由装置在主轴上的偏重块驱动，产生小振幅、高频率的平面回转运动。圆形筛筒内的打板转子由四块后倾一定角度的打板组成，物料受打击后被压向筛面，从而有利于细小物穿过筛孔，在打板上还有向上倾斜的叶片，使由下方进机的物料在打板的推动下，沿筛筒呈螺旋形上升，最后从顶部出口排出。因物料在机内是自下而上运动，筛理时间长；因振动作用，筛面不易堵塞，筛理效率较高，当流量过大时设备容易堵塞，因此在振动圆筛上方应设置存料斗及振动给料器。

4 刷麸机和打麸机

刷麸机是一个立式的圆筒形，圆筒里面装有快速旋转的刷帚，当物料自进口落在刷帚上盖上时，受离心力的作用，物料被抛向刷帚与筛筒的间隙中，在刷帚块速旋转的作用下，麸皮上的胚乳即被刷出筛孔外，落入粉槽，由附在筛筒下面的刮板到出口。刷后的麸皮留在筛筒内，由内部的出口输出。

打麸机与刷麸机比较，其单位筛面处理量大，打麸作用也较强烈。

打麸的过程：物料沿打板转子的切线方向进入机内，在高速旋转的打板打击下，使黏附在麸片上的粉粒被打下，穿过筛筒，经出粉口排出机外，而麸片则被打板送往出麸口排出。打麸机分为立式和卧式两种。

5 清粉

按品质对粒度相近的在制品（麦渣、麦心或粗粉）进行提纯分级称为清粉。

5.1 清粉的目的

平筛提取的渣心物料中常含有少量相同粒度的麸皮或连皮胚乳，这样的物料送往心磨研磨，对面粉质量将有不利的影响。清粉的目的就是分离碎麸皮和纯洁粉粒，提高面粉质量，并可降低物料温度。清粉得到的纯洁粉粒，送入心磨制粉。

5.2 清粉的设备

清粉所使用的设备为清粉机。

清粉是筛理和吸风作用相结合进行的，清风设备主要由筛格和吸风装置组成。工作时，筛格震动，分离物料并抖松筛上物料，增加吸风清理效率。气流从筛绢下向上将物料中的细小麸皮及连麸粉吹起，并分别进入不同的收集器。

5.3 清粉效果的评定

清粉机的效果一般采用筛出率和灰分降低率两项指标综合评定。

5.3.1 筛出率

指清粉机各段筛下物流量与进机物料流量的百分比。

$$\eta_Q=\frac{q}{Q}\times100\%$$

式中：η_Q—筛出率（%）；q—筛下物流量（kg/h）；Q—进机物流量（kg/h）。

其他条件相同，筛出率高的设备效果好。

5.3.2 灰分降低率

指物料经清粉后，筛下物灰分较进机物料降低的程度。

$$\eta_z=\frac{z_1-z_2}{z_1}\times100\%$$

式中：η_z—灰分降低率（%）；z_1—进机物灰分（%）；z_2—筛下物灰分（%）。

其他条件相同，灰分降低率高时效果好。

一般情况下，进机物料品质好，清粉后筛出率高，灰分降低率较低；对品质差含皮层多的物料，清粉后灰分降低率高，筛出率低，在评定清粉效果时，要两项指标综合评定。

▲【思考题】

1. 简述小麦制粉的有关概念。

2. 简述小麦制粉过程。

项目三　农产品加工原辅料特性

任务一　面粉种类及加工特性

▲【任务描述】

要求熟悉各类面粉的特点、应用范围和作用、化学组成及加工特性、面粉的熟化与贮藏。

▲【任务实施】

1　面粉的特点和应用范围

各国面粉的种类和等级标准一般都是根据本国人民生活水平和食品工业发展的需要来制定的。我国根据面粉加工精度来分,即为特制一等粉、特制二等粉、标准粉、普通粉。1988 年又颁布了高筋小麦粉和低筋小麦粉。随着人民生活水平的不断提高和食品工业的发展,有必要借鉴国外分类经验,根据面粉内部蛋白质含量的不同,可分为高筋面粉、中筋面粉、低筋面粉、全麦粉、通心粉等。

1.1　高筋面粉(高蛋白质粉)

高筋面粉也称面包粉,它是加工精度较高的面粉,色白含麸量少,面筋含量高。蛋白质含量在 11%~13%,湿面筋值在 35%以上。应选用硬质小麦加工。高筋面粉适用于制作各种面包。

1.2　中筋面粉(中蛋白质粉)

中筋面粉是介于高筋面粉和低筋面粉之间的一类面粉。含麸量少于低筋面粉,色稍黄。蛋白质含量在 9%~11%,湿面筋值为 25%~35%。中筋面粉适用于制作各种糕点。

1.3　低筋面粉(低蛋白质粉)

低筋面粉也称蛋糕粉,含麸量多于中筋面粉,色稍黄。蛋白质含量为 7%~9%,湿面筋含量值在 25%以下。低筋面粉应选用软质小麦加工,适用于生产饼干、蛋糕、点心。

1.4　全麦粉

由全部小麦磨成的面粉,色深含麸量高,但灰分不超过 2%。湿面筋值不低于 20%。此粉可用于面包及特殊点心制作。

为进一步完善我国小麦粉的质量标准,建议根据适用食品种类来分类(专用粉),分为面包用粉、面条用粉、馒头用粉、饺子用粉、蛋糕用粉、糕点用粉、酥性饼干用粉、发酵饼干用粉和家庭用粉等。

2 面粉的作用

2.1 形成产品的组织结构

面粉中的蛋白质吸水并搅拌作用下形成面筋，面筋起支撑产品组织的骨架作用。同时，面粉中的淀粉吸水润涨，并在适当的温度下糊化、固定。两种作用共同形成了产品的组织结构。

2.2 为酵母菌提供发酵所需的能量

当配方中糖量较少或不加糖时，酵母菌发酵的基质便要靠面粉提供。

技能训练

绘制面粉不同类型面粉的成分和用途表。

面粉种类	含麸量	颜色	灰分	湿面筋含量	用途
高筋面粉					
中筋面粉					
低筋面粉					

3 面粉的化学组成

3.1 水分

小麦在收获时水分含量约为16%，经过晒扬，一般在磨粉时只含13%左右。小麦中水分含量对面粉加工和食品加工都有很大的影响。水分含量高，会使麸皮难以剥落，影响出粉率，而且面粉在储存时容易结块和发霉变质。水分含量过低时，会导致面粉颜色深，颗粒粗。

我国的面粉质量标准规定特一粉和特二粉的水分含量为(13.5±0.5)%，标准粉和普通粉的水分含量为(13.0±0.5)%。面粉中的水分含量过高，易酸败变质。面粉中的水以游离水和结合水两种状态存在，绝大部分呈游离水状态。面粉水分的变化也主要是游离水的变化，它在面粉中的含量受环境温度、湿度的影响。结合水以氢键与蛋白质、淀粉等亲水性高分子物质相结合，在面粉中含量相对稳定。

3.2 蛋白质

面粉中蛋白质的含量和质量不仅影响面粉的营养价值，而且与焙烤食品的加工工艺和成品质量有密切的关系。在各种谷物面粉中，只有小麦面粉的蛋白质吸水后能形成面筋网状结构，各种焙烤食品都是基于小麦粉的这种特性而生产出来的。

面粉中的蛋白质根据溶解性质不同可分为麦胶蛋白、麦谷蛋白、球蛋白、白蛋白和蛋白际等五种。主要由麦胶蛋白和麦谷蛋白组成，其他三种数量很少。麦胶蛋白和麦谷蛋白不溶于水和稀盐溶液，称为不溶性蛋白质。球蛋白、白蛋白、蛋白际可溶于水或稀盐溶液中，称为可溶性蛋白质。麦胶蛋白可溶于60%～70%的酒精中，但不溶于无水酒精，麦谷蛋白可溶于稀酸或稀碱中。这两种蛋白质占面粉蛋白质总量的80%以上，与水结合形成面筋。

3.3 碳水化合物

3.3.1 淀粉

淀粉分为支链淀粉和直链淀粉两类，一般支链淀粉约占80%，直链淀粉占20%左右。淀粉是不溶于冷水的，当淀粉颗粒与水一起加热，淀粉吸水膨胀，其体积可增大近百倍，淀粉颗粒由于过于膨胀而破裂，在热水中形成糊状物，这种现象称为糊化现象，这时的温度称为糊化温度。小麦淀粉在50℃以上才开始膨胀，大量吸收水分，在65℃时开始糊化，到67.5℃时糊化终了。因此，在调制面包面团和一般酥性面团时，面团的温度以30℃为宜，此时淀粉吸水率较低，大约可吸收30%的水分。

淀粉粒外被一层膜，能保护内部淀粉分子免受外界物质（酶、酸、水等）的侵入。在小麦制粉时，由于磨的挤压、研磨作用，有少量淀粉粒的外被膜被破坏，这样的淀粉就是损伤淀粉。面粉中损伤淀粉的含量对焙烤食品的加工工艺和产品质量有重要影响。发酵食品（如面包、蛋糕等）需要一定数量的损伤淀粉，损伤淀粉在淀粉酶的作用下，被分解成低分子的糖，供酵母生长和发酵使用。但面粉中的损伤淀粉过多，大量的淀粉被酶分解成糊精或小分子的糖，使面团在发酵或产品成熟过程中无法忍受所增加的压力，小气孔变成大气室，使气体溢出，做出的面包或馒头体积小，组织粗糙，瓤心发黏。面粉的最佳损伤淀粉含量要根据不同的面制食品的要求和面粉中蛋白质含量来确定。如面包粉损伤淀粉含量可高达28.1%，而饼干粉和蛋糕粉的损伤淀粉含量分别为7.0%和3.4%。

焙烤食品的熟制过程也就是蛋白质变性和淀粉糊化的过程。糊化淀粉称为α-淀粉，未糊化的淀粉称为β-淀粉，其不易被酶分解。经熟制的面食中的α-淀粉在冷却或储藏过程中，α-度会逐渐降低，即发生类β化，这就是淀粉的老化。淀粉的老化会使食品的品质劣变。因此如何提高焙烤食品中淀粉的α-度和尽可能地减少成品的β化是需要深入研究的一个重要课题。

除了淀粉之外，面粉中的碳水化合物还包括少量的游离糖、戊聚糖和纤维素。面粉中的游离糖（葡萄糖、果糖、蔗糖、蜜二糖、蜜三糖等），既是酵母的碳源，又是焙烤食品色、香、味形成的基质。另外，在面粉中还含有2%～3%的戊聚糖，它是由戊糖、*D*-木糖和*L*-阿拉伯糖组成的多糖。面粉中的戊聚糖中有20%～25%是水溶性的，这种水溶性的戊聚糖对面粉的焙烤特性具有显著的影响。如将2%的水溶性戊聚糖添加到筋力较弱的面粉中，能使面包的体积增加30%～45%，同时面包气泡的均匀性、面包瓤的弹性均得到改善。

面粉中纤维素含量很少，仅有0.1%～0.2%，面粉中含有一定数量的纤维素有利于胃肠的蠕动，能促进对其他营养成分的吸收，并将体内的有毒物质带出体外。

3.3.2 可溶性糖

面粉中的糖包括葡萄糖和麦芽糖，约占碳水化合物的10%。面粉中的可溶性糖对于生产苏打饼干和面包来说，有利于酵母菌的生长和繁殖，又是形成面包色、香、味的基质。

3.3.3 纤维素

面粉中的纤维素主要来源于麸皮，是不溶性碳水化合物。若面粉中麸皮含量过多，会影响烘焙制品的外观和口感。

3.4 脂肪

面粉中脂肪含量甚少，通常为1%～2%。制粉时要尽可能除去脂质含量高的胚芽（8%～15%）和麸皮（6%），以减少面粉中的脂肪含量，使面粉的安全储藏期延长。因为，面粉在储藏过程中，脂肪因受脂肪氧化酶及脂肪酶的作用产生的不饱和脂肪酸可使面筋弹性增大，延伸性及流散性变小，同时酸败。温度和水分高也会加速促成脂肪酶分解作用，使面粉变质，影响面粉的烘焙性质，结果可使弱力面粉变成中等面粉，使中等面粉变成强力面粉。最新研究表明，面粉中的类脂是构成面筋的重要部分，如卵磷脂是良好的乳化剂，使面包组织细腻，柔软，延缓淀粉老化。

3.5 矿物质

面粉中的矿物质是用灰分来表示的。面粉的灰分含量越低，表明面粉的精度越高。我国国家标准也将灰分作为检验小麦粉质量的重要指标之一，如特一粉灰分含量<0.7%，特二粉灰分含量<0.85%，标准粉灰分含量<1.10%，普通粉灰分含量<1.40%。由于灰分本身对面粉的焙烤特性影响不大，且灰分中都是一些对人体有重要作用的矿质元素，随着人们营养意识的提高和对可食资源的充分利用，将灰分含量作为面粉质量标准之一逐渐失去它的必要性。

3.6 维生素

面粉中主要含有B族维生素、烟酸、泛酸和维生素E，维生素A含量很少，几乎不含维生素C和维生素D。面粉本身含有的维生素较少，在焙烤蒸煮过程中又会损失一部分维生素，为了弥补面粉中维生素的不足，常在面粉中添加一定量的维生素，以提高面粉的营养。

3.7 酶

面粉中含有一定量的酶类，主要有淀粉酶、蛋白酶、脂肪酶、脂肪氧化酶、过氧化氢酶。这些酶类的存在，无论对面粉的贮藏，还是对面点的生产，都产生一定的作用。

3.7.1 淀粉酶

淀粉酶分为α-淀粉酶和β-淀粉酶两种。α-淀粉酶和β-淀粉酶均可使淀粉水解成麦芽糖和葡萄糖。β-淀粉酶比较耐酸，α-淀粉酶比较耐热。由于β-淀粉酶耐热稳定性较差，故它只能在面团发酵阶段起水解作用。

面粉中的淀粉酶主要是β-淀粉酶和α-淀粉酶。α-淀粉酶只能水解淀粉分子的α-1,4-糖苷键，而β-淀粉酶则只能水解淀粉分子中的β-1,4-糖苷键。在正常的小麦中只含有β-淀粉酶，当小麦发芽后，也含有α-淀粉酶。β-淀粉酶的热稳定性较差，当加热到70℃活力减少50%，几分钟后即钝化，而α-淀粉酶在加热到70℃时仍能对淀粉起水解作用，而且在一定温度范围内，温度越高，作用越快，当温度超过95℃时，α-淀粉酶才钝化。α-淀粉酶的耐热性较强，在面包入炉烘烤后，仍能继续进行水解作用。在面粉中加入一定量的α-淀粉酶制剂或加入约占面粉量0.2%～0.4%的麦芽粉和含有淀粉酶的糖浆，可以改善面包的质量、皮色、风味、结构、增大面包的体积。

在α-淀粉酶和β-淀粉酶的共同作用下，将损伤淀粉分解成麦芽糖和葡萄糖，提高酵母活性，加快酵母发酵速度，增大面包、馒头的体积，并改善发酵面制食品的风味和结构。正常的面粉中含有足够的β-淀粉酶，α-淀粉酶往往不足，需要在面粉中加入一定量的α-淀粉酶来改善面制食品的质量，如美国、英国、加拿大等大多数欧美国家都将真菌α-淀粉酶添加到面包粉中来提高α-淀粉酶的活性。

3.7.2 蛋白酶

面粉中的蛋白酶属于木瓜酶型；含量较少。蛋白酶最适pH为4.1，一般情况下处于不活动状态，但当面粉中存在半胱氨酸、谷胱甘肽等活化剂时，它会水解面筋蛋白质，使面团变得极为黏稠。此类现象往往会在被虫害感染的面粉中出现。在使用面筋过强的面粉制作面包时，可加入适量的蛋白酶制剂，以降低面筋的强度，有助于面筋完全扩展，并缩短搅拌时间。但蛋白酶制剂的用量严格控制，而且仅适用于快速发酵法生产面包。

蛋白酶对蛋白质的降解对发酵产品如苏打饼干的制作是有利的，肽酶的作用是在发酵期间产生可溶性的有机氮，供酵母利用。

3.7.3 脂肪酶

脂肪酶一种对脂肪起水解作用的水解酶，其最适 pH 为 7.5，最适温度为 30～40℃。在面粉贮存期间能将脂肪水解，使游离脂肪酸的数量增加，面粉酸败，从而降低面粉的焙烤性能。

由于小麦籽粒内的脂肪酶活力主要集中在糊粉层，因此精制的上等粉比含糊粉层多的低等粉储藏稳定性好。脂肪氧化酶是催化不饱和脂肪酸过氧化反应的一种氧化酶。催化反应伴随着胡萝卜素的偶合氧化反应，将胡萝卜素由黄色变成无色，这对面包、馒头的制作是有益的。脂肪氧化酶在面粉中的数量很少，它的主要来源是全脂大豆粉。全脂大豆粉广泛用作面包、馒头、挂面的添加剂，可改善制品的组织结构和风味。

3.7.4 脂肪氧化酶

脂肪氧化酶是催化某种不饱和脂肪酸产生过氧化反应的一种氧化酶。催化作用在含有胡萝卜素的偶合氧化反应中进行，通过氧化反应使胡萝卜素变成无色。因此，脂肪氧化酶也是一种酶促漂白剂，但它在面粉中含量较少，它的主要来源是面包添加剂中的脱脂大豆粉。

3.7.5 过氧化氢酶

过氧化氢酶一种催化过氧化氢使其分解为氧和水的氧化还原酶。这种酶存在于面粉中，其作用是防止发芽期间在植物组织中过氧化氢积聚过多，漂白胡萝卜素。

4 面粉加工特性

4.1 面筋的数量与质量

面筋是面团在水中搓洗时，淀粉、可溶性蛋白质、灰分等成分渐渐离开面团而悬浮于水中，最后剩下一块具有黏性、弹性和延伸性的柔软性的胶状物就是面筋。

面筋分为干面筋和湿面筋，在面团形成过程中起非常重要的作用，能决定面团的烘焙性能。面粉的筋力好坏、强弱取决于面粉中面筋的数量和质量。面筋的数量和质量是两个不同的概念，面粉的面筋含量高，并不是说面粉的加工性能好，还要看面筋的质量。

面筋的质量和加工工艺性能指标有延伸性、比延伸性、韧性、弹性及可塑性。

根据面粉的加工特性，综合上述性能指标，可将面筋分为以下三类：

优良面筋：弹性好，延伸性大或适中；

中等面筋：弹性好，延伸性小，或弹性中等，延伸性适中；

劣质面筋：弹性小，韧性差，由于自身重力而自然延伸和断裂，还会完全没有弹性，或冲洗面筋时不黏结而冲散。

4.2 面粉蛋白质的数量与质量

一般来说，面粉内所含蛋白质越高，制作出的面包体积越大，反之越小。但有些面粉蛋白质含量虽然很高，但面包体积却很小，这说明面粉的烘焙品质不仅有蛋白质的数量约定，还与蛋白质的质量有关。

麦胶蛋白由一条多肽链构成，仅有分子内二硫键和较紧密的三维结构，呈球形，多由非极性氨基酸组成，故水合时具有良好的黏性和延伸性，但缺乏弹性。麦谷蛋白是由17～20条多肽链构成，呈纤维状，麦谷蛋白既具有分子内二硫键又具有分子间二硫键，富有弹性但缺乏延伸性。

在搅拌机或手工搓揉后，麦谷蛋白首先吸水润胀，在逐渐膨胀过程中吸收同时水化的麦胶蛋白、麦清蛋白、麦球蛋白。充分水化润胀的蛋白质分子在搅拌机的作用下相互接触时，不同蛋白分子的巯基之间会相互交联，麦谷蛋白的分子内二硫键转变成分子间二硫键，形成巨大的立体网状结构，这种网状结构构成面团的骨架，其他成分，如淀粉、脂肪、低分子糖、无机盐和水填充在面筋网络结构中，形成具有良好黏弹性和延伸性的面团。

麦胶蛋白和麦谷蛋白是影响面粉烘焙品质的决定性因素，而这两种蛋白质在加工特性上又存在着很大的差异。面粉加水搅拌时，麦谷蛋白首先吸水涨润，同时麦胶蛋白、蛋白际及水溶性的白蛋白和球蛋白等成分也逐渐吸水涨润，随着不断搅拌形成了面筋网络。

麦胶蛋白形成的面筋具有良好的延伸性，但缺乏弹性，有利于面团的整形操作，但面筋筋力不足，很软，很弱，使成品体积小，弹性较差。麦谷蛋白形成的面筋则有良好的弹性，筋力强，面筋结构牢固，但延伸性差。如果麦谷蛋白过多，势必造成面团弹性、韧性太强，无法膨胀，导致产品体积小，或因面团韧性和持气性太强，面团内气压大而造成产品表面开裂现象。如果麦胶蛋白含量过多，则造成面团太软弱，面筋网络结构不牢固，持气性差，面团过度膨胀，导致产品出现顶部坍塌、变形等不良结果。所以，面粉的烘焙品质不仅与总蛋白质数量有关，而且与面筋蛋白质种类有关，即麦胶蛋白和麦谷蛋白之间添加量要成比例。这两种蛋白质的互相补充，使面团既有适宜的弹性、韧性，又有理想的延伸性。

4.3 面粉吸水率

面粉吸水率是检验面粉焙烤品质的重要指标。它是指调制单位重量的面粉成面团所需的最大加水量。通常采用粉质仪来进行测定。面粉吸水率高，可以提高面包的出品率，而且面包中水分增加，面包心就比较柔软，保存时间也相应延长。反之亦然。食品厂一般选用面粉的吸水率较高，而且吸水率比较恒定的面粉。

面粉的吸水率受下列因素影响：

(1)蛋白质含量　面粉的实际吸水率大小在很大程度上取决于面粉的蛋白质含量，面粉的吸水率随蛋白质含量的提高而增加。

(2)小麦的类型　硬质小麦、玻璃质小麦生产的面粉具有较高的吸水率，反之，吸水率低。

(3)面粉的含水量　如果面粉的含水量较高，则面粉吸水率降低。

(4)面粉粒度　研磨较细的面粉，吸水率较高。

(5)面粉内的损伤淀粉颗粒含量　如果面粉内损伤淀粉含量越高，面粉吸水率也越高。因为水分很容易进入淀粉颗粒中，但大量的水分进入会导致面包发黏。

4.4 面粉的糖化力和产气能力

4.4.1 面粉的糖化力

面粉的糖化力是指面粉中的淀粉转化成糖的能力。它的大小是用10 g面粉加5 mL水调制成面团，在27～30℃下经1 h发酵所产生的麦芽糖的毫克数来表示。

由于面粉糖化是在一系列酶的作用下进行的，因此，面粉糖化力的大小取决于面粉中酶的活性大小。

4.4.2 面粉的产气能力

面粉的产气能力是指面粉在面团发酵过程中产生 CO_2 气体的能力。它用 100 g 面粉加 65 mL 开水和 2 g 鲜酵母调制成面团，在 30℃下发酵 5 h 所产生的 CO_2 气体的毫升数。

面粉的产气能力取决于面粉的糖化力。一般来说，面粉糖化力越强，生成的糖越多，产气能力也越强。

4.5 淀粉的糊化和老化

淀粉在焙烤食品中应用时，对成品的品质起很大影响作用的两个性质是淀粉的糊化和老化性质。

4.5.1 淀粉的糊化过程和本质

淀粉混于冷水中搅拌时，会成为乳状悬浮液，称为淀粉乳浆。若停止搅拌，经一定时间后，则淀粉粒全部下沉，上部为清水，这是因为淀粉不溶于冷水，且其相对密度比水大的缘故。淀粉颗粒不溶于冷水是由于羟基间直接形成氢键或通过水间接形成氢键的原因。氢键力很弱，但淀粉粒内的氢键足以阻止淀粉在冷水中的溶解。淀粉在冷水中有轻微的润涨，但这种润涨是可逆的，干燥后淀粉恢复原状。

若将淀粉乳浆加热到一定温度，这时候水分子进入淀粉粒的非结晶部分，与另一部分淀粉分子相结合，破坏氢键并水化它们。随着温度的再增加，淀粉粒内结晶区的氢键被破坏，淀粉不可逆地迅速吸收大量的水分，突然膨胀达原来体积的 50～100 倍，原来的悬浮液迅速变成黏性很强的淀粉糊，透明度也增高，冷却后观察，可发现淀粉的外形已发生很大变化，大部分都已失去原有的结构。小部分的直链淀粉分子则溶出，以至于颗粒破裂，最后乳液全部变成黏性很大的糊状物。

虽停止搅拌，淀粉再也不会发生沉淀，这种黏稠的糊状物称为淀粉糊，这种现象称为糊化作用，发生糊化现象所需要的温度为糊化温度。糊化作用的本质是淀粉中有序（晶体）和无序（非晶体）态的淀粉分子间的氢键断裂，淀粉分子分散在水中形成亲水性胶体溶液，继续升高温度有更多的淀粉分子溶解于水中，淀粉全部失去原形，微晶束也相应解体，最后只剩下最外面的一个不成形的空囊。如果温度再继续升高，则淀粉粒全部溶解，溶液黏度大幅度下降。

4.5.2 淀粉老化机理及影响淀粉老化的因素

（1）淀粉老化的机理　淀粉溶液或淀粉糊在低温静置条件下，都有转变为不溶性物质的趋向，混浊度和黏度都有增加，最后形成硬的凝胶块。在稀淀粉溶液中有晶体沉淀析出，这种现象称为淀粉糊的“老化”或“回生”，这种淀粉叫“老化淀粉”。老化的本质是糊化的淀粉分子又自动有序的排列，并由氢键结合成束状结构，使溶解度降低。

在老化过程中，由于温度降低，分子运动减弱，直链分子和支链分子的分支都回头趋向于平行排列，通过氢键结合，相互靠拢，重新组成混合微晶束，使淀粉糊具有硬的整体结构。这种情况和原来的生淀粉结构颇类似，但不呈放射状排列，而是一种零乱的组合。老化后的直链淀粉非常稳定，就是加热加压也很难使它再溶解。如果有支链淀粉分子混合在一起，则仍然有加热恢复成糊的可能。

淀粉糊或淀粉溶液老化后，可能出现黏度增加、不透明或混浊、糊表面形成皮膜、不溶性淀粉颗粒沉淀、形成凝胶、从糊中析出水等现象。

(2)影响淀粉老化的因素 淀粉的老化与淀粉的种类,直链与支链淀粉的比例、分子大小、溶液的浓度、pH、所含无机盐种类及冷却速度等因素都有关系。

①淀粉种类的影响 直链淀粉分子呈直链状结构,在溶液中空间障碍小,易于取向,易于老化;支链淀粉分子呈树枝状结构,在溶液中空间障碍大,不易老化。

②分子大小的影响 直链淀粉分子中大分子取向困难,小分子易于扩散,只有适中的才易于老化。直链淀粉分子长短与凝沉性强弱有关,聚合度在100~200的分子的凝沉性最强,凝沉速度最快。

③直链淀粉与支链淀粉比例的影响 支链淀粉含量高的淀粉难以老化,支链淀粉可以起到缓和直链淀粉分子老化的作用。凝沉主要是由于淀粉分子的结合,支链淀粉分子因为支叉结构的关系不易凝沉,并且对直链淀粉的凝沉还有抑制作用。但是在高浓度或低温条件下,支链淀粉分子侧链间也会结合,发生凝沉。

④溶液浓度的影响 溶液浓度大,分子碰撞机会多,易于老化;溶液浓度小,分子碰撞机会小,不易老化。

⑤无机盐类的影响 无机盐离子阻止淀粉老化作用的顺序为:$SCN^- > PO_4^{3-} > CO_3^{2-} > I^- > NO_3^- > Br^- > Cl^-$,$Ba^{2+} > Sr^{2+} > Ca^{2+} > K^+ > Na^+$。

⑥溶液pH的影响 溶液的pH对淀粉老化有影响,不同的pH范围对凝沉的速度有影响。一般情况下,在pH为偏酸性或中性时,凝沉速度快;在更高或低pH时,凝沉速度慢。

⑦冷却速度的影响 淀粉溶液温度的下降速度对老化有很大影响。缓慢冷却,可以使淀粉分子有时间取向排列,故可加重老化程度,而迅速冷却,淀粉分子来不及取向,可降低老化程度。

4.5.3 变性淀粉

淀粉变性是拓宽淀粉应用的主要途径。淀粉经变性后,化学结构发生了变化,因而具有原淀粉所不具有的性能。由于化学改性的处理手段灵活多样,可以根据不同的特殊要求采用适当的工艺制备性能各异的变性淀粉产品,因而变性淀粉可以广泛地应用在食品、纺织、造纸、医药、建材、化工等行业。

面包制作一般来说不是用淀粉,但为了制作一些有特别风味的面包,或者为了合理利用粮食,有时也添加玉米粉。添加玉米粉后,面团的性质会受到影响,使面包体积变小,所以一般需要添加乳化剂来弥补这一不足。有时为了提高营养价值还可在混合粉中添加大豆粉。

饼干的制作,常用淀粉做冲淡面筋浓度的稳定性填充剂。尤其对韧性面团,几乎成了必须添加的材料。当面粉中的面筋含量多时,会使面团筋力过强,弹性大,可塑性不好,使产品酥性受到影响。添加淀粉后,可以相对地使面筋含量降低,使面团的黏性、弹性和强度降低,使得加工操作顺利,饼干成型性好,酥松度提高。但使用量也不能太高(一般5%~8%),过量会使烘烤胀发率降低,破碎率提高。

4.6 异常面粉的性能

用异常小麦磨成的面粉,其烘焙性能较差,对烘焙食品的生产工艺和产品质量都有较大的影响。

4.6.1 发芽小麦粉

用发芽小麦磨制的面粉酶类活性极强。淀粉酶活性增强,会导致淀粉水解成糊精和其他可溶性物质,又因糊精的持水性弱,使面团中部分水分仍处于游离状态,因而生产出的面包瓤发黏,外形塌陷无弹性。同时蛋白酶活性增强,部分蛋白质分解,面筋含量减少,质量降低,筋力变弱。但是,由于脂肪酶活性增强会导致面筋质变强,面包瓤变黏而湿。

4.6.2 虫蚀小麦粉

虫蚀小麦磨制的面粉蛋白酶活性增强,调制面团时蛋白质分解,面团弹性减小,黏性增加。

4.6.3 冻害小麦粉

冻害小麦粉各种酶的活性都增强,特别是淀粉酶。烘焙食品的症状与发芽小麦粉类似。

技能训练

1. 整理面粉各项化学成分与加工的关系。
2. 在生产中如何调节各种加工特性使其更适合各类加工?

5 面粉的熟化与贮藏

5.1 面粉的熟化

面粉熟化亦称成熟、后熟、陈化。新磨制的面粉,特别是新小麦磨制的面粉其面团黏性大,缺乏弹性和韧性,生产出来的产品皮色暗、体积小、易塌陷收缩、组织不均匀。

面粉"熟化"的机理:新磨制面粉中的半胱氨酸和胱氨酸含有未被氧化的巯基(—SH),这种巯基是蛋白酶的激活剂。搅拌时,被激活的蛋白酶强烈分解面粉中的蛋白质,从而使焙烤食品的品质变劣。但经过一段时间储藏后,巯基被氧化而失去活性,面粉中蛋白质不被分解,面粉的烘焙性能也得到改善。

面粉的熟化时间以3～4周为宜。新磨制的面粉在4～5 d后开始"出汗",进入面粉的呼吸阶段,发生一系列的生化和氧化作用,从而使面粉熟化,通常在3周后结束。面粉在"出汗"期间,很难做出质量好的产品。除了氧气外,温度对面粉的"熟化"也有影响,高温会加速熟化,低温会抑制熟化,一般以25℃为宜。实验发现,温度在0℃以下时,生化特性和熟化反应大大降低。

除了自然熟化外,还可以用化学方法处理新磨制的面粉,使之熟化。用化学方法熟化面粉,在5 d内使用可以制作出合格的产品。最广泛使用化学处理方法是在面粉中添加面团改良剂。

5.2 面粉的贮藏

一般来说,在贮藏中应注意调节温度、控制湿度、避免感染等几个问题。

(1)调节温度 面粉购进后,要加强检查,严防发热发霉。如发现面粉发热,应迅速摊晾。

(2)水分对面粉贮藏的影响 面粉在其储藏期间,面粉质量的保持主要取决于面粉的水分含量。面粉具有吸湿性,因而其水分含量随周围空气的相对湿度的变化增减。以袋装的方式贮藏的面粉,其水分变化的速度,往往比在散包装中贮藏的面粉变化慢。

相对湿度为70%时,面粉水分基本保持不变。相对湿度超过75%时,面粉将大量吸收水分。常温下,真菌孢子萌发所需要的最低相对湿度为75%。面粉的水分如果超过75%,霉菌生长很快,容易霉变发热,蛋白质含量降低,酸度增加。面粉贮藏在相对湿度为55%～65%,温度为18～24℃的条件下较为适宜。

(3)避免感染 面粉中的蛋白质和淀粉具有吸收各种气味的特性,贮藏中如把面粉同其他异味物放在一起，就会感染异味。

总之，贮藏面粉时要注意：存放地点必须干燥通风，切忌高温潮湿；要避免异味感染；堆码要整齐，上下、左右保持一定的空间；注意防鼠、虫害等。

任务二 糖及糖浆的加工特性

▲【任务描述】

熟悉不同种类糖的一般特性和在加工中的作用。

▲【任务实施】

1 蔗糖

焙烤食品中使用的蔗糖类，国内主要有白砂糖、赤砂糖、绵白糖等。蔗糖是一种使用最广泛的，较理想的甜味剂。

1.1 白砂糖

白砂糖是白色透明的纯净蔗糖晶体，纯度很高，99％以上都是蔗糖，它是由原糖脱色后重新结晶制得。白砂糖的溶解度很大，精制度越高，白砂糖吸湿性越小。蔗糖的水溶液经酸或酶水解成转化糖，转化糖的甜度是砂糖的1.3倍。转化糖的吸水性和持水性强。对于需要挂浆的糕点，宜使用转化糖。

在食品生产中，对白砂糖的品质要求是晶粒整齐、颜色洁白、干燥、无杂质、无异味。

1.2 绵白糖

绵白糖又称绵糖或白糖，颜色洁白，蔗糖含量在97％以上，十分细洁，具有光泽，甜度较高。因为颗粒微小因而易于搅拌和溶解，面包饼干等加工时可直接在调粉时加入。绵白糖的吸湿性较白砂糖强。

1.3 赤砂糖

赤砂糖是未经脱色精制的蔗糖，因含有未洗净的糖蜜杂质，故带黄色，多用于低、中档产品。另外，也可用于某些要求褐色的制品，如传统的农舍蛋糕、苏格兰水果蛋糕等。

2 糖浆

2.1 淀粉糖浆

淀粉糖浆又名葡萄糖浆、化学稀、糖稀等，主要成分是葡萄糖，此外还含有糊精、寡糖和麦芽糖等。

淀粉糖浆在焙烤食品生产中，可代替少量蔗糖，在国外的饼干生产中应用甚为广泛。它具有改善面筋性能，使制品质地均匀柔软，改善面团结构，增大制品体积，延缓淀粉老化，提高制品滋润性，使制品易于着色等特点。此外，还具有抗蔗糖冷结晶等作用。

2.2 麦芽糊精

麦芽糊精具有黏性大、增稠性强、溶解性好、速溶性佳、载体性好、发酵小、吸潮性低、无异味、甜度低，人体易于消化吸收、低热、低脂肪等特点，是食品工业中最理想的基础原料之一。

麦芽糊精在饼干、西点类的应用。以麦芽糊精代替砂糖，在糕饼、脆饼等低水分(10%以下)的产品中应用，可控制面团的黏度，形成较佳的口感。避免干化、脆化现象的发生。在松软饼干、蛋糕等水分含量10%以上的产品中应用，可增加面团黏度，帮助成型，控制甜度，避免"返砂"。同时，使产品达到良好的色泽，保水性也会增强。

2.3 饴糖

饴糖俗称米稀，形似水玻璃，是淡黄色半透明的黏稠胶体。饴糖是糊精和葡萄糖等的混合物，因而有较强的吸湿性，在制作糕点时可保持糕点的柔软性，也可防止砂糖的析出，其主要作用是改进制品的光泽以及增加产品的滋润性和弹性。

2.4 转化糖浆

转化糖是蔗糖与酸共热或在酶的催化作用下水解而成的葡萄糖和果糖的等量混合物。含有转化糖的水溶液称为转化糖浆。转化糖浆因具有还原作用，所以也被称为还原糖。转化糖浆不易结晶、甜度大，而且转化糖没有龋齿因素，因此是理想的甜味剂。

转化糖浆应随用随配，不宜长时间贮藏。在缺乏淀粉糖浆和饴糖的地区，可以用转化糖浆代替。

转化糖浆可部分用于面包和饼干中，在浆皮类月饼等软皮糕点中可全部使用，也可以用于糕点、面包馅料的制作。

2.5 果葡糖浆

果葡糖浆是淀粉经酶法水解生成葡萄糖，在异构酶作用下将部分葡萄糖转化成果糖而形成的一种甜度较高的糖浆。因为该糖浆的组成是果糖和葡萄糖，故称为果葡糖浆。

3 糖在焙烤食品中的作用

3.1 改善面点的色、香、味、形

糖在烘烤中遇热缩合产生焦糖。焦糖为黄褐色，使制品呈金黄色或棕黄色，并且有特殊的风味。同时还原糖类与氨基酸在有水存在的条件下发生美拉德反应，生成黑褐色，增强了制品的色感。另外，加糖制品经冷却后可以保持外形并有脆感，这就改变了制品的色、香、味、形。

3.2 作为酵母菌的营养物质，促进发酵

在生产面包和苏打饼干时，需要采用酵母菌发酵。酵母菌生长和繁殖需要碳源，可以由面粉中的淀粉酶水解淀粉来供给，但是发酵开始阶段，淀粉酶水解淀粉产生的糖分还来不及满足酵母菌需要，此时酵母菌主要利用配料中加入的糖作为碳源。因此，在面包和苏打饼干面团发酵初期加入糖会促进酵母菌繁殖，加快发酵速度。

在加糖时需要注意，当糖量超过一定限度，反而会延长发酵时间甚至使面团发不起来，这是因为糖的反渗透压作用抑制了面团对水的吸收，使酵母菌缺水，繁生活动受到抑制。

3.3 作为面团改良剂

面粉中的蛋白质吸水胀润形成面筋，赋予面团特有的性质。但当面团中加入糖后，由于糖具有吸湿性，会造成蛋白质分子之间的游离水分减少，使蛋白质分子内外水分形成浓度差，分子内的水产生反渗透作用，从而降低蛋白质的吸水性。糖的这种特性对于面团中面筋的形成是不利的。但是，糖的这种反水化作用对于要求面筋形成比较少的面团的调制是很有利的。

比如，在酥性面团的调配中，一般要求配糖量要高，使面团中面筋的胀润限制在一定程度，以便于后续操作，并可避免由于面筋胀润过度而引起饼干的收缩变形。

3.4 对面团的吸水率及搅拌时间的影响

面筋形成时，主要靠蛋白质胶体内部的浓度所产生的渗透压吸水膨胀形成面筋。糖的存在会增加胶体外水的渗透压，使蛋白质胶粒内部的水分析出，因而使用过多的糖会使蛋白质胶体吸水性下降，阻碍面筋的形成。

糖还影响调粉时面团搅拌所需要的时间。当糖的用量比较少时，这种影响并不明显，由于糖的反水化作用，搅拌时间只需稍加延长，但在糖含量(20%～25%)时，面团完全形成时间大约会增加50%。

3.5 延长保质期

糖的存在可以抑制细菌的生长繁殖。这是由于糖的渗透压作用和细菌菌体竞争与水分子结合，导致菌体脱水，无法正常生长繁殖，因而糖的存在可以延长制品的保质期。

另外，糖是一种天然的抗氧化剂，这是由于还原糖的还原性，而且氧气在糖溶液中的溶解度比在水溶液中的溶解度要低得多，糖的这种抗氧化作用对于制品中易氧化物质的稳定性具有重要保护作用。

3.6 提高食品的营养价值

糖作为三大产能营养素之一，可为人体提供每日生命活动必需的能量。

技能训练

如何合理使用糖？

任务三 油脂的特性

▲【任务描述】

理解油脂的加工特性及其对焙烤食品的影响。

▲【任务实施】

1 油脂的加工特性

油脂的加工特性是指可塑性、起酥性、融合性、乳化分散性、稳定性等。

1.1 可塑性

所谓可塑性就是指被压缩或拉伸后不能恢复原来状态的能力，要求油脂保持变形但不流动。可塑性好的油可与面团一起伸展，因而加工容易，产品质量好。太硬的起酥油容易破坏面团的组织，太软又因接近液状，不能随面团伸展。

1.2 起酥性

可以使制品酥脆的性质即为起酥性。这种作用是通过在面团中阻止面筋的形成，使食品组织比较松散来实现的。一般油的可塑性越好，起酥性就比较好，如果过硬，在面团中会有块状部分残留，起不到松散组织的作用；如果过软，则会在面团中形成油滴，使成品组织多孔、粗糙。

1.3 融合性

融合性是指油脂在制作含油量较高的糕点时，经搅拌处理后保持空气气泡的能力。实验表明，面粉搅拌时混入的空气，都在面粉的油脂成分内，而不存在于面团的液相内。搅拌时面粉混入空气，可形成无数核心气泡，如果油脂包含的空气越多，则油脂颗粒的表面积越大，这样做出的蛋糕制品不仅体积大，而且组织细腻、均匀，品质也很好。

1.4 乳化分散性

乳化分散性是指油脂在与含水的材料混合时的分散亲和性。油脂的乳化分散性越好，油脂颗粒分布就越均匀，这样制得的产品就越松软。在制作奶油蛋糕时，常常需要加入更多的糖，这样就要求水、奶、蛋等的用量都要相应增加，故油脂的分散就会比较困难，因此需要使用乳化分散性好的油脂。

1.5 吸水性

具有可塑性的油脂在没有乳化剂的情况下都有一定的吸水能力和持水能力。吸水性的好坏对制造冰淇淋、焙烤点心类有重要意义。

1.6 稳定性

稳定性是油脂抗酸败变质的性能。在制作需要保存较长时间的焙烤食品时，就需要使用稳定性好的油脂。为了提高油脂的稳定性，往往添加少量的抗氧化剂，并要求所添加的抗氧化剂在焙烤后也能起到抗氧化作用。

2 油脂对焙烤食品的影响

2.1 提高焙烤食品的营养价值

油脂发热量高，在生产一些特殊的压缩饼干、含油量高的制品时，既可以满足热量供给，又可以减轻食品重量，便于携带。

2.2 改善焙烤食品的品质与风味

由于油脂具有可塑性、起酥性和融合性，在面团中添加时，可极大地改善制品的品质和风味。如在搅拌面团时，油脂分布在蛋白质或淀粉周围形成油膜，限制了面粉的吸水作用，从而控制了面团中面筋的胀润性。此外，由于油脂的隔离使已经形成的面筋不易彼此黏和形成面筋网络，从而降低了面筋的弹性和韧性，提高了面团的可塑性。油脂还可在焙烤食品中起到润滑剂的作用，油脂能在面筋和淀粉之间的分界面上形成润滑膜，使面筋网络在发酵过程中的摩擦阻力减小，有利于膨胀。

另外，油脂可以包含空气及发酵过程中产生的 CO_2 气体，使制品体积增大，由于油脂包裹气体后形成大量均匀的气泡，所以使制品内色泽好。对于成品，油脂可在面筋和淀粉之间形成界面，形成单一分子的薄膜，可以防止水分从淀粉向面筋的移动，从而防止淀粉老化，延长制品保存时间。

总之，由于油脂的可塑性、起酥性和融合性，使得制品组织均匀、柔软，口感良好。对于含油量高的饼干、糕点，尤其显得酥松可口。

▲【相关知识】

1 油脂的组成及性能

1.1 油脂的组成

油脂是由一分子甘油和三分子脂肪酸结合而成。脂质除了三酸甘油酯外，还包括单酸甘油酯、双酸甘油酯、磷脂、脑甘油酯类、固醇、脂肪酸、油脂醇、油溶性维生素等。通常所说的油脂是甘油与脂肪酸所形成的酯，而把其他脂质统称为类脂。

1.2 油脂的性能

1.2.1 物理性质

所有油脂都不溶于水，但可溶于醚、苯、四氯化碳等有机溶剂。比水轻，相对密度在0.7～0.9，若是陈旧油，则相对密度稍有增加。

油脂的凝固点比熔点稍低一些。油脂的熔点依其组成的脂肪酸不同而异。含饱和脂肪酸较多的动物油比含不饱和脂肪酸的植物油熔点要高。液体油的黏度随着存放时间的增长而增大，也随着温度下降而增加。稠度也是固体脂的一项重要物理性能，它是测量固体脂硬度的重要指标。因为固体脂是液体脂和固体脂的混合物，所以既有黏性也有硬度。通常用"固体脂指数"来对固体脂的可塑性和稠度进行评价。固体脂指数简称SFI(solid fat index)，就是指在固体脂中含有固体油脂的百分比，SFI在15%～25%的油脂，加工性能较好。

1.2.2 化学性质

油脂与水作用发生水解，生成脂肪酸和甘油。人体对油脂的消化，就是依靠脂肪酶对脂肪的水解作用进行的。在有碱存在时，还产生皂化作用。

油脂暴露在空气中会自发进行氧化作用而产生异臭和苦味，这种现象称为油脂的酸败。酸败是含油食品变质的最大原因之一，因为它是自发进行的，所以不容易控制。

不饱和脂肪酸在催化剂存在下，可以在不饱和键上加氢，使不饱和脂肪酸变为饱和脂肪酸，液态的油变为固态的油脂，这种反应称为加成反应，得到的油称为氢化油。起酥油和人造奶油就是经氢化处理而制得的。不饱和脂肪酸比饱和脂肪酸容易酸败，所以油脂的不稳定性与不饱和脂肪酸的多少有关。

2 常用的油脂

2.1 植物油

植物油品种较多，有花生油、豆油、芝麻油、橄榄油、椰子油、菜籽油等。除椰子油外，其他各种植物油均含有较多的不饱和脂肪酸，其熔点低，常温下呈液态。可塑性较动物性油脂差，色泽为深黄色，使用量较高时易发生走油现象。

2.2 动物油

大多数动物油都具有熔点高、可塑性强、起酥性好的特点。色泽风味均好，常温下呈半固态。奶油和猪油是焙烤食品中常用的动物油，奶油又称黄油或白脱油，由牛乳经离心分离制得。奶油在高温下易软化变形，易受细菌和霉菌的污染，不饱和脂肪酸易发生氧化而酸败，高温和光照会促进氧化的进行。猪油的不饱和脂肪酸占半数以下，多为油酸和亚油酸。猪油的起酥性较好，但融合性稍差，稳定性也欠佳，因此常用氢化处理来提高猪油的品质。

2.3 氢化油

氢化油是将油脂在高温下通入氢气，在催化剂作用下，使油脂中不饱和脂肪酸达到适当的饱和程度，从而提高了稳定性，改变了原有的性质的一类油脂。氢化油在加工过程中通过精炼脱色、脱臭后，色泽纯白或微黄，无臭无异味。其可塑性、乳化性和起酥性均较佳，特别是具有较高的稳定性，不易氧化酸败，是焙烤食品比较好的原料。

2.4 起酥油

起酥油是指精炼的动、植物油脂，氢化油或这些油脂的混合物，经混合、冷却塑化而加工出来的具有可塑性、乳化性等加工性能的固态或流动性油脂产品。起酥油不能直接食用，只是食品加工的原料油脂。起酥油的品种很多，一般植物油再经脱色、脱臭、加氢制成的氢化起酥油，其可塑性、黏稠度、乳化性较好，有高度的稳定性，不易发生氧化、酸败。由部分氢化油脂与未经氧化的油脂配制而成的高熔点起酥油，在糕点制品中应用时，起酥性好且“走油”现象少，存放期也延长。

任务四　乳及乳制品

▲【任务描述】

掌握乳制品的工艺性能及其在焙烤中的作用。

▲【任务实施】

1　乳制品的工艺性能

牛乳的表面张力与牛乳的起泡性、乳浊状态、微生物的生长、热处理、均质作用等有一定关系，牛乳的表面张力随温度的上升而降低，随含脂率的减少而增加，20℃时为$(40\sim60)\times10^{-1}$ N/m^2，表面张力增大有利于泡沫形成。

影响乳品形成泡沫的因素有温度、含脂率和酸度等。低温搅拌时乳的泡沫逐渐减少，在乳脂肪熔点以上搅拌时，泡沫增加。搅拌奶油时，由于机械作用的影响，发生乳脂与空气的强烈混合，空气被打碎成无数细小的气泡，这些气泡充满在乳脂中，1 L乳脂中可高达60亿个气泡。

2　乳制品在焙烤食品中的作用

2.1 提高了制品的营养价值

乳制品中含有丰富的蛋白质、脂肪、糖、维生素等。面粉是焙烤食品的主要原料，但其在营养上的不足是赖氨酸、维生素含量很少。乳粉中含有丰富的蛋白质和几乎所有的必需氨基酸，维生素和矿物质亦很丰富。

2.2 提高面团的吸水性

乳粉中含有大量蛋白质，其中影响面团的吸水率的酪蛋白占蛋白质总量的75％～80％。乳粉的吸水率可达到自重的100％～125％，因此每次增加1％的乳粉，面团的吸水率就相应的增加1％～1.25％。吸水率增加，产量和出品率相应增加，成本下降。

2.3 提高了面团筋力和搅拌能力

乳粉中虽无面筋蛋白质，但其含有的大量乳蛋白质对面筋却有一定的增强作用，提高了面团筋力和面团强度，不会因搅拌时间延长而导致搅拌过度，特别是对于低筋面粉更为有利。加入乳粉的面团更能适合于高速搅拌，高速搅拌能改善面包的组织和体积。

2.4 提高了面团的发酵能力

面团发酵时，面团的酸度增加。发酵时间越长，酸度增加越大。但乳粉中的乳蛋白可用来缓冲面团酸度的增加，增强面团的发酵耐性，使发酵过程变得缓慢，有利于面团均匀膨胀，增大面包体积，面团也变得柔软光滑，便于机械操作。另外，由于乳粉对面团 pH 的影响，可抑制淀粉酶的活性，因此无乳粉的面团发酵要比有乳粉的面团发酵快，特别是低糖面团，这种作用更为有利。同时，乳粉可刺激酵母菌内酒精酶的活性，提高糖的利用率，有利于 CO_2 气体的产生。

2.5 改善了制品的组织

由于乳粉提高了面团筋力，从而可以改善面团发酵耐力和持气性。另外，脱脂乳粉还可以改善面团的颗粒及组织，使面包颗粒细小。因此含有乳粉的制品体积大，组织均匀、柔软、疏松、富有弹性并具有光泽。

2.6 延缓了制品的老化

乳粉中含有大量蛋白质，使面团吸水率增加，面筋性能得到改善，面包体积增大，这些因素都能使制品老化速度减慢，延长保鲜期。

2.7 乳制品是良好的着色剂

牛乳内的主要碳水化合物是乳糖，乳糖具有还原性，同时，由于一般酵母菌没有乳糖酶，故乳糖不能被酵母菌利用，发酵结束后仍然残留在面团中。焙烤食品在烘焙时所形成的颜色主要来自于三种反应，即酶促褐变、美拉德褐变、焦糖化作用。而面包表皮的着色又以非酶褐变作用为主，乳糖作为还原糖可与蛋白质中的氨基酸在有水的条件下发生褐变反应，在面包表面形成诱人的色泽，又因乳糖的熔点较低，在烘焙期间着色快。因此，凡是使用大量乳品的制品，都要适当降低烘烤温度和延长烘烤时间，否则，制品着色过快，易造成外焦内生现象。

2.8 赋予制品浓郁的奶香风味

乳品的营养成分极其丰富，又易于消化吸收，具有很高的营养价值以及具有特殊的风味。因此在焙烤食品中添加乳品，可以提高制品的营养价值，并使制品具有乳香味。

任务五 蛋及蛋制品

禽蛋是用途最多的一种天然食物。禽蛋从营养角度看是最完美的食品之一，也是世界各地区普遍食用的几种食品之一。蛋液经过均质处理和巴氏杀菌后，或进行包装制成新鲜液蛋和冷冻蛋制品，或经过脱水成为干燥蛋制品。蛋品所特有的性能使蛋品在焙烤食品、糖果和面条等许多食品中成为不可替代的重要原料。

▲【任务实施】

1 蛋品的种类

鲜蛋包括鸡蛋、鸭蛋、鹅蛋等，焙烤食品中应用最多的是鸡蛋。在鲜蛋不足时，可以使用蛋制品。蛋制品种类很多,在焙烤食品中所用的蛋制品多为冰蛋、蛋粉、湿蛋黄、蛋白片等。

1.1 冰蛋

冰蛋分为冰全蛋、冰蛋黄与冰蛋白三种。在生产中只要把冰蛋融化后就可以进行调粉制糊,作用基本同鲜蛋一样。冰蛋黄中蛋白质含量低,脂肪含量高,乳化性能好,但是它有消泡作用,其工艺性能远不如鲜蛋。

1.2 蛋粉

蛋粉的含水量低,经密封干燥后,可以在常温下储存,随时取用,很方便。但是由于蛋粉经过100℃高温处理,蛋白质变性凝固,脂肪发生了变化,使蛋粉发泡性、乳化性降低,因工艺性能不好,焙烤食品中应用较少。

1.3 湿蛋黄

生产中使用湿蛋黄要比使用蛋黄粉好,但不如鲜蛋和冰全蛋,因为蛋黄中蛋白质含量低,脂肪含量较高,虽然蛋黄中脂肪的乳化性能很好,但这种脂肪本身是一种消泡剂,因此在生产中湿蛋黄不是理想的原料。

1.4 蛋白片

蛋白片是蛋白经低温干燥制成的片状蛋白。复水后形成蛋白胶体,具有新鲜蛋白液的胶体特性,是焙烤食品中的一种较好原料,但成本较高。

2 蛋在焙烤食品中的作用

2.1 提高制品的营养价值

蛋品中含有丰富的营养成分,如蛋白中至少存在9种以上的蛋白质,这些蛋白质不仅消化吸收率高,而其含有人体所需的必需氨基酸。蛋黄中含有丰富的维生素A、维生素E、维生素D和维生素K,以及1.1%(以灰分计)的无机盐,它们主要有钙、磷、钾、铁。因此,蛋品在焙烤食品中的使用提高了制品的营养价值。此外,鸡蛋和乳品在营养上具有互补性。鸡蛋中铁相对较多,钙较少;而乳品中钙含量高,铁相对较少。因此,在焙烤食品中将蛋品和乳品混合使用,在营养上可以互补。

2.2 改善面点的色、香、味、形

在面包、糕点的表面涂上一层蛋液,经烘焙后呈漂亮的金黄色,这是美拉德反应的呈色作用。加蛋的面包、糕点成熟后具有特殊的蛋香味,并且结构疏松多孔,体积膨大而柔软。

2.3 蛋黄的乳化作用

蛋黄中含有许多磷脂,磷脂具有亲油和亲水的双重性质,是一种理想的天然乳化剂。它能使油、水和其他材料均匀地分布在一起,促进制品组织细腻,质地均匀,松软可口,色泽良好,并使制品保持水分。

2.4 蛋白的起泡作用

蛋中含有丰富的蛋白质,是一种亲水胶体,具有良好的起泡性,在糕点生产中具有重要意义,特别是在西点的装饰方面。蛋白经过强烈搅打,蛋白薄膜将混入的空气包裹起来形成泡沫,由于受表面张力制约,迫使泡沫成为球形,制品在烘烤时,泡沫由于蛋白质凝结而固定,因

此蛋在糕点、面包中起到了膨松、增大体积的作用。

影响蛋白起泡性的因素：

(1)黏度　对蛋白的稳定性影响很大，黏度大的物质有助于泡沫的形成和稳定。在打蛋白时常加入糖，利用糖具有黏度以及有一定的化学稳定性这一特性，增强蛋白的起泡性。值得注意的是，在加糖的过程中，要选择化学性质稳定的糖，避免发生化学反应，产生有色物质。通常选择蔗糖而不选用化学稳定性差的葡萄糖浆、果葡糖浆和淀粉糖浆。

(2)油脂　是一种消泡剂，因此打蛋时应避免与油脂接触。油脂的表面张力很大，而蛋白泡沫很薄，当油脂接触到蛋白气泡时，油脂的表面张力大于蛋白膜本身的延伸力而将蛋白膜拉断，气体从断口处逸散，气泡立即消失。蛋黄和蛋白应该分开使用，就是因为蛋黄中含有油脂的缘故。

(3)pH　对蛋白泡沫的形成和稳定影响很大。蛋白在 pH 为 6.5～9.5 时形成泡沫的能力很强但不稳定。打蛋白时加入酸或酸性物质，可调节蛋白的 pH，偏离蛋白的等电点，使蛋白的溶解性增强，避免蛋白的黏度下降，以增强蛋白的起泡性和泡沫稳定性。

(4)温度　与起泡的形成和稳定有直接关系。鲜蛋在 30℃时起泡性最好，黏度也最稳定，温度太低或太高均不利于蛋白的起泡。夏季温度较高，而打蛋的过程中由于摩擦生热，使鸡蛋所处的实际温度大于 30℃，故打不起泡。因此，需要将鸡蛋放置在冰箱一段时间，使鸡蛋的温度低于 30℃。

2.5　蛋的热凝固性

蛋白对热极为敏感，受热后凝结变性。温度在 54～57℃时，蛋白开始变性，60℃时变性加快。但如果在受热过程中将蛋急速搅打可以防止变性现象。蛋白内加入高浓度的砂糖能提高蛋白的变性温度，当 pH 处于蛋白内主要成分的等电点(4.6～4.8)时，蛋白变性会加快。当蛋白质发生变性后，整个蛋白质分子结构由原来的立体状态变成长的不规则状态，变性的蛋白质分子相互撞击而贯穿缠结，形成凝固体。这种凝固体经高温烘焙便失水成为带有脆性的凝胶片，故在面包、糕点表面涂上一层蛋液，可使制品呈一层光亮色，增加其外形美。

技能训练

如何合理用蛋?

任务六　食品添加剂

食品添加剂的种类很多，而且新的添加剂还在不断涌现。按照食品添加剂的来源不同，可将其分为天然和化学合成两大类。我国将其细分为：酸度调节剂、抗结剂、消泡剂、抗氧剂、漂白剂、膨松剂、胶姆糖基础剂、着色剂、护色剂、乳化剂、酶制剂、增味剂、面粉处理剂、被膜剂、水分保持剂、稳定和凝固剂、甜味剂、增稠剂、香料及其他，共计 22 类。

▲【任务描述】

食品添加剂的应用越来越广泛，如何合理地选用它的种类和用量非常重要，要学会添加剂的种类、性能和用量要求。

▲【任务实施】

1 膨松剂

焙烤食品中，能使制品膨松的物质称为膨松剂，亦称疏松剂。

疏松剂可分为化学疏松剂和生物疏松剂。

1.1 化学疏松剂

化学疏松剂可分为碱性疏松剂和复合疏松剂。

1.1.1 碱性疏松剂

(1)碳酸氢钠($NaHCO_3$) 碳酸氢钠又名小苏打，白色粉末状，无臭、味咸，在温度为60～150℃时分解，每千克小苏打约产气0.26 m^3，加热到270℃失去全部CO_2，遇酸强烈分解。

受热时反应式如下：

$2NaHCO_3 \longrightarrow Na_2CO_3 + CO_2\uparrow + H_2O$

小苏打分解时产生碳酸钠，残留于食品中往往会引起质量问题。若使用过多，则会使饼干碱度升高，口味变劣，心呈暗黄色(这是由于碱和面粉中的黄酮醇色素反应生成黄色)。如果苏打粉单独加入含油脂蛋糕内，分解产生的碳酸钠与油脂在焙烤的高温下发生皂化反应，产生肥皂，因此烤出的产品肥皂味重，品质不良。同时肥皂产生后使蛋糕pH上升，蛋糕内部及外表皮颜色加深，组织和形状受到破坏，所以除一些需要加深制品颜色的蛋糕品种外，苏打粉很少单独使用。

它可以扩大产品表面积。这是因为苏打粉可以溶解面筋，减少面筋强度，消除由于面筋拉力使产品表面难以伸张的影响。同时苏打粉可以增加饼干的颜色，但使用量过多会产生前述缺点。

(2)碳酸氢铵或碳酸铵 碳酸氢铵和碳酸铵在较低的温度(30～60℃)时，就可完全分解，产生CO_2、H_2O和NH_3。因为所产生的CO_2和NH_3都是气体，所以疏松力比小苏打和其他疏松剂都大。产生气体量为小苏打的2～3倍，约0.7 m^3/kg。其分解反应式如下：

$NH_4HCO_3 \longrightarrow NH_3\uparrow + CO_2\uparrow + H_2O$

$(NH_4)_2CO_3 \longrightarrow 2NH_3\uparrow + CO_2\uparrow + H_2O$

由于分解温度过低，往往在烘烤初期就产生大量的气体而分解完毕，不能持续有效地在饼胚凝固定型之前连续疏松，因而不能单独使用。另外，碳酸氢铵和碳酸铵在加热时产生强烈刺激性的氨气，虽然易挥发，但产品中还会有部分氨溶解在水中产生不良风味。

1.1.2 复合疏松剂

为了克服上述疏松剂的缺点，人们研制出了性能最好的、专门用来胀发食品的一种复合疏松剂。复合疏松剂成分一般为苏打粉(20%～40%)配入可食用的碳酸盐(35%～50%)，再加淀粉或面粉(10%～40%)为充填剂而成的一种混合化学药剂。苏打粉和碳酸盐发生中和反应而产生气体，充填剂的作用在于增强疏松剂的保存性，防止吸潮结块和失效，也有调节气体产生速度或使气泡均匀产生等作用。

(1)有机酸与小苏打作用 常用的有机酸为柠檬酸、酒石酸、乳酸、琥珀酸等。

$$\begin{array}{l}COOH\\ |\\ CHOH\\ |\\ CHOH\\ |\\ COOH\end{array} + 2NaHCO_3 \longrightarrow \begin{array}{l}COONa\\ |\\ CHOH\\ |\\ CHOH\\ |\\ COONa\end{array} + 2CO_2\uparrow + 2H_2O$$

有机酸与碱中和而有效地降低饼干的碱度，但是该反应在饼干胚入炉前就已经发生，降低了小苏打的作用，因此可应用酸式盐弥补反应快的特点。

(2)酸性盐类与小苏打并用　这种类型的疏松剂在韧性饼干中用的较普遍，反应发生速度较有机酸慢，也能使小苏打全部分解利用，并降低碱度。常用酸式盐有磷酸二氢钙、酒石酸氢钾、焦磷酸氢钠、钾明矾等。反应式如下：

$$\underset{\text{磷酸二氢钙}}{Ca(H_2PO_4)_2} + \underset{\text{小苏打}}{2NaHCO_3} \longrightarrow \underset{\text{磷酸氢二钠}}{Na_2HPO_4} + \underset{\text{磷酸氢钙}}{CaHPO_4} + 2CO_2\uparrow + 2H_2O$$

1.2　生物疏松剂

生物疏松剂是指酵母菌，焙烤食品中常用面包酵母生产面包和饼干。

1.2.1　酵母菌在焙烤食品中的工艺性能

(1)增大面包体积　酵母菌在面团发酵中产生 CO_2 气体和乙醇，CO_2 的存在，可使面包疏松多孔，体积增大。

(2)改善面团组织结构　面包发酵过程中，面包酵母菌中的酶促使面团中所含各种糖分解，而且也使淀粉、蛋白质发生复杂的生物、化学变化。糖分解产生的 CO_2 气体形成气泡时从内部拉伸面团组织，增强面团弹性；发酵过程中生成的乳酸和醋酸等不仅使面团 pH 下降，有利于酵母菌发酵，而且还增加面团中面筋胶体的吸水和膨润，使面筋软化，延伸性增大。

当发酵完成时，脂质与蛋白质结合松弛，面团软化，因此可以认为面团在发酵过程中，是一个熟成过程，最终得到细密的气泡和很薄的膜状组织。

(3)改进面包的风味　面团发酵时产生的一系列产物，都给面包增添特别的风味。发酵过程中生成的酒精和面团中的有机酸，在焙烤时形成酯类，使面包具有酯香。

(4)增加面包的营养价值　酵母菌的主要组成成分是蛋白质，另外还含有大量的 B 族维生素。这些成分都提高了面包的营养价值。

1.2.2　影响酵母菌活力及发酵力的因素

(1)发酵温度　酵母菌的最适生长温度为 27～28℃，酵母菌在 30℃左右发酵的速度约为 20℃左右时的 3 倍。但温度升高，它的衰亡期也快，所以温度的改变，对发酵的速度及繁殖力有很大的影响。

(2)pH　面包酵母的最适 pH 在 2.5～8.0，pH 低于 2.5 或高于 8.0 其活力受到严重限制。

(3)面团中含氧量　酵母菌在生长过程中，需要利用氧气进行呼吸作用，利于酵母细胞的繁殖，这时发酵受到抑制；反过来，在缺氧条件下，酵母菌则进行发酵。

(4)酵母菌培养世代　接种后酵母菌的生长期不同，其发酵能力也不同。一般选用处于对数生长期或稳定期的酵母菌，发酵力会较强。

2 乳化剂

乳化剂是一种多功能的表面活性剂，乳化剂分子中通常具有亲水和亲油的两种基团，它可介于油和水之间，使一方很好地分散在另一方中，而形成稳定的乳浊液。乳化剂能稳定食品的物理状态，改进食品的组织结构，简化和控制食品的加工过程，改善风味、口感，提高食品质量，延长货架寿命。

2.1 乳化剂的种类

焙烤食品常用的乳化剂有单甘油酯、大豆磷脂、脂肪酸蔗糖脂、丙二醇脂肪酸酯、硬脂酰乳酸钙及山梨醇酐脂肪酸酯等。

2.2 乳化剂的作用

2.2.1 乳化作用

糕点、饼干、奶油蛋糕等焙烤食品中，含有大量油和水。由于油和水都具有较强的表面张力，互不相溶而形成明显的界面。即使加以搅拌，也不能形成均匀、稳定的乳浊液，使产品品质不细腻，组织粗糙，口感差，易老化。如果在生产中加入少量乳化剂，经过搅拌混合，油就会变成微小粒子分散于水中而形成稳定的乳浊液，从而提高产品质量。

2.2.2 面团改良作用

乳化剂的面团改良作用机理就是它能与面筋蛋白质相互作用形成复合物，即乳化剂的亲水基结合麦胶蛋白，亲油基结合麦谷蛋白，使面筋蛋白分子相互连接起来形成结构牢固紧密的面筋网络，增强了面筋的持气性，增大了制品体积。

2.2.3 抗老化保鲜作用

谷物食品如面包、蛋糕、馒头、米饭等放置一段时间后，由软变硬，组织松散、破碎、粗糙，弹性和风味消失，这就是老化现象。实践证明，延缓面包等食品的老化现象最有效的方法就是添加乳化剂，乳化剂抗老化保鲜的作用与直链淀粉和自身的结构又有密切关系。

在面团搅拌阶段，乳化剂被吸附在淀粉粒表面，产生水不溶性物质，抑制了水分的移动，也抑制了淀粉粒的膨胀，阻止了淀粉之间的相互连接。因为在面团搅拌阶段，面团内部还没有达到淀粉糊化膨胀温度，所以淀粉粒没有膨胀，结构仍很紧密牢固，乳化剂进入不了淀粉粒内部，不能与直链淀粉相互作用。

在烘焙阶段，面团内部温度开始上升，当达到60℃左右时，淀粉受热糊化并膨胀。乳化剂由β-敛晶型转变为α-晶型，然后与水一起形成液体晶型的层状分散相向淀粉粒中浸透，与溶出淀粉粒外直链淀粉和淀粉粒内的直链淀粉相互作用，乳化剂被紧紧包在直链淀粉螺旋结构里形成强复合物，直链淀粉在淀粉粒中被固定下来，向淀粉周围自由水中溶出的直链淀粉减少，乳化剂的亲油基进入直链淀粉螺旋结构形成不溶性复合物，防止了淀粉粒之间的再结晶而发生老化。乳化剂除与直链淀粉形成不溶性复合物而产生抗老化作用外，还促进了水分向面筋转移，因而增加了面包心的柔软度，延缓了面包老化。

乳化剂从来源上可分为天然和人工合成两大类，按其在两相中所形成乳化体系的性质又可分为两类。一类是形成水包油(O/W)型乳浊液的亲水性强的乳化剂；另一类是形成油包水(W/O)型乳浊液的亲油性强的乳浊液。亲油性和亲水性的平衡十分重要，表示乳化剂的亲水基和亲油基的平衡指标的最常用方法是 HLB 法，即亲水亲油平衡值法。HLB 值低，表示乳化剂的亲油性强，易形成油包水型体系，HLB 值高，表示乳化剂的亲水性强，易形成水包油型体系。

3　面团改良剂

在制造面包、饼干等焙烤食品时，为了改善面团的性质、加工性能和产品质量，需要添加一些化学物质，此类化学物质称为面团改良剂。

3.1　氧化剂

氧化剂是指能够增强面团筋力，提高面团弹性、韧性和持气性，增大产品体积的一类化学合成物质。

3.1.1　氧化剂的种类

常用的氧化剂有抗坏血酸、偶氮甲酰胺等。

3.1.2　氧化剂的使用方法

(1)氧化剂的添加方法　氧化剂一般很少单独添加使用，通常都是配成复合型的添加剂来使用。抗坏血酸在焙烤行业中正在被广泛地使用，抗坏血酸与溴酸钾复合使用效果更加突出。但由于溴酸钾对人体有害，故不宜在食品中添加。

(2)氧化剂的添加量　氧化剂的添加量可根据不同情况来调整，高筋面粉需要较少的氧化剂，低筋面粉则需要较多的氧化剂。氧化剂用量对面团和面包品质的影响见表 3-2。

通常在面团加工期间，对面团的机械加工越多，生物化学变化越激烈，氧化剂的需要量就越多。

表 3-2　氧化剂用量对面团和面包品质的影响

氧化剂用量不足		氧化剂用量过度	
面团性质	面包品质	面团性质	面包品质
可延伸 面团很软 面团发黏 稍有弹性 机械性能差	体积小 表皮很软 组织不均匀 形状不规整	面团很硬、干燥 弹性差 不易成型 机械性能好 表皮易撕裂	不易切开 体积小 表皮很粗糙 组织细密 有大孔洞

3.2　还原剂

还原剂是指能够调节面筋胀润度，使面团具有良好可塑性和延伸性的一类化学合成物质。生产中常用的还原剂有 *L*-半胱氨酸、亚硫酸氢钠、山梨酸、抗坏血酸等。还原剂可将—S—S—键断裂成—SH 键，由于面筋中二硫键和硫氢键之间的相互交换作用，使面筋二硫键的接点易于移动，使面筋的结合力松弛，增强了面团的延伸性。如果适量使用还原剂，不仅可以使发酵时间缩短，还能改善面团的加工性能。

3.3　钙盐

钙盐的作用主要是调整水的硬度，而且一些钙盐还可以中和发酵过程中产生的酸，使发酵在适当的 pH 环境下顺利进行。

3.4 铵盐

主要有氯化铵、硫酸铵、磷酸铵等，因为含有氮元素，所以主要充当酵母的食物，促进发酵。并且这些铵盐分解后的盐酸对调整 pH 也有一定作用。

△【相关知识】

1 氧化剂在面团中的作用机理

1.1 抑制蛋白酶活性

面粉蛋白质组成中的半胱氨酸和胱氨酸中，含有—SH 基团，它是蛋白酶激活剂。在面团调制过程中被—SH 基团激活的蛋白酶强烈分解面粉中的蛋白质，使面团筋力下降。加入氧化剂后，—SH 基团被氧化失去活性，丧失了激活蛋白酶的能力，从而保护了面团的筋力和工艺性能。

1.2 氧化硫氢基团形成二硫键

面筋蛋白质中含有两种基团，即—SH 和—S—S—。—S—S—基团越多，蛋白质分子越大，因为—S—S—基团可使许多蛋白质分子结合起来形成大分子网络结构，增强面团的持气性、弹性和韧性。

1.3 面粉漂白

面粉中含有胡萝卜素、叶黄素等植物色素，使面粉颜色暗淡，无光泽。加入氧化剂后，这些色素被氧化褪色而使面粉变白。

1.4 提高蛋白质的黏结作用

氧化剂可使面粉中不饱和的类脂物氧化成二氢类脂物，二氢类脂物可更强烈地与蛋白质结合在一起，使整个面团体系变得更牢固，更有持气性及良好的弹性和韧性。

2 防腐剂

从广义上来讲，凡能抑制微生物的生长活动，延缓食品腐败变质或生物代谢的化学制品均为防腐剂。目前，我国允许使用的两种人工合成化学防腐剂为苯甲酸钠和山梨酸钾。

苯甲酸的抗菌机理为阻碍微生物细胞的呼吸系统，使三羧酸循环难以正常进行。苯甲酸难溶于水，故使用防腐剂都使用苯甲酸钠，但实际防腐成分仍来自苯甲酸。山梨酸钾的抑菌机理为抑制微生物尤其是霉菌细胞的脱氢酶系统活性，并与酶系统中的巯基结合，使多种重要的酶系统被破坏。值得注意的是，山梨酸钾有极微弱的毒性，对人体皮肤和黏膜有刺激性，因此应注意山梨酸钾的添加量。另外，山梨酸钾对微生物污染严重的食品防腐效果不明显，此时微生物可以利用山梨酸钾作为碳源，反而利于微生物的生长。

3 抗氧化剂

由于焙烤食品中含有油脂，在储存、加工和流通过程中，制品中的油脂类组分易受空气中 O_2 的氧化作用引起变色或变味，并会生成有害物质，特别是油脂和富脂食品常因氧化而酸败。近半个世纪以来，在油脂和富脂食品中加入抗氧化剂以抑制或延缓食品在加工或流通储存过程中氧化变质已成为食品加工中的重要手段。

3.1 各国认可允许使用的食品抗氧化剂

BHA(丁基羟基茴香醚)、BHT(二丁基羟基甲苯)、PG(没食子酸丙酯)、4-己基间苯二酚、(异)抗坏血酸盐(酯)、甘草提取物、茶多酚、TBHQ(特丁基对苯二酚)、磷脂、生育酚、硫代二丙酸二月桂酯。上述抗氧化剂中 BHA、BHT、PG、TBHQ 和生育酚在国际上被广泛使用,它们可以单独使用或与柠檬酸,抗坏血酸等酸性增效剂复合使用,可满足大部分食品制品的需要。

3.2 油脂氧化酸败机理

脂肪和油存在于几乎所有的食品中,是重要的营养物质,其化学结构是甘油和长链脂肪酸形成。脂肪及油的变质主要由于水解及氧化两个化学过程。水解不但会产生苦味或类似肥皂的口感,还会产生水解性酸败。

在许多食物制成品中的油脂类常因氧化导致酸败而影响了食品的货架期。不饱和脂肪酸和油的氧化是由于暴露于光、热环境中。另外,它们在金属离子的激发下发生氧化反应而形成游离基,游离基和氧反应生成过氧化物游离基,过氧化物游离基从另一个脂肪分子中吸取一个氢离子形成另一个脂肪游离基,这种游离基氧化反应的传播形成链状反应。脂肪的氢化过氧化物分解成醛、酮或酸,这些分解产物具有酸味的气味和口感,这正是脂肪及油酸败的特征。

3.3 抗氧化剂特性和功能

3.3.1 特性

(1)低浓度有效。

(2)与食品可以安全共存。

(3)对感官无影响。

(4)无毒无害。

3.3.2 抗氧化剂的功能

主要是抑制引发氧化作用的游离基,如抗氧化剂可以迅速地和游离脂肪酸或过氧化物游离基反应,形成稳定、低能量的抗氧化剂游离基产物,使脂肪的氧化链式反应不再进行,因此在应用中抗氧化剂的添加越早越好。

3.4 抗氧化剂增效剂

增效剂常和抗氧化剂复配加于油中以增进抗氧化功能,有的增效剂就列于抗氧化剂种类之中。比较重要的增效剂有柠檬酸及其酯类(如柠檬酸单甘油酯)、抗坏血酸及其酯类(如抗坏血酸棕榈酸酯)。柠檬酸及其酯常用于复配化学合成的抗氧化剂,而抗坏血酸及其酯则用于复配天然的抗氧化剂。

3.5 抗氧化剂的应用

复配型抗氧化剂可改善抗氧化剂的效果,便于使用。复配型抗氧化剂一般含有一个或几个主要抗氧化剂,复配酸性增效剂能溶解于食品的溶剂中,这些溶剂包括植物油、丙二醇、油酸单甘油酯、乙醇、乙酰化单甘油酯。表 3-3 为没食子酸丙酯被 FAO/WHO 批准的使用对象及使用量。

表 3-3 没食子酸丙酯被 FAO/WHO 批准的使用对象及使用量 %

食品	用量
动物油	0.001～0.01
植物油	0.001～0.02
全脂奶粉	0.005～0.01
人造奶油	0.001～0.01

4 增稠剂

增稠剂是改善或稳定食品的物理性质或组织状态的添加剂，它可以增加食品黏度、增大产品体积、可增加蛋白膏的光泽、防止砂糖再结晶、提高蛋白点心的保鲜期等。

4.1 琼脂

琼脂又称冻粉。琼脂吸水性和持水性很强，在冷水中浸泡可以吸收 20 多倍的水，琼脂凝胶含水量可高达 99%。其耐热性也很高，有利于热加工。琼脂多用于搅打蛋白膏和水果蛋糕的表面装饰等。

4.2 明胶

明胶是亲水性胶体，又有保护胶体的作用。凝固力比琼脂小，其凝固物柔软，富于弹性。

4.3 海藻酸钠

海藻酸钠又称褐藻酸钠，黏度在 pH 6～9 时稳定，加热到 80℃以上则黏度降低，具有吸湿性，其水溶液与钙离子接触时生成海藻酸钙而形成凝胶。

4.4 果胶

果胶溶于 20 倍水则成黏稠状液体，与 3 倍或 3 倍以上的砂糖混合则更容易溶于水，对酸性溶液比较稳定。

5 食用香精及食用色素

5.1 食用香精

香精是由多种香料调制而成的。香料可分为天然香料和人造香料两大类。常用天然香料有柑橘油类和柠檬油类，如甜橙油、橘子油、红橘油、柚子油、柠檬油、香柠檬油、白柠檬油等品种。食用香精按溶解性分，可分为水溶性香精和脂溶性香精。水溶性香精是用蒸馏水、乙醇、丙二醇或甘油为溶剂，调配各种香料而成，一般为透明液体，由于易于挥发，所以适用于冷饮品、冰激凌等。油溶性香精是用精炼植物油、甘油或丙二醇为溶剂与各种香料调配而成，一般是透明的油状液体。主要用于饼干、蛋糕、糖果及烘烤食品的调香。香味物质的添加量应根据食品品种和香精、香料本身的香气强烈程度而定。

香精和香料都有一定的挥发性，应该尽可能在冷却阶段或在加工后期加入，减少挥发损失。对于高温焙烤的食品尽量使用耐热性较好的油溶性香精。

多数香精、香料的特性在碱性条件下易受影响，因此在添加香精、香料时，尽量避免与化学疏松剂接触。

5.2 食用色素

食用色素是以使食品着色和改善食品色泽为目的的食品添加剂。具有美丽色泽的食品，可以增强人的食欲，增加生活的色彩。食用色素按其来源和性质分可分为食用天然色素和食用合成色素。

5.2.1 食用天然色素

来源于动物、植物、微生物，基本上是植物色素。此外，它们还包括少量无机色素。天然色素着色时色调比较自然，安全性较好，不少天然色素还具有营养和医疗作用。但其成本较高，着色力和稳定性通常不如合成色素。生产中常用天然色素有红曲色素、紫草红、姜黄素、焦糖等。

红曲色素也称红曲米，是将红曲霉接种于蒸熟的大米，经培育制得的产品为红曲米，然后用酒精提取红曲色素。红曲色素为橙红色。对 pH 相对稳定，耐热(120℃以上也相当稳定)、耐光，几乎不受氧化剂和还原剂影响。在香肠、火腿、糕点、酱类、腐乳中等适用。

紫草红制品为鲜红色粉末，色调随 pH 变化而不同。在焙烤食品中不宜使用，常用于夹心。

姜黄素是从姜黄植物中提取出来的，为橙红色粉末。在碱性时呈红色，中性、酸性时呈黄色。有特殊味道和芳香，但稳定性差。

焦糖也是天然色素，为红褐色或黑褐色的液体或固体。以前常用于酱油、醋等调味品的生产，现在罐头、糖果、饮料和饼干中经常使用。

5.2.2 食用合成色素

主要是用人工、化学合成的方法所制得的有机色素。合成色素较天然色素色彩鲜艳，色泽稳定，着色力强，调色容易，成本低廉，使用方便。但大部分合成色素无营养价值，而且多数对人体有害。生产中常用合成色素主要有以下几种：

(1)苋菜红　苋菜红为紫红色均匀粉末，无臭。它对氧化还原作用敏感，故不适于在发酵食品中使用，但在不发酵的饼干中能较好地保持色泽。苋菜红有较好的耐光、耐热、耐碱及耐酸性能，但它在碱性溶液中会变色呈暗红色。

(2)胭脂红　胭脂红也称丽春红 4 号，为红色或深红色粉末，无臭。其耐酸、耐光性好，耐热、耐碱性差，安全性高。

(3)柠檬黄　也称肼黄，为橙黄色均匀粉末，无臭。耐热、耐碱、耐酸及耐盐性较强，遇碱稍微变红，还原时褪色。在安全性方面也还没有发现问题，因此，柠檬黄是焙烤食品中使用最广泛的一种合成色素。

(4)日落黄　日落黄又称橘黄，为橙色颗粒或粉末，无臭，易溶于水。耐光、耐热、耐酸性非常强，耐碱性尚好，遇碱呈红褐色，还原时褪色，也是一种安全性较好的色素。

(5)靛蓝　靛蓝为蓝色均匀粉末，无臭，0.05%的水溶液呈深蓝色。染色力好，但对光、热、酸、碱、盐及氧化都很敏感，稳定性差。

色素在使用时不宜直接使用粉末，以免分布不均匀，造成色素斑点的形成。一般先配成溶液后再使用。配制时应用去离子水，避免使用金属容器。随配随用，溶液配制后不宜久存，应避光密封保存。

6 食盐

6.1 食盐的作用

食盐在面包中的作用如下：

(1)提高面包的风味。食盐是一种调味物质，被称为百味之王，能刺激人的味觉神经。它可以突出原料的风味，衬托发酵后的酯香味，与砂糖的甜味相互补充，使甜味变的鲜美、柔和。

(2)调节和控制发酵速度。食盐对面团发酵速度的影响表现在正反两个方面：一方面，食盐是酵母的必需养分之一，因此，在面团中添加适量食盐，有利于酵母的生长繁殖；另一方面，盐的用量超过面粉 1%时，就能产生明显的渗透压，对酵母发酵有抑制作用，降低发酵速度。因此，可以通过增加或减少配方中食盐的用量来调节和控制面团发酵的速度。

(3)增强面筋筋力。食盐易溶于水，并形成水化离子，使溶液的渗透压增加，在面团中加入适量食盐，可以抑制蛋白酶活性，减少其对面筋蛋白的破坏。食盐可使面筋质地细密，增强面筋的立体网状结构，易于扩展延伸。同时，能使面筋产生相互吸附作用，从而增加面筋弹性。因此，低筋粉可使用较多的食盐，高筋粉则少用盐，以调节面粉筋力。

(4)改善制品的内部颜色。食盐虽然不能直接漂白制品的内部组织，但由于食盐改善了面筋的立体网状结构，使面团有足够的能力保持 CO_2。同时，食盐能够控制发酵速度，使产气均匀，面团均匀膨胀、扩展，使制品内部组织细密、均匀，气孔壁薄呈半透明，阴影少，光线易于透过气孔壁，故制品内部组织色泽变白。

(5)增加面团搅拌时间。如果搅拌开始时即加入食盐，由于食盐的渗透压作用，会减缓面团的吸水，使面团搅拌时间增加 50%～100%。因此食盐使用时应注意加入时间。

6.2 食盐的使用

作为焙烤食品生产的用盐，必须符合有关质量及卫生标准，要求其色泽洁白，无可见的外来杂质，无苦味、无异味，氯化钠含量不得低于 97%。

食品无论采用何种制作方法，都应采用后加盐法，即在面团搅拌的最后阶段加入。一般在面团的面筋扩展阶段后期，即面团不再黏附搅拌机缸壁时，食盐作为最后加入的原料，然后适当搅拌即可。

7 其他配料

在焙烤食品加工中，除使用上述原辅料外，还可以添加果料、酵母营养剂等配料。

7.1 酵母营养剂

为了进一步提高面包质量，近年来，国内外已广泛使用酵母营养剂。酵母营养剂通常是由氧化剂、酵母可利用的矿物质为主料，再添加淀粉或小麦粉作填充剂等组成。其主要作用为增加酵母菌营养，改善面团性质及水质，调节面团 pH 等。

7.2 营养强化剂

利用现代科学技术在某些食品中强化人体所需要的营养素，是改善国民营养状况的既经济又有效的途径。所谓强化是指在食品中加入某些天然的或人工合成的营养素，这些营养素叫食品强化剂，被强化的食品称强化食品。我国《食品强化剂使用卫生标准》明确规定了我国允许强化的营养素。在食品中可能缺乏而实际需要强化的营养素主要是氨基酸及含氮化合物、维生素和矿物质三大类。

强化的氨基酸主要是一些必需氨基酸或它们的盐，包括赖氨酸、蛋氨酸、苏氨酸和色氨酸等，尤以赖氨酸最重要。此外，对婴儿尚有必要适当强化牛磺酸。

维生素是一类维持机体生命和健康必不可少的营养素，它不能或几乎不能在人体内合成，必须从外界不断摄取。鉴于维生素在人体内的地位，在食品中对维生素进行强化是很有必要的。人体易于缺乏，需要强化的脂溶性维生素有维生素 A 和维生素 D，近年认为适当强化维生素 E 也很重要；水溶性维生素有 B 族维生素和维生素 C。水溶性 B 族维生素包括维生素 B_1、维生素 B_2、维生素 B_3、维生素 B_6、维生素 B_{12} 以及叶酸等。它们在体内通过构成辅酶发挥其对物质代谢的影响。对婴幼儿还可进一步强化胆碱和肌醇。

▲【思考题】

1. 简述各种原辅料的作用。

2. 简述各种原辅料的特性。

项目四 糕点类生产

糕点是以面粉、糯米、砂糖、油脂为主要原料，配以蛋品、乳品、果仁等辅料，经过面团或面浆调制、成型、装饰等加工工序，以人们的嗜好要求为基础制成的调理食品。

糕点是焙烤食品中的一大类，品种繁多，分类复杂。根据糕点的用料及产品特征可分为蛋糕和点心两大类。

任务一 糕点的基本加工工艺流程

▲【任务描述】

工艺流程单项训练：熟练糕点加工制作过程，掌握各项操作技术要点，举一反三。

▲【任务实施】

各类糕点的制作工艺虽有所不同，但总的基本加工工艺流程仍可大致归纳为：原料的选择与配比→原料的预处理→面团（糊）的调制→成型→熟制→冷却→装饰→成品。

1 原料选择与配比

各类糕点都有一定的配方，但配料的种类和用量并不是一成不变的，可以根据条件和需要在一定范围内进行变动，这种变动需遵循一定的配方平衡原则。

糕点原料按其工艺性能可分为以下几组：干性原料（包括面粉、奶粉、淀粉、发酵粉、砂糖、可可粉等）、湿性原料（鸡蛋、牛奶、水）、强性原料（面粉、鸡蛋、牛奶）和弱性原料（糖、油、发酵粉）。干性原料需要定量的湿性原料湿润，才能调制成面团或面浆料。强性原料含有高分子的蛋白质，特别是面粉中的面筋蛋白质是构成制品的基本骨架物质。相反，弱性原料是低分子成分，具有减弱或分散制品结构的作用，使制品具有松散酥脆的结构，但必须有强性原料的携带才能发挥作用。

配方平衡的基本原则是在一个合理的配方中应该满足干性原料和湿性原料的平衡以及强性原料与弱性原料的平衡。

1.1 面粉

糕点专用粉的蛋白质和湿面筋含量一般要求在 9.5%～10%和 22%～25%范围。面筋的含量低于 21%时，易造成面皮强度过弱，引起面团易黏辊、难成型、成品糕点易碎等问题。

1.2 油脂

油脂多少对糕点质量影响很大，当油脂少时，会造成产品严重变形、口感硬、表面干燥无光泽、面筋形成多，虽增强了糕点的抗裂能力和强度，但减少了内部松脆度。反之，油脂多时，能助长糕点疏松起发，外观平滑光亮，口感酥化。糕点生产中常用的油脂有各种植物油、猪油、奶油、人造奶油等。不同焙烤食品应选用不同的焙烤油脂。对于烤制糕点，选用油性大、稳定性高的油脂，增加其保存期，氢化白油较为理想，猪油也常常被选用。

1.3 糖

糖在糕点中的使用不仅可以改变糕点的色、香、味和形态，还起着面团改良剂的作用，适量的糖可以增加制品的弹性，使制品体积增大，调节面筋涨润度，抑制细菌的繁殖，延长糕点储存期。糕点生产中常用的糖有白砂糖、绵白糖、红糖等。白砂糖在使用前需要用水溶解，再过滤、除杂或磨成糖粉过滤除杂，糖浆也需要过滤使用。

1.4 蛋

蛋对改善和增加糕点的色、香、味、形及营养价值有一定的作用。糕点中常用的蛋类为鸡蛋及其制品。

1.5 乳品

增加营养并使制品有独特乳香味。常用的乳品有鲜牛奶、炼乳、奶粉等，以奶粉为最多。

1.6 果料、疏松剂及其他辅料

果料的加入增加了糕点的营养价值和风味；糕点生产中常用的疏松剂是化学疏松剂碳酸氢钠、碳酸氢铵、碳酸钠及发酵粉；除此之外，还有调味剂、香精、色素及营养强化剂等。

2 原料的预处理

根据产品特点选择合适的原辅料，并对原辅料进行预处理。如鸡蛋的清洗、去壳，面粉的过筛疏松、碎团等。

3 面团(糊)的调制

按一定次序投料后，通过搅打、翻拌或搅拌的方式将原辅料混合，调制成所需要的面团或面浆料。糕点制作所需面团大致可分为酥性面团、韧性面团、塑性面团和面浆四大类。

3.1 酥性面团

不形成面筋或仅形成少量面筋，调制时先将油、糖、蛋、疏松剂等调成乳状液，再拌入面粉，调制只进行翻拌，不进行揉和，且调制时间尽量短，调成的面团，疏松，宜硬不宜软，手握成团。

调制时注意几点：

(1)辅料预混合必须充分乳化，乳化不均匀会出现浸油出筋等现象。

(2)加入面粉后，要控制好搅拌速度和时间，尽可能少揉搓面团，均匀即可，防止起筋。

(3)控制面团温度不要过高，否则，面团会加速老化，容易起筋，也容易使面团走油，一般控制在 20～25℃较好。

(4)调制好的面团不需要静置，应立即成型，并做到随用随调。

3.2 韧性面团

韧性面团是将面粉、水及其他辅料(如食盐、蛋、疏松剂等)放入调粉机内，充分搅拌，使小麦粉充分吸水形成大量面筋。面团经充分调制，达到适当弹性即可停机。如果为手工调制，要求充分揉压面团，使面团达到一定柔软度和充分起筋。面团调制结束后静置 15～20 min（醒面），使面团内应力消除，变得更均匀，同时降低部分弹性，增加可塑性和延伸性，便于成型操作。韧性面团要求面筋充分形成，压成面皮或搓成细条都不易断裂，对面团的要求是表面光洁、均匀，有良好的弹性和延伸性。

3.3 塑性面团

塑性面团是介于以上两者之间，这种面团要求形成一定数量的面筋，既要有一定的韧性，又需良好的可塑性。

蛋糕、长寿糕的制作一般都使用面浆料，调制时先将蛋液和砂糖放入打蛋机中搅打，当体积增大到原体积的 1.5～2.0 倍时再加入面粉，慢速搅拌，拌匀即可，尽量避免面筋的形成。

糕点制作中，面团或面浆调制的关键是面筋形成的多少。

4 成型

糕点成型是生产中的关键性环节，成型方法主要有手工成型、机械成型和印模成型。

手工成型比较灵活，可以制成各种各样的形状，所以糕点制作仍以手工成型为主，手工成型又包括多种手法，如搓、捏、擀和挤注成型等。

机械成型是在手工成型的基础上发展起来的，是传统糕点的工业化，目前西式点心中机械成型的品种较多，中式糕点机械成型相对较少。常见的糕点机械成型方式主要有压延、切片、浇模、辊印、包馅等。印模成型是借助于木制的或铁制的模具，使制品具有一定的外形或花纹。木制模具一般用于蒸制成熟的产品，铁制模具一般用于焙烤成熟的产品。

5 熟制

熟制是糕点由生坯通过加热熟化的过程，熟制的方法主要有焙烤、油炸和汽蒸。其中以焙烤最为普遍，在此主要介绍焙烤技术。

焙烤是把成型的糕点生坯，送入烤炉内，经过加热使产品烤热定型，并具有一定的色泽。焙烤过程中发生一系列的物理、化学和生物化学变化，如水分蒸发、气体膨胀、蛋白质凝固、淀粉糊化、糖的焦糖化与美拉德褐变反应等，焙烤对产品的质量与风味有着重要影响。焙烤熟制的关键是控制好炉温和时间。焙烤温度和时间的选择应根据糕点配料、饼坯的大小、厚薄、含水量的多少，以及烤炉的性能在实践中进行摸索。

焙烤糕点应根据品种选择不同的炉温，常用的炉温有以下三种：

(1)低温　小于 170℃，主要适宜烤制白皮类、酥皮类、水果蛋糕等糕点。产品要保持原色。

(2)中温　在 170～200℃的炉温，主要适宜于烤制大多数蛋糕、甜酥类及包馅类等糕点。产品要求表面颜色较重，如金黄色。

(3)高温　是 200～240℃的炉温，主要适宜于烤制酥类，部分蛋糕及其他糕点的一部分品种等。产品要求表面颜色很重，如枣红色或棕褐色。

一般而言，炉温越高，所需焙烤时间越短；炉温越低，所需焙烤时间越短长。糕体越大或越厚，焙烤时间越长；糕体越小或越薄，焙烤时间越短。蛋糕大小、焙烤温度、时间的关系见表 3-4。

表 3-4 蛋糕大小、焙烤温度、时间的关系

蛋糕重量/g	炉温/℃	焙烤时间/min	上下火控制
<100	200	12～18	上下火相同
100～450	180	18～40	下火较上火大
450～1 000	170	40～60	下火大，上火小

6 冷却

糕点熟制结束时，温度和水分含量都较高，需要在冷却过程中挥发水分和降温，才能保持正常的形态，大多数品种冷却到 35～40℃进行包装。有些需要装饰的糕点出炉后，先在烤盘内冷却 10 min，取出继续冷却 1～2 h，然后再加奶油或巧克力等需要的装饰。另外，还有些糕点（如海绵蛋糕）出炉后应马上翻转使表面向下，以免遇冷而收缩。

7 装饰

许多糕点在包装前需要进行装饰，装饰能使糕点更加美观，也增加糕点的风味和品种。常用的装饰方法有色调装饰、裱花装饰、馅料装饰、表面装饰和模型装饰。装饰需扎实的基本功，熟练精湛的技术，同时还涉及审美情调和艺术想象力。

▲【常见问题与解决方法】

（1）糕点中含水量较低的品种如甜酥类、酥皮类、干性糕点类以及糖制品等，在保管过程中，如果空气温度较高时，便会吸收空气中的水汽而引起回潮，回潮后不仅色、香、味都要降低，而且失去原来的特殊风味，甚至出现软塌、变形、发韧、结块现象。含有较高水分的糕点如蛋糕、蒸制糕点类品种在空气中温度过低时，就会散发水分，出现皱皮、僵硬、减重现象，成为干缩。糕点干缩后不仅外形起了变化，口味也显著降低。糕点中不少品种都含有油脂，受了外界环境的影响，常常会向外渗透，特别是与有吸油性的物质接触（如油纸包装），油分渗透更快，这种现象称为走油。糕点走油后，会失去原有的风味。糕点是营养成分很高的食品，被细菌、霉菌等微生物侵染后，霉菌等极易生长繁殖，就是通常所见的发霉。糕点一经发霉后，必定引起品质的劣变，而成为不能食用的食品。

（2）糕点存放时间过长，所含油脂在阳光、空气和温度等因素的作用下发生脂肪酸败。脂肪水解成甘油和脂肪酸，脂肪酸氧化产生醛和酮类物质，产生使人不愉快的酸败味，有些还对胃肠黏膜有刺激作用并可引起中毒。为了防止糕点的霉变或脂肪酸败，应注意原料检验。不能使用已有酸败迹象的油脂或核桃仁、花生仁和芝麻。糕点箱上应注明生产日期。含水分高于 9%的糕点不宜用塑料包装，以防霉变。此外，某些糕点可以加入一定数量的抗氧化剂，但所用抗氧化剂应当符合食品添加剂卫生标准的要求。

（3）烘焙食品行业中，素有“三分做，七分火”之说。因此，烘焙温度在蛋糕加工中有着重要的作用。以下是制作蛋糕时因温度不当而常见的各种问题及解决办法。

①调制面糊时温度控制不当。

调制蛋白蛋糕面糊时，搅打鸡蛋白起发的温度应在 17～22℃。温度过低，鸡蛋白过于黏稠，空气不易充入；温度过高，鸡蛋白较稀薄，保持空气泡的能力降低，影响面糊中的空气含量。

调制全蛋海绵蛋糕面糊时，搅打鸡蛋和砂糖起发的温度，在40℃左右时最易充入空气。温度过高，鸡蛋蛋白质易变性凝固；温度过低，则需延长搅打时间才能达到需要的起发程度。

调制奶油蛋糕面糊时，搅打脂肪与砂糖粉或面粉起发的最适温度在22℃左右。温度过低，脂肪的固体脂肪指数过高，稠度较大，搅打时不易充入空气；温度过高，固体脂肪指数太低，包含空气气泡的能力降低，影响面糊中空气泡含量。

②烘烤温度不当，使蛋糕体积缩小。

炉温太高，面糊表层凝固太快，阻碍蛋糕体积向上涨发；炉温太低，虽然面糊表层凝固慢，烘烤开始时蛋糕体积增长很快，但在烘烤后期或出炉冷却时，蛋糕体积也会缩小。

解决方法：用适当的温度进行烘烤。

③烘烤温度太高，使蛋糕顶面收缩变小，中部向上凸起甚至发生裂纹或裂口。

烘烤温度太高或烤室内面火过强，会使面糊顶面受高热凝固、干燥结皮太快，阻碍内层面糊的涨发，形成蛋糕顶面不平，中部向上凸起甚至发生裂纹或裂口。烤炉温度太高，还会使蛋糕的顶面向中间收缩变小，烤模的四周边缘比较光洁。如果是蛋糕顶部色泽过深，则应适当降低面火温度；相反底面色泽过深，则应适当降低底火温度使蛋糕顶面和底面上色均匀。

解决方法：调整炉温至合适范围。

④烤炉温度太低，使蛋糕组织孔洞大小不均。

烤炉烘烤温度太低，蛋糕在烤炉中体积膨胀过大，在冷却时顶面会向下凹陷。蛋糕的顶面向中间收缩变小，烤模的四周边缘上会黏有面屑，且体积减小组织紧密，韧性较大，使蛋糕组织粗糙孔洞大小不均。

解决方法：适当提高烘烤温度。

⑤烘烤温度太高，蛋糕外熟而内生。

烘烤温度过高时，表层上色快，当外表色泽已深而中心内部尚未被烤熟或刚凝固，其组织结构不牢，冷却时凝集成团块或有未熟透黏牙的感觉。

解决方法：用竹签插入中心部位来检查，如果竹签上没有黏稠糊状物，表明蛋糕已经被烤熟了。

⑥烘烤温度太低，蛋糕上色较慢。

烘烤温度太低，蛋糕在烤炉中上色较慢，需要延长烘烤时间，这样蛋糕中的水分蒸发损失较多。由于蛋糕中水分较少，使口感上感到不够柔软和润湿。

解决方法：尽可能用较高的温度烘烤，以缩短烘烤时间。

⑦烘烤温度太低，使果料沉降到蛋糕底部；烘烤温度太低，蛋糕面糊在烤炉中体积膨胀太大时，其中的果料沉降到蛋糕的底部。

解决方法：适当提高烘烤温度。

⑧烤室结构不恰当，形成面火温度过高；烤室的层高太低，面火距面糊顶面太近，受辐射热太强，形成面火温度过高。

解决方法：更换适当层高的烤室。

⑨烘烤时间过长，易形成较厚且干燥的皮层，使蛋糕口感不够柔软濡湿。

蛋糕已经被烤熟，色泽已深浅适度时，应及时出炉。如果再继续烘烤下去，由于水分过分蒸发而变得口感干燥，不够柔软润湿，易形成较厚且干燥的皮层，且上色太深成黑褐色，甚至焦化成黑色。

解决方法：尽可能用较高的温度烘烤，以缩短烘烤时间，切不可在蛋糕已烘熟、色泽已适度时，仍继续进行烘烤。

⑩蛋糕未完全烤熟，易发霉和变质。

蛋糕未完全烤熟时，蛋糕中心部位有部分蛋糕面糊未凝固，说明那部分的温度上升得不够高，残留的微生物较多，这种蛋糕最易发霉和腐败变质。

任务二 蛋糕加工

▲【任务描述】

蛋糕是以鸡蛋、面粉、砂糖为主要原料通过机械搅拌作用和化学膨松剂的化学作用制成的具有浓郁蛋香味，质地松软或酥散的焙烤方便食品。其特点是香味浓郁、组织柔软、富有弹性、入口绵软、营养丰富、气孔细密均匀、容易消化吸收。但其水、糖量高，贮藏期短。

▲【任务准备】

蛋糕加工需要的原料和器具。

▲【任务实施】

蛋糕生产主要包括下列过程：原料准备→打糊→拌粉→上模→焙烤（或蒸）→冷却→包装。

1 原料准备阶段

原料准备阶段主要包括原料清理、计量，如鸡蛋清洗、去壳，面粉和淀粉疏松、碎团等。面粉、淀粉一定要过筛（60 目以上）轻轻疏松一下，否则，可能有块状粉团进入蛋糊中，而使面粉或淀粉分散不均匀，导致成品蛋糕中有硬心。

2 打糊

对于以鸡蛋为主的清蛋糕来说，打糊主要是将鸡蛋与糖放于一起充分搅打，使鸡蛋胀发，尽量使之溶有大量空气泡，同时使糖溶解。打好的鸡蛋糊成稳定的泡沫，呈乳白色，体积为原来的 3 倍左右。打糊是蛋糕生产的关键，蛋糊打得好坏将直接影响成品蛋糕的质量，特别是蛋糕的体积质量（蛋糕质量与体积之比）。若蛋糊打得不充分，则焙烤后的蛋糕胀发不够，蛋糕的体积质量便小，蛋糕松软度差。若蛋糊打过头，则因蛋糊的“筋力”被破坏，持泡能力下降，蛋糊下塌，焙烤后的蛋糕虽能胀发，但因其持泡能力下降而表面“凹陷”。

蛋糊的起泡性与持泡能力还与打蛋时的温度有关。打蛋时蛋糊温度升高，则黏稠度下降，起泡性增加，易于起泡胀发，但持泡能力下降。一般在 21℃时，起泡能力和持泡性平衡。因此，冬季打蛋时应采取保暖措施，以保证蛋糊质量。

在工厂生产蛋糕时，有时用蛋量比较少，蛋糊比较稠，则可在打蛋时加入适量的水。因水无起泡性，一般在蛋糊快打好时再加入，否则虽有利于打蛋时起泡，但蛋糊持泡能力太差而影响蛋糕质量。

油脂是消泡剂，当容器周围残留有油脂时，鸡蛋起泡性很差。因此，打蛋时容器一定要清洁。

对于油蛋糕来说，打糊主要是将糖与人造奶油混在一起先搅打，使糖均匀分散于油脂中，再将鸡蛋慢慢加入一起搅打至呈乳白色，即打糊完毕。

与鸡蛋不同，人造奶油起泡性很差，其打糊后的胀发性并不大，不过，油蛋糕的体积一部分是靠膨松剂来达到的。

3 拌粉

拌粉即将过筛(60 目)后的面粉与淀粉混合物加入蛋糊中搅匀的过程。对清蛋糕来说，若蛋糊经强烈的冲击和搅动，泡沫就会被破坏，不利于焙烤时蛋糕胀发。因此，加粉时只能慢慢将面粉倒入蛋糊中，同时轻轻搅动蛋糊，以最轻、最少翻动次数，拌至见不到生粉即可。

对油蛋糕来说，则可将过筛后的面粉、淀粉和膨松剂慢慢加入打好的人造奶油与糖混合物中，用打蛋机的慢档或人工搅动来拌匀面粉。当然不宜用力过猛。

4 装模

为防止面粉下沉，拌糊后的蛋糊应立即装模焙烤。蛋糕模的形状各式各样，因厂而异。模具大小应根据制品特点灵活掌握。如蛋糕糊中油脂含量高，制品不易成熟，选用模具不能太大；蛋糕糊中油脂成分少，组织松软，容易成熟，选择模具的范围比较大。常用材料为不锈钢、马口铁、金属铝。

搅拌完成的面糊，依其产品性质的不同，确定模具是否必须涂油。如油蛋糕及清蛋糕，于装模前需垫入烤模纸，或涂上薄油后再撒少许干粉(面粉)，使其烘烤完成后易于脱模；而戚风类蛋糕则因面糊的密度低，故装模前不应涂油和垫纸，否则产品烘烤后，会因热胀冷缩而下陷。

注模操作应该在 15～20 min 内完成，以防蛋糕糊中的面粉下沉，使产品质地变硬。灌注量一般以 7～8 成为宜。过多，体积膨胀时溢出模外；过少，烘烤时水分蒸发过多，松软度下降。

5 焙烤

烘烤不仅是熟制过程，而且对成品的色泽、体积、内部组织、口感和风味也有重要作用。

烘烤的目的：空气受热膨胀；蛋白质凝固，形成骨架，固定胀大的气泡；淀粉熟化；产生色、香、味。

蛋糕焙烤的炉温一般在 200℃左右。清蛋糕 180～220℃，10～15 min；油蛋糕 160～180℃，40 min。在相同的生产条件下油蛋糕比清蛋糕的温度低，时间长一些。因为油蛋糕的油脂用量大，配料中各种干性原料多，含水量较少，面糊干燥、坚韧，如果烘烤温度高、时间短会发生内部不熟，外部烤煳的现象。而清蛋糕的油脂量少，组织柔软，易于成熟，烧烤时要求温度高一些，时间短一些。大蛋糕比小蛋糕温度低一些，时间长一些。

焙烤过程中，首先烤炉中水蒸气在蛋糕糊表面冷凝积露，待蛋糕糊表面温度上升至 100℃后，水分开始汽化，蛋糕糊内部水分向表面扩散，由表面逐渐蒸发出去。与此同时，蛋糕糊内部气泡逐渐受热膨胀，使蛋糕体积膨胀，当温度达一定程度后，蛋白质凝固和淀粉吸水膨胀胶凝，使蛋糕定型。由于淀粉胶凝需吸收大量水分，故成品蛋糕比较柔软。

当水分蒸发到一定程度后再加上蛋糕表面温度的上升，在表面形成了由焦糖化反应和美拉德反应引起的金黄色，产生了特殊的蛋糕香味。

烤炉可以是间歇式的，也可以是连续式的。

蛋糕在烘烤过程中一般会经历胀发、定型、上色和熟化四个阶段。

(1)胀发　制品内部气体受热膨胀，体积迅速增大。

(2)定型　蛋糕糊中的蛋白质凝固,制品结构定型。

(3)上色　当水分蒸发到一定程度后再加上蛋糕表面温度上升,其表面形成了美拉德反应和焦糖化反应,使表皮颜色逐渐加深而产生金黄色,同时也产生了特殊的蛋糕香味。

(4)熟化　随着热的进一步渗透,蛋糕内部温度继续上升,原料中的淀粉糊化而使制品熟化,制品内部组织烤至最佳程度,既不粘手,也不发干,且表皮光泽和硬度适当。

入炉前应先将烤炉预热至所需温度,在烘烤所需时间的 2/3 时,将烤盘掉头,使受热均匀。

蛋糕烤熟程度可以根据蛋糕表面颜色深浅或蛋糕中心的蛋糊是否粘手为标准。成熟的蛋糕表面一般为均匀的金黄色。若有蛋糊一样的乳白色,说明未烤透;蛋糕中的蛋糊仍粘手,说明未烤熟;不粘手,烘烤可停止。蛋糕烘烤时不宜多次拉开炉门做判断,以免面糊热胀冷缩下陷。

常用的判定方法有:

(1)眼试法　面糊中央微微下陷。

(2)触摸法　手触蛋糕顶部,有沙沙声和硬挺感,可出炉。

(3)蒸制　蒸蛋糕时,先将水烧开后再放上蒸笼,大火加热蒸 2 min 后,在蛋糕表面结皮之前,用手轻拍笼边或稍振动蒸笼以破坏蛋糕表面气泡,避免表面形成麻点;待表面结皮后,火力稍降,并在锅内加少量冷水,再蒸几分钟使糕坯定型后加大炉火,直至蛋糕蒸熟。实际生产中的蒸锅一般均为间歇式的。出笼后,撕下白细布,表面涂上麻油以防粘皮。

6　冷却、脱膜、包装

蛋糕出炉后,应趁热从烤模内取出,然后平放在铺有一层白布的案台上自然冷却。对于大圆蛋糕,应立即翻倒,底面向上冷却,可防止蛋糕表面遇冷收缩变形。在蛋糕冷却过程中应避免重压,以减少破损和变形。冷却后可直接切块销售,也可分块包装出售。

△【相关知识】

1　蛋糕的分类

1.1　根据配料和制作工艺分类

根据配料和制作工艺,蛋糕可分为清蛋糕、油蛋糕和戚风蛋糕,这三大类是各类蛋糕制作和品种变化的基础。

(1)清蛋糕　清蛋糕的特点是由清蛋糊制作的,属于高蛋白、低脂肪、高糖分的食品。根据成熟方法不同而分为烘蛋糕和蒸蛋糕。糕常见的品种有广式莲花、京式桂花蛋糕、宁绍式马蹄蛋糕等。清蛋糕是制作花式蛋糕的基础,以其膨松绵软而广受欢迎。

(2)油蛋糕　油蛋糕的制作除使用鸡蛋、糖和面粉外,还需使用相当数量的油脂以及少量的化学疏松剂,主要依靠油脂的充气性和起酥性来赋予产品特有的风味和组织。油蛋糕营养丰富,具有高蛋白、高热量的特点,质地松散、滋润,具有油脂的特有风味,保持期长,冬季可达一个月,适于旅游、航海、登山之远途携带。油蛋糕有京式大蛋糕、布丁蛋糕。

(3)戚风蛋糕　戚风蛋糕又称泡沫蛋白松糕,此类蛋糕结合了混合面糊类及乳沫类蛋糕的生产特点,以达到改善蛋糕的组织与颗粒。戚风蛋糕质地松软,柔韧性好;水分含量高,口感滋润嫩爽,存放时不易发干,而且不放乳化剂,蛋糕风味突出,因而特别适合生产高档卷筒蛋糕及奶油装饰蛋糕。至于生日蛋糕的底坯,既可用海绵蛋糕类配方,也可用戚风蛋糕类配方,可根据各地方市场及消费者口味、特点选择适当的配方。

1.2 根据配料不同分类

(1)海绵蛋糕　又称清蛋糕,有丰富的、细密的气泡结构,质地松软,富有弹性。

(2)油脂蛋糕　质地酥散,滋润,带有油脂尤其是奶油的特有香味。

(3)水果蛋糕　在油脂蛋糕中加入一种或几种水果制成的果味蛋糕。根据果料加入的多少又可分为重型、中型和轻型三种水果蛋糕。

(4)装饰大蛋糕　以海绵蛋糕或油脂蛋糕为糕坯,经过适当装饰制成的具有一定艺术品位的喜庆蛋糕。糕体装饰得华贵而又高雅,精美而又别致。

2 蛋糕加工基本原理

蛋糕用于膨松充气的原料主要是蛋白和奶油(又称黄油)。

2.1 蛋白质的膨松

鸡蛋白具有起泡性,连续搅打蛋白使空气充入蛋液内形成细小气泡。这些气泡被均匀地包裹在蛋白膜内,受热膨胀。凭借胶体物质的韧性,使其不至于破裂。蛋糕糊内气泡受热膨胀至蛋糊凝固为止,烘烤中的蛋糕体积因而膨大。

蛋白气体的最佳状态是在呈现最大体积之前。因此,过分地搅打会破坏蛋白胶体物质的韧性,使保持气体的能力下降。蛋黄不含有蛋白中的胶体物质,保留不住空气,无法打发。但在制作清蛋糕时,蛋黄与蛋白混合搅打很容易与蛋白及拌入的空气形成黏稠的乳浊液,同样可保留拌入的空气,烘烤成体积膨大的疏松蛋糕。

2.2 奶油的膨胀

奶油和糖在搅打过程中,奶油混入空气并产生气泡。加入蛋液继续搅拌,油蛋料中的气泡就随之增多。这些气泡受热膨胀使蛋糕体积膨大、质地松软。为了使蛋糕在搅打过程中能拌入大量空气，在选用油脂时应注意油脂的以下特性:

(1)可塑性　塑性好的油脂,触摸时有粘连感,把油脂放在手掌上可塑成各种形态。这种油脂与其他原料一起搅拌,则可以提高坯料保存空气的能力,使面糊内有充足的空气,促使蛋糕膨胀。

(2)融合性　融合性好的油脂,搅拌时面糊的充气性高,能产生更多的气泡。油的融合性和可塑性是相互作用的,前者易于拌入空气,后者易于保存空气。如果任何一种特性不良,要么面糊充气不良,要么充入的空气保留不佳,易于泄漏,影响制品质地。

(3)油性　油脂所具有的良好油性,也是蛋糕松软的重要因素。在坯料中,油脂的用量要恰到好处,否则会影响制品的质地。

此外,在蛋糕制作过程中,加入乳化剂能起到油脂同样的作用。有时也加入一些化学疏松剂,如泡打粉等,它们在制品成熟过程中,能产生二氧化碳气体,而使成品更加松软、膨胀。

3 蛋糕的熟制原理

制品内部的空气和水受热膨胀,淀粉受热糊化,膨松剂受热分解,面筋蛋白受热变性而凝固、固定,最后蛋糕增大,制品成熟。常见的熟制方法是烘烤和蒸制。

蛋糕面糊外表皮在高温烘烤下,糖类发生美拉德和焦糖化反应,颜色逐渐加深,形成悦目的棕褐色光泽，具有令人愉快的蛋糕香味。制品在整个熟制过程中所发生的一系列物理、化学变化，都是高温产生的，因此大多数制品特点的形成，主要是炉内高温的结果。在烘烤食品行业中素有“三分做，七分火”之说，烘烤设备的性能、烘烤条件的确定配合得当，才能烤出品质优良的蛋糕制品。

(1)蛋糕的缺陷现象及原因(表 3-5)

表 3-5 蛋糕的缺陷现象及原因

现象	原因
中心凹陷	1.糖太重；2.搅拌过重，发粉太多；3.烧烤不足(表面有潮湿痕纹)；4.蛋糊定型前受震；5.用粉量轻；6.水分过多
顶面凹陷高低不平	1.面粉过高；2.和粉过度起筋；3.蛋浆打发度不够，和粉过早；4.炉温太高，湿度不够，结皮过早
肉质僵硬	1.搅拌充气不足；2，面粉用量过多而发粉用量不足；3.蛋质量差，黏稠度低

(2)蛋糕的理化指标(表 3-6)

表 3-6 蛋糕的理化指标

项目	要求	
	烤蛋糕	蒸蛋糕
水分/%	15～30	20～25
	或按企业标准的指标执行	或按企业标准的指标执行
总糖/%	≥25.0	
蛋白质/%	≥6.01	

(3)蛋糕的质量标准及要求(表 3-7)

表 3-7 蛋糕的质量标准及要求

项目	要求
色泽	表面油润，顶和侧部都呈金黄色，底呈棕红色，色彩鲜艳，富有光泽，无焦糊和黑色斑块
形态	块形丰满周正，大小一致，厚薄均匀，表面有细密的沾上麻点，不粘边，无破碎，无崩顶
组织结构	发起均匀，柔软而具有弹性，不死硬，切面呈细密蜂窝状，无大小空洞，无硬块
滋味和气味	蛋香味纯正，口感松暄香甜，不撞嘴，不粘牙，具有蛋糕特有风味
杂质	外表和内部均无肉眼可见的杂质，无糖粒，无粉块，无杂质

任务三 清蛋糕加工工艺

▲【任务描述】

清蛋糕是蛋糕的基本类型之一。主要原料有鸡蛋、面粉、糖。其香味浓郁、质地松软、类似多孔海绵,故也叫海绵蛋糕。国外清蛋糕又叫泡沫蛋糕。在合理范围内清蛋糕配方中蛋的比例越高,制品越疏松,产品质量越好。

▲【任务实施】

1 清蛋糕加工工艺要点

蛋、糖、水→打发→调糊(加面粉、香料、膨松剂)→成型→烘烤→成品。

2 实施过程

2.1 配方

面粉 0.7 kg,白糖 0.75 kg,鸡蛋 1.0 kg,淀粉 0.05 kg。

2.2 操作要点

(1)打糊 蛋液与糖一起在打蛋机中打 15 min。

(2)拌粉 将过筛的面粉与淀粉混合均匀后,慢慢加入打好的蛋糊中,轻轻搅到看不到生粉为止。

(3)装模、焙烤 将调好的蛋糕糊倒入涂过油的烤模中,用 180℃炉温焙烤 15～20 min。

(4)冷却、包装 出炉稍冷却后脱膜、冷却、包装。

2.3 清蛋糕的质量标准

(1)规格形状 外形饱满,大小均匀,无皱纹、裂口、手边等现象。

(2)色泽 深黄色或黄褐色,内部组织蛋黄色,滑润有光。

(3)组织状态 呈海绵状富有弹性,无糖粒、粉块和大孔洞。

(4)口味口感 入口软润,甜香味纯正,具有明显的蛋香味,无粗糙感和粘牙现象。

▲【相关知识】

1 清蛋糕的加工原理

清蛋糕的加工原理是依靠蛋白的搅打发泡性:搅蛋器高速搅打,大量空气卷入蛋液,被蛋白质胶体薄膜包围,形成了许多气泡,开始时气泡较大而透明,呈流动状态;随着搅打的不断进行,卷入空气量不断增大,面糊的体积不断加大;同时气泡受高速搅打后不断分散,气泡越来越小,数量越来越多。最后全部蛋液变成乳白色的细密气泡,并呈不流动状态。

清蛋糕制作与蛋液的起泡性有关,影响起泡性的因素有以下几点:

(1)打蛋时间与速度。打蛋液时,开始阶段应采用快速,在最后阶段应改用中速,这样可以使蛋液保留较多的空气,而且分布比较均匀。具体操作时,打蛋速度和时间应视蛋的品质和气温变化而异。蛋液的黏度低气温较高,搅打速度应快,时间要短;黏度高,速度慢,时间长。

(2)打蛋时间与温度。一般在 20～25℃时,蛋糊既易起发,泡沫也稳定。在此温度下时间约 15 min。温度过低会大大延长打蛋时间，因此在冬季，往往将蛋糊放在热水中预热。

(3)蛋液和砂糖一起搅打。单独的蛋液虽然也能打发，但泡沫干燥脆弱，易于失去弹性而破裂，而且难以膨胀。砂糖的加入使蛋白膜黏稠有弹性，不易破裂，因而提高了气泡的稳定性。

(4)酸性物质如醋酸、柠檬酸、酒石酸的加入。有利于得到坚韧不易变形的气泡。如因陈蛋的 pH 升高，可慢慢加入酒石酸使 pH 降到 5 左右，能有效地改善起泡状况，而且酒石酸可以改善色泽使蛋糕增白。

(5)蛋的新鲜程度。陈蛋因贮存时间长，稀薄蛋白增多，浓厚蛋白减少。同时，稀薄蛋白张力降低，黏度下降。因而陈蛋发泡性远比新蛋差，气泡也不稳定。

(6)打蛋时蛋液不能与油脂接触。

(7)蛋糊打好后将淀粉调入制成蛋糕糊。面粉应预先过筛，以打散其中的团块，既有利于缩短搅拌时间，又可避免形成白粉颗粒，又不能起筋。打成的蛋糊不能放置过久，以防糖分和面粉沉淀，影响制品质量。

2 蛋白搅打过程

此类产品全部以蛋白作为蛋糕的基底组织及膨大材料。蛋白搅打过程可分为 4 个阶段：

(1)起泡期　蛋白呈液体泡沫状态，表面有很多不规则气泡。

(2)湿性发泡期　加入糖，改用中速搅拌后蛋白会渐渐凝固起来。表面不规则气泡消失，转为均匀的细小气泡，洁白有光泽，以手指钩起呈细长尖峰，且尾巴有弯曲状。

(3)干性发泡期　蛋白改用低速搅拌打发，蛋白无法看出气泡组织，颜色洁白无光泽，以手钩起呈坚硬尖峰，尾巴部会微微地弯曲。

(4)棉花期　继续搅打，至蛋白成为球形凝固状，以手指钩起无法成型，形态似棉花，故又称为棉花期，此时表示蛋白搅拌过度，无法用来制作蛋糕。

▲【常见问题与解决方法】

1. 蛋糕糊搅打不易起发

原因：因蛋清在 17～22℃的情况下，其胶黏性维持在最佳状态，起泡性最好。温度太高或太低均不利于蛋清的起泡。过高，蛋清变得稀薄，黏性减弱，无法保留空气；温度过低，蛋清黏性过大，无法拌入空气，所以会出现搅打不起的现象。

解决方法：夏天可将鸡蛋放入冰箱冷藏至适宜温度，冬天在搅拌面糊时缸底加温水升温，或将蛋液升至适宜温度后再加入打蛋机中搅打。

2. 蛋糕在烘烤过程中出现下塌或底部结块

原因：冬季容易出现，因气温低，部分材料不易溶解；配方不平衡，面粉比例少，水分太少，总水量不足；鸡蛋不新鲜，搅拌过度，充入空气太多；面糊中柔性材料太多，如糖和油用量太多；面粉筋力太低，炉温太低；蛋糕未定型时受震动；面糊未及时使用或注模后未及时烘烤。

解决方法：尽量使室温和材料温度达到适宜温度；配方要平衡；鸡蛋要新鲜；搅打适度；糖油用量适当；面粉筋力适宜；炉温适宜；蛋糕在进炉后的前 12 min 不要开炉门或受到震动；面糊及时使用和烘烤。

3. 蛋糕膨胀体积不够

原因：鸡蛋不新鲜；配方不平衡；柔性材料多；搅拌时间不足，未打起，面糊密度大；加油后搅拌太久，面糊中空气损失太多；面粉筋力太高，或慢速拌粉时间太长，搅拌过度，面糊稳定性和保气性下降；面糊装盘数量太少；进炉时炉温太高，上火过大，表面定型太早。

解决方法：鸡蛋要新鲜；配方平衡；搅拌适度；加油时要一次加入，拌匀为止；面粉筋力太高，可搭配淀粉；装盘适量；进炉炉温避免太高。

4. 蛋糕表面出现斑点

原因：原料未搅拌均匀；泡打粉未拌均匀；糖颗粒太大，未溶化；面糊总水分不足。

解决方法：快速搅拌之前一定要使糖等材料完全溶解；泡打粉与原料一起过筛；糖尽量不要用太粗的，可完全溶化；加水量适宜。

5. 海绵类蛋糕表皮太厚

原因：配方不平衡，糖的用量太大；进炉时面火过大，表皮过早定形；炉温太低，烤的时间过长。

解决方法：配方中糖的用量适当；注意炉温，避免入炉时上火太大；炉温别太低，避免烤制时间太长。

6. 蛋糕内部组织粗糙，质地不均匀

原因：搅拌不当，原料未完全溶解，发粉与面粉未拌匀；配方内柔性材料太多，水分不足面糊太干；炉温太低，糖颗粒太粗；发粉用量大。

解决方法：注意搅拌程序和原则，原料要充分拌匀；糖和油不要太多，注意面糊的黏稠度；糖要充分溶解，烤时炉温不要太低；减少发粉用量。

7. 制作海绵蛋糕时打发不好

原因：搅拌容器有油；鸡蛋温度低；容器太大，蛋少；蛋黄已产生胶质；加入了油质香料与鸡蛋一起搅打；搅拌机速度太慢；如果是冬天，蛋在加热时被烫熟。

解决方法：容器不应有油；选用新鲜鸡蛋；或将鸡蛋温度升至 40℃；搅拌缸大，鸡蛋量可增多；蛋黄冷冻；油脂香料不同鸡蛋一起搅拌；加快搅拌机速度；冬天鸡蛋升温不可太高，防熟化。

任务四　油蛋糕加工工艺

▲【任务描述】

油蛋糕的配方中除了使用糖、鸡蛋、面粉外，与清蛋糕的主要不同在于使用了较多的油脂（特别是奶油）以及化学疏松剂。其目的为润滑面糊以产生柔软的组织，并在搅拌过程中拌入大量的空气而产生膨大作用。

油蛋糕口感滑润松软，质地酥散、滋润，营养丰富，带有油脂特别是奶油的香味。

▲【任务实施】

1　油蛋糕的加工工艺要点

配方确定→打发（逐次加油酯）→调糊→成型（撒面粉）→焙烤→成品。

2 实施过程

2.1 配方

鸡蛋 1 kg,人造奶油 1 kg,面粉 1 kg,白糖 1 kg,酒石酸氢钾 0.004 kg,小苏打 0.002 kg。

2.2 操作要点

(1)打发、调糊　将人造奶油和糖在打蛋机中搅打 10 min,将蛋液分三次加入,每次继续搅打 3 min。

(2)拌粉、成型　将过筛后的面粉加入,再搅打 1 min。

(3)装模、焙烤　装模后,在 180℃炉温焙烤 40 min。

(4)冷却、包装　出炉稍冷后,脱膜、冷却、包装。

▲【相关知识】

1 油蛋糕加工原理

油蛋糕的调制主要利用油脂具有搅打充气性,当油脂被搅打时能融合大量的空气,形成无数的气泡,这些气泡被油膜包围不会逸出。随着搅打不断进行,油脂融合的空气越来越多,体积逐渐增大,并和水、糖等相互分散,形成乳化状泡沫体。

油蛋糕制作方法可分为冷油法和热油法两种。冷油法是将糖、油脂和水搅打乳化,大量空气被卷入形成无数气泡。这些气泡被油膜包围不会逸出,并和水、糖等相互分散,形成乳化状泡沫体。然后将蛋液分三次加入,每次加入时均需继续搅打,形成疏松膨大的油蛋糊。最后加入事先过筛的面粉、淀粉和疏松剂的混合物,在短时间内搅拌均匀。此方法制作的油蛋糕体积大,结构紧密,品质较好,但要求所使用的油脂具有良好的搅打发泡性。为了使蛋糊不起筋,必须使用弱筋粉,必要时可掺入 6%～10%的淀粉。

对于搅打发泡性较差的面粉,则需使用热油法来调制油蛋糕。是先将糖和蛋混合快速搅打 15～20 min,然后慢速搅打下加入一半事先加热至 90℃的水和油的混合物,再加入一半过筛的面粉、淀粉和疏松剂的混合物,略经搅拌后加入另一半料,搅拌均匀即可。天然猪油的搅打发泡性较差,若用其制作油蛋糕必须使用此法。

2 搅拌方法

2.1 粉油搅拌法

此法适用于油脂成分较高的面糊类蛋糕,尤其适于低熔点的油脂。制作时先将面粉置于冷藏库,降低温度后利于打发的效果。此法配方中的油必须在 60%以上,以防面筋出筋而使产品收缩。

制作程序为:

(1)将油脂置于搅拌缸内,中速搅拌至软,加入过筛的面粉与发粉,改以低速搅拌数下(1～2 min),再用高速搅拌至松发状,此阶段需 8～10 min(过程中停机刮缸,使缸内所有材料应混合均匀)。

(2)将糖与盐加入已打发的粉油中,以中速搅拌 3 min,并于过程中停机刮缸,混合均匀。

(3)再将蛋分 2～3 次加入上述物料中,中速拌匀(每次加蛋时应停机刮缸)5 min。最后加奶水以低速拌匀。

2.2 糖油搅拌法

此法又称传统乳化法，是常用方法，可加入更多的糖和水分，用于各类面糊类蛋糕。

制作程序为：

(1)将奶油和其他油脂(最佳温度为20℃)低速搅拌至柔软状态。

(2)加入糖、盐及其他辅料，中速搅拌至松软且呈绒毛状，需8～10 min。

(3)加入蛋液，中速搅拌，每次需蛋液全部吸收后再加下一批蛋液，刮缸。此阶段需5 min。

(4)过筛的面粉与液体材料交替加入。

2.3 糖粉油搅拌法(混合法)

又称两步法，是以上两步的混合。将面粉过筛等分为两份，一份与面粉油脂(奶油、人造奶油等)、砂糖一起搅打，全蛋液分数次加入搅打，每次都需搅打均匀；另一份面粉与发粉、奶粉等过筛混匀再加入，最后加入牛奶、水、果料等搅拌均匀。也有将所有干性原料(面粉、糖、奶粉、发粉等)一起混合过筛，加入油脂中一起搅拌至面包渣状为止，另外，将所有湿性原料(如蛋液、牛奶、水等)一起混合，呈细流状加入干性原料与油脂的混合物中，同时不断搅拌至无团块、光滑的浆料为止。

△【常见问题与解决方法】

1. 重油蛋糕很硬

原因：配方中糖和油用量太少；配方不平衡，蛋的用量多；面糊搅拌不够松发；膨松剂过少。

解决方法：增大糖油用量；配方中蛋的用量不超过油的10%；面糊搅拌松发；加适量膨松剂。

2. 重油蛋糕经常在烘烤时很好，出炉收缩

原因：膨松剂过多；搅拌过久；蛋的用量不够；糖和油用量太多；面粉筋度太低；烘烤尚未定型，烤盘变形或有其他震动。

解决方法：减少化学膨松剂；搅拌不宜过久；增加蛋的用量；减少糖油用量；添加一些高筋粉；在烘烤尚未定型时，不应震动。

3. 重油蛋糕表面有白色斑点

原因：糖用量太多或颗粒太粗；碱性化学膨松剂用量太大；烘烤时炉温太低；搅拌不够充分；面糊搅拌不均匀，所用油脂熔点太低；面糊搅拌后温度太高；液体原料用量不够。

解决方法：减少糖用量可用砂糖粉，减少碱性化学膨松剂用量；烘烤时升高炉温；搅拌充分；选用熔点适宜的油脂；夏季搅拌缸外用冰块降温。

4. 重油蛋糕表面中间隆起太高

原因：搅拌过久，面粉出筋；柔性材料不够；面糊太硬；总水量不足；面粉筋力高；炉温高；鸡蛋多；面糊搅拌后温度过低；面糊搅拌不均匀。

解决方法：适度搅拌；增加柔性材料；总水量适宜；采用专用蛋糕粉；降低烘烤炉温；减少鸡蛋用量；鸡蛋加热后搅拌；面糊搅拌均匀。

任务五 戚风蛋糕的加工工艺

▲【任务描述】

戚风类蛋糕是与面糊类蛋糕、乳沫类均有不同的另一类蛋糕。所谓戚风，是英文的译音，港澳地区译作雪芳。意思是像打发蛋白那样柔软，而戚风蛋糕的搅拌方法是把蛋黄和蛋白分开，把蛋白搅拌的很蓬松、很柔软，所以将这类蛋糕称之为戚风蛋糕。此类蛋糕综合了面糊类蛋糕和乳沫类蛋糕的优点，它是采用分蛋法，把蛋白与蛋黄分开搅拌再混合而制成的一种海绵蛋糕。其质地非常松软，柔韧性高。此外，戚风蛋糕水分含量高，口感滋润嫩爽，存放时不易发干，而且不用乳化剂，蛋糕风味突出，因此特别适合高档卷筒蛋糕和鲜奶装饰的蛋糕坯。虽然戚风蛋糕和天使蛋糕都是以"蛋白乳沫"为基本材料，但基本原料和搅拌的最后步骤有所不同：戚风蛋糕的材料比分蛋式的海绵蛋糕多加了发粉和塔塔粉，所以共有蛋、糖、油、牛奶、面粉、发粉和塔塔粉七种材料。天使蛋糕有蛋白、塔塔粉、糖及面粉。另外，戚风蛋糕蛋白的打发程度要比天使蛋糕硬，但勿打过头使质地变得干燥。制作天使蛋糕时是将干性物料拌入蛋白中，而制作戚风蛋糕是将面粉、蛋黄、油、水先调成面糊再拌入蛋白中。

▲【任务实施】

1 戚风蛋糕加工工艺要点

蛋黄加砂糖搅打→加油牛奶搅拌均匀→加入面粉和化学疏松剂轻轻搅拌均匀→蛋白加塔塔粉搅打起泡→加糖搅打至干性发泡→混合→入模→烘烤。

2 实施过程

(1)蛋白与蛋黄的分离

(2)蛋黄糊制备 蛋黄和糖在搅拌机中中速搅拌，加油牛奶搅拌均匀，加入过筛的面粉和化学疏松剂轻轻搅拌均匀。

(3)打发蛋白 蛋白加塔塔粉中速搅打至湿性发泡，加入糖继续搅打至干性发泡。

(4)两种面糊混合拌匀 取出 1/3 打发好的蛋白加入至蛋黄糊中，轻轻搅匀，将其加入剩余的打发蛋白中，轻轻拌匀即可。

(5)成型和烘烤 烤盘不可刷油，装入烤盘一半或 6 分满，不可装得太多，否则焙烤时会溢出烤盘。如果用平底烤盘烤制蛋糕，或烤制杯子蛋糕为了烤后容易取出，需要垫纸。

戚风蛋糕的焙烤温度比其他蛋糕低，大型较厚的品种，温度 165℃，40～50 min，体积较小或薄的品种，170℃，20～35 min。一般上火小下火大。

(6)冷却 蛋糕出炉后马上翻转倒置，使表面向下，完全冷却后，再从烤模中取出。

▲【相关知识】

1 戚风蛋糕加工原理

1.1 蛋黄部分的搅拌

先将工具洗净擦干，蛋白与蛋黄小心分开，分装在两个容器。糖分成两份，一份用于蛋白糊，一份用于蛋黄糊。然后用桨状搅打器将蛋黄和糖中速搅打几分钟，然后加入混合均匀的液体油、牛奶或果汁等。最后加入过筛的面粉、化学疏松剂，轻轻搅打均匀即可。

1.2 蛋白部分的搅拌

蛋白部分的搅拌，是戚风蛋糕制作的关键工序。首先要把搅拌用具清洁干净，无油迹，然后加入蛋白和塔塔粉(或酒石酸钾等酸性物质)，以中速搅打至湿性发泡，再加入细砂糖，打至干性发泡(用手指钩起蛋白糊，蛋白糊可在指尖上形成一向上的尖峰)即可。

1.3 蛋白糊与蛋黄糊的混合

先取 1/3 打好的蛋白糊加入到蛋黄糊中，用手轻轻搅匀。搅时手撑向上，动作要轻，由上向下拌和，拌匀即可。切忌左右旋转或用力过猛，更不可拌和时间过长，避免蛋白部分受油脂影响而消泡。拌好后，将这部分蛋黄糊加入到剩余部分蛋白糊内，搅拌方法同上。

两部分混好后，其性质呈浓稠状。如面糊很稀很薄，表面有很多小气泡，则表明蛋白打发不足，或两部分面糊混合搅拌过久而消泡。

△【常见问题与解决方法】

戚风蛋糕常见的质量问题基本上与海绵蛋糕相似，但由于原料和工艺的不同，还要注意以下几点：

(1)分蛋要小心，不能使蛋白沾到一丝蛋黄或油，同时打蛋器要清洗干净，否则不易打发。

(2)蛋白要打到干性发泡。

(3)蛋黄与糖、油、牛奶要搅拌均匀。

(4)化学疏松剂要随面粉过筛后才能加入面糊。

(5)防止奶油水果蛋糕中水果沉淀的方法：增加面粉或鸡蛋的用量，用面筋较高的面粉，加入面粉量 1%的塔塔粉等。

(6)戚风蛋糕生产时，蛋白的温度控制非常重要，蛋白的最适搅打温度是 17℃，打发好的蛋白膏的温度是 21℃左右，温度过低，蛋白打发体积不够；温度过高，蛋白打发体积过大，泡沫不稳定。最终蛋糕体积小。

(7)戚风蛋糕蛋白打发终点判断：打发蛋白至蛋白膏密度为 15～17 g/100 mL 为最佳，密度高于 17 g/100 mL，打进的空气量太少，蛋糕体积不够；密度低于 15 g/100 mL，泡沫不稳定，最终蛋糕体积下降。

(8)戚风蛋糕加塔塔粉的理由：这与鸡蛋存放时间长短有关，鸡蛋存放时，蛋白逐渐分解变稀，稀蛋白起泡性好，但稳定性差，所以需加 2%～3%的塔塔粉稳定泡沫。

(9)打蛋白时加入糖的时机：糖对蛋白泡沫有稳定作用，但会阻碍起泡，如过早加入糖，则起泡较慢，泡沫体积不足。所以一般在泡沫打发 1/3～1/2 时加入细糖。

△【知识拓展】

1 蛋白裱花蛋糕

蛋白裱花蛋糕是一种在蛋糕坯表面刮上蛋白浆，然后裱上文字和图案的蛋糕。

1.1 配方

糕坯：面粉 3.5 kg，鸡蛋 4.75 kg，白砂糖 2.5 kg，饴糖 1.5 kg。

蛋白浆：蛋清 0.65 kg，白砂糖 3.75 kg，琼脂 0.025 kg，橘子香精 5 mL，柠檬酸 7.5 g，水约 3.5 kg。

1.2 操作要点

(1)制作糕坯　将鸡蛋、白砂糖、饴糖一起放于打蛋机中至乳白色后，轻轻加入过筛后的面粉，拌匀至无生粉为止。将蛋糕糊加入涂过油的有底的圆形铁皮烤模中(若无底铁皮模，则需在底部包一张牛皮纸)，蛋糊高度约为模高的一半。用200℃左右炉温焙烤蛋糕至熟，出炉，冷却。

(2)制蛋糕浆　用0.025 g琼脂与水入锅中煮，过滤后，即加入白砂糖3.75 kg，继续煎熬至能拉出糖丝即可。另外，将蛋精搅打至乳白色后，倒入熬好的糖浆中，继续搅拌至蛋白浆能挺住而不下塌为止，加入橘子香精、柠檬酸拌匀。

(3)蛋糕裱花　将烤好的蛋糕表面焦皮削去，再一剖二，成为两个圆片，糕坯呈鹅黄色，内层朝上，其厚薄度根据需要而定。在两层糕坯中间夹一层厚5 mm的蛋白浆，舀一勺蛋白浆在糕坯上，用长刮刀将蛋白浆均匀地涂满糕坯表面和四周，要求刮平整。将蛋糕碎片放于30目筛内，用手擦成碎屑，左手托起蛋糕，略倾斜，右手抓一把糕屑，均匀地沾满蛋糕四周，要避免糕屑落到糕面上，将裱头装入绘图纸(或牛皮纸)制成的角袋中，然后灌入蛋白浆，右手捏住，离裱花3.3 cm处，根据需要裱成各种图案。

2　典型蛋糕加工

2.1 材料

低筋面粉1 000 g，液体麦芽糖醇1 000 g，鸡蛋1 000 g，蛋白糖5 g，南瓜粉100 g，蛋糕油40 g，清水400 g，枧水5 g。

2.2 制作工艺

(1)打蛋液　把鸡蛋、液体麦芽糖醇、蛋白糖、枧水放入打浆机中，中速搅拌，完全搅匀后，放入蛋糕油，蛋糕油溶化后，糊液稍起加水，水应分几次徐徐加入，高速搅拌，使蛋液体积增加到原体积的2～3倍。

(2)调糊　蛋液打好后，将打蛋机转速调慢，倒入面粉和南瓜粉和匀，切忌时间过长，以免蛋糊起筋。

(3)装模　将蛋糊入模，入模量占模体积的2/3即可。

(4)烘烤　将烤盘放入炉先底火220℃烘烤，当蛋糕体积胀起后，再给顶火，温度为210℃，关闭底火，待表面呈金黄色即取出。

(5)刷油　蛋糕表面刷一薄层熟油。

(6)脱模　脱模后冷却包装，即为成品。

▲【思考题】

1. 简述蛋糕加工工艺。

2. 简述蛋糕加工原理。

项目五　面包加工

面包是焙烤食品中历史最悠久、消费量最大、品种繁多的一大类食品。随着经济的发展，面包在人们的饮食生活中占据越来越重要的地位。面包是一种经过发酵的烘焙食品。它是以小麦粉、酵母、盐和水为基本原料，添加适量糖、油脂、乳品、鸡蛋、果料、添加剂等，经搅拌、发酵、成型、醒发、烘焙而制成的组织松软的方便食品。在许多欧美国家是人们的主食，面包与饼干、蛋糕的主要区别在于面包的基本风味和膨松组织结构，是主要靠发酵工序完成的。

任务一　面包加工

△【任务描述】

加工面包。

△【任务准备】

和面机、压面机、醒发箱、烘烤箱、操作台、各种原辅料

△【任务实施】

1　工艺流程

面包配方的选择→面团的调制→面团的发酵→面团的成熟→面团的整形→面团的最终发酵→面包的焙烤冷却。

2　操作要点

2.1　面包配方的选择

面包配方是指制作面包的各种原辅料之间的配合比例。要设计一种面包的配方，首先要根据这种面包的色、香、味与营养成分、组织结构等特点，充分考虑各种原辅料对面包加工工艺及成品质量的影响，在选用基本原料的基础上，确定添加哪些辅助原料。面包配方中基本原料有面粉、酵母、水和食盐，辅料有砂糖、油脂、乳粉、改良剂以及其他乳品、蛋、果仁等。面包配方一般用百分比来表示，面粉的用量为100，其他配料占面粉用量的百分之几。

2.2　面团的调制

2.2.1　面团搅拌的投料顺序

调制面团时的投料次序因制作工艺的不同略有差异。一次发酵法的投料次序为：先将所有的干性原料（面粉、奶粉、砂糖、酵母等）放入搅拌机中，慢速搅拌 2 min 左右，然后边搅拌边

缓慢加入湿性原料(水、蛋、奶等),继续慢速搅拌 3～4 min,最后在面团即将形成时,加入油脂和食盐,快速搅拌(4～5 min),使面团最终形成。二次发酵法是将部分面粉和全部酵母、改良剂、适量水和少量糖先搅成面团,一次发酵后,再将其余原料全部放入和面机中,最后放入油脂和盐。由此可知,不论采用何种发酵工艺,油脂和食盐都是在面团基本形成时加入,原因是食盐和糖有抑制面粉水化的作用。

2.2.2 面团搅拌时间的确定

面团最佳搅拌时间应根据搅拌机的类型和原辅料的性质来确定。目前,国产搅拌机绝大多数不能够变速,搅拌时间一般需 15～20 min。如果使用变速搅拌机,只需 10～12 min。变速搅拌机,一般慢速(15～30 r/min)搅拌 5 min,快速(60～80 r/min)搅拌 5～7 min。面团的最佳搅拌时间还应根据面粉筋力、面团温度、是否添加氧化剂等多种因素,在实践中摸索。

2.2.3 加水量

加水量越少,会使面团的卷起时间缩短,而卷起后在扩展阶段中应延长搅拌时间,以使面筋充分扩展。但水分过少时,会使面粉的颗粒难以充分水化,形成面筋的性质较脆,稳定性较差。故水分过少,做出的面包品质较差。相反,面团中水分多,则会延长卷起的时间,但一般搅拌稳定性好,当面团达到卷起阶段后,就会很快地使面筋扩展,完成搅拌的工作。在无奶粉使用情况下,加水率在 60%左右。

2.2.4 面团温度的控制

适宜的面团温度是面团发酵的必要条件。实际上,在面团搅拌的后期,发酵过程已经开始。为了防止面团过度发酵,以得到最好的面包品质,面团形成时温度应控制在 26～28℃。在生产实践中,面团温度在没有自动温控调粉机的情况下,主要靠加水的温度来调节,因为水在所有材料中不仅热容量大,而且容易加温和冷却。水的温度不仅与面团调制的温度有关,而且与调粉机的构造、速度(一般情况下,低速搅拌升温 2～3℃,中速搅拌升温 7～15℃,高速搅拌升温 10～15℃,手工搅拌升温 3～5℃)、室温、材料配合、粉质、面团的硬软、重量有关。所需水温可由经验公式计算得出。

所需水温＝(3×面团理想温度)－(室温＋粉温＋机器摩擦升温)

2.2.5 搅拌机的速度

搅拌机的速度对搅拌和面筋的扩展的时间影响较大。一般稍快速度搅拌面团,卷起时间较快,完成时间短,面团搅拌后的性质也佳。对面筋特强的面粉如用慢速搅拌,很难使面筋充分扩展,变得柔软而具有良好的伸展性和弹性。面筋稍差的面粉,在搅拌时因用慢速搅拌,以免使面筋折断。

2.3 面团的发酵

2.3.1 酵母的发酵温度

温度高,酵母的产气量增加,发酵速度快。但温度过高,产气过快,不利于面团的持气和气泡的均匀分布。面团的发酵温度一般控制在 26～28℃。

2.3.2 酵母的发酵

酵母发酵的最适 pH 为 5～6,在此 pH 以下酵母产气能力强。

2.3.3 酵母的发酵渗透压

面团发酵过程中，影响酵母活性的渗透压主要由糖和盐引起。糖用量为5%～7%时产气能力大，超出此范围，糖用量越多，发酵能力越受到抑制。食盐能够抑制酶的活性，食盐的用量越多，酵母的产气能力越低。食盐用量超过1%时，对酵母活性就有明显抑制作用。

2.4 面团成熟

鉴别面团发酵成熟的方法：

(1)回落法 面团发酵一定时间后，在面团中央部位开始向下回落，即为发酵成熟。但要掌握在面团刚开始回落时，如果回落幅度太大则发酵过度。

(2)手触法 用手指轻轻按下面团，手指离开后，面团既不弹回，也不继续下落，表示发酵成熟；如果很快恢复原状，表示发酵不足，如果面团很快凹下去，表示发酵过度。

(3)温度法 面团发酵成熟后，一般温度上升4～6℃。

(4)pH 面团发酵前pH为6.0左右，发酵成熟后pH为5.0，如果低于5.0，则说明发酵过度。

2.5 面包的整形

在整形期间，面团仍进行着发酵过程，整形室所要求的条件是温度26～28℃，相对湿度85%。

2.5.1 分块

分块应在尽量短的时间内完成，主食面包的分块最好在15～20 min内完成，点心面包最好在30～40 min内完成，否则因发酵过度影响面包质量。由于面包在烘烤中有10%～12%的质量损耗，故在称量时将这一质量损耗计算在内。

2.5.2 称量

按产品加工质量的重量标准进行称量。

2.5.3 搓圆

就是使不整齐的小面块变成完整的球形，恢复在分割中被破坏的面筋网络结构。手工搓圆的要领是手心向下，用五指握住面团，向下轻压，在面板上顺一个方向迅速旋转，将面团搓成球状。

2.5.4 中间醒发

中间醒发也称静置。面团经分块、搓圆后，一部分气体被排除，内部处于紧张状态，面团缺乏柔软性，如立即进行压片或成型，面团的外皮易被撕裂，不易保持气体。因此需一段时间的中间醒发。中间醒发的工艺参数为温度27～29℃，相对湿度80%～85%，时间12～18 min。

2.5.5 压片

压片是提高面包质量、改善面包纹理结构的重要手段。其主要目的是将面团中原来不均匀的大气泡排除掉，使中间醒发产生的新气泡在面团中均匀分布。压片分手工压片和机械压片，机械压片效果好于手工压片。压片机的技术要求是转速140～160 r/min，辊长220～240 mm，压辊间距0.8～1.2 cm。如果生产夹馅面包，压辊间距应为0.4～0.6 cm，面片不能太厚。

2.5.6 成型

成型是将压片的小面团做成所需要的形状，使面包的外观一致。一般花色面包多用手工成型，主食面包多用机械成型。

2.6 最终发酵

2.6.1 最终发酵条件

醒发的工艺条件为温度38～40℃、湿度80%～90%。最后发酵时间要根据酵母用量、发酵温度、面团成熟度、面团的柔软性和整形时的跑气程度而定，一般为30～60 min。对于同一种面包来说，最后发酵时间应是越短越好，时间越短做出的面包组织越好。

2.6.2 最终发酵程度判断的常用方法

(1)一般最后发酵结束时，面团的体积应是成品体积的80%，其余20%留在炉内胀发。对于方包，由于烤模带盖，所以好掌握，一般醒发到80%就行，但对于山型面包和非听型面包就要凭经验判断。一般听型面包的都以面团顶部离听子上缘的距离来判断的。

(2)用整形后面团的胀发程度来判断，要求胀发到装盘时的3～4倍。

(3)根据外形、透明度和触感判断。发酵开始时，面团不透明和发硬，随着膨胀，面团变柔软，表面有半透明的感觉。最后，随时用手指轻摸面团表面，感到面团越来越有一种膨胀起发的轻柔感，根据经验利用以上感觉判断最佳发酵时期。

2.7 面包的焙烤

若使用的烤炉能控制面火和底火，在焙烤的初始阶段，底火应高于面火，以利于水分挥发，体积最大限度地膨胀。面火160℃，底火180～185℃，在焙烤的后期，面火应上升至210～220℃上色，底火仍在180～185℃。

如果不能控制底火和面火，可用分阶段升温法。初始温度180～185℃，中间温度190～200℃，最后温度210～220℃。

2.8 成品冷却

由于刚出炉的面包表面温度高(一般大于180℃)，面包的表皮硬而脆，面包内部含水量高，瓤心很软，经不起外界压力，稍微受力就会使面包压扁，压扁的面包回弹性差，失去面包固有的形态和风味。出炉后经过冷却，面包内部的水分随热量的散发而蒸发，表皮冷却到一定程度就能承受压力，再进行挪动和包装。

2.9 包装

包装室的适宜相对湿度为75%～85%，当面包冷却至32～38℃时进行包装比较合适。

在包装时，应注意保持面包清洁；防止面包变硬，面包水分最好保持在35～40℃；增加产品美观，引人食欲，扩大销售。

任务二 普通一次发酵法面包加工工艺

▲【任务描述】

运用一次发酵法制作面包。

▲【任务实施】

1 工艺流程

搅拌→发酵→翻面→发酵→整形→醒发→烘焙→刷油装饰→冷却→包装。

2 实施过程

(1)酵母的处理 选用即发活性干酵母、鲜酵母,或两者同时使用。鲜酵母使用前必须活化。方法:水温,30℃;水量,酵母量的5倍;加入糖25 g/L;时间40～60 min。产生气泡,便可使用。

(2)面团搅拌 搅拌后的面团温度应为27～29℃,搅拌时间一般在15～20 min。

(3)面团发酵 发酵室理想温度为28～30℃,相对湿度75%～85%。发酵时间主要由酵母量来决定。如果面团中含有酵母营养物质,发酵时间则会大大缩短。如果使用鲜酵母2%,发酵时间为2 h;使用即发性干酵母0.8%,发酵时间为2.5～3.0 h。

(4)翻面 翻面属于面团发酵辅助工序,有两种方法:一种是在发酵容器中将面团向中间推压折叠,另一种是在搅拌机中翻动。

当面粉蛋白质含量高于12.5%,面筋筋力较强而成熟度差时,更应翻面。翻面可由发酵体积和时间判断。当发酵体积达到原体积的1.5倍或在整个发酵时间的60%～70%进行翻面。

普通一次发酵总发酵时间为2～3 h。

(5)其他工艺同任务一。

任务三 二次发酵法面包加工工艺

▲【任务描述】

运用二次发酵法制作面包。

▲【任务实施】

1 工艺流程

种子面团搅拌→种子面团发酵→主面团搅拌→主面团发酵→整形→醒发→烘焙→刷油、装饰→冷却→包装。

2 实施过程

(1)种子面团搅拌 将种子面团配方所需原、辅料全部加入搅拌机中,搅拌8～10 min即可。种子面团不必搅拌时间过长,也不需面筋充分形成,其主要目的是扩大酵母的生长繁殖,增加主面团醒发的发酵潜力。可将面团搅拌稍软、稍稀一些,以利于酵母生长,加快发酵速度。搅拌后面团温度应控制在24～26℃。

(2)种子面团发酵 温度28～30℃,相对湿度70%～75%,4～6 h。

(3)主面团搅拌 首先将主面团中的水、糖、蛋、添加剂加入搅拌机中搅拌均匀。然后加入发酵好的种子面团,将其搅拌,使之澥开。再加面粉、奶粉搅拌至面筋初步形成,加入油脂与面团充分混合，最后加入食盐搅拌至面团细腻、光滑为止。搅拌时间一般为12～15 min。

(4)主面团发酵　温度28～30℃，相对湿度70%～75%，40～60 min。时间根据种子面团与主面团的面粉比例来调节。如果种子面团的面粉比例大，主发酵时间可缩短，反之则长。

(5)醒发　二次发酵法面团的醒发时间比其他方法短一些。在38～40℃，相对湿度85%～90%的条件下，醒发50～65 min。由于面团中酵母细胞多，后劲大，故醒发程度可比一次发酵法稍轻一些，以利于在烘焙过程中面团体积进一步膨大。

(6)其他工艺同任务一。

任务四　冷冻面团法面包加工工艺

▲【任务描述】

冷冻面团法就是由较大的面包厂，或中心面包厂，将已经搅拌、发酵、整形后的面团在冷库中快速冻结和冷藏，然后将此冷冻面团销往各个连锁店（包括超市、宾馆、饭店、面包零售店等）的冰箱贮存起来，各连锁店只需备有醒发箱、烤炉即可。随时可以将冷冻面团从冰箱中取出，放在醒发室内解冻、醒发，然后烘焙，即为新鲜面包。顾客在任何时候都可以买到刚出炉的新鲜面包。现代面包的生产和销售越来越要求现做、现烤、现卖。

▲【任务实施】

1　工艺流程

原料选用→面团搅拌→整形→压片和成型→冻结→冻藏→解冻→烘焙。

2　实施过程

2.1　原料选用

(1)面粉　冷冻面团所需要的面粉要比通常的主食面包含有较多的蛋白质，这种面粉可以是春小麦和秋小麦的混合物。蛋白质含量应该在11.75%～13.5%。面团的吸水率为50%～63%，冷冻面团的生产采用较低的吸水率是理想的。因为较低的吸水率限制了自由水的量，自由水在解冻和冻结期间对面团酵母具有十分不利的影响。

(2)酵母　酵母用量通常是3.5%～5.5%，可依产品种类和糖的用量调整。

(3)盐　正常的盐用量应该是1.75%～2.5%。

(4)糖　糖的用量依产品种类而定，比普通面包的配方高一些。在冷冻面团中糖的用量一般是6%～10%。

(5)干燥剂　过氧化钙、SSL、CSL具有干燥作用。

(6)氧化剂　抗坏血酸、溴酸盐的结合。

2.2　面团搅拌

类似于未冻结的面团。搅拌后的温度范围为18～24℃是理想的。如果温度过高，将有助于酵母活性大大激活，从而造成酵母过早产气发酵，在分块时不稳定，不易整形，导致保鲜期缩短。

2.3　面团发酵

发酵时间通常30 min。

2.4 整形

由于冷冻面团比普通面团吸水率低，而且面团温度也低，压力过大将使面团受到机械损伤。面团受到损伤后，在整形期气体保持性能变劣，成品的体积变小，组织不均匀，质量严重下降。

2.5 压片和成型

在压片和成型期间，应当适当地调整压片机和成型机，以避免面团被撕裂。整形后面团要迅速冻结。

2.6 冻结

机械吹风冻结工艺条件：温度，－40～－34℃；空气流速，16.8～19.6 m^3/min。对于0.454～0.51 kg 的面块经 60～70 min 机械冻结后，面块的中心温度达到－32～－29℃。

低温吹风冻结（CO_2、N_2）温度：－46℃，对于 0.454～0.51 kg 的面块，吹风时间通常在20～30 min 内。

2.7 冻藏

如果冷冻面团要贮藏很长时间，贮藏温度选择－23～－18℃。对于面团的贮藏期，最长5～12 周，贮存 12 周后，面团变质相当快。如果面团贮存 3 周时间，则不需要太严格的工艺控制。

2.8 解冻

面团的解冻应该按照以下程序：冷冻间取出冷冻面团，在 4℃冷藏间放置 16～24 h，解冻。再在 32～38℃，相对湿度 70％～75％的醒发室 2 h 醒发。或 27～29℃相对湿度 70％～75％，2～3 h。

2.9 烘焙

同任务一。

▲【相关知识】

1 面包的发酵原理

面包面团的发酵原理，主要是由构成面包的基本原料（面粉、水、酵母、盐）的特性决定的。

1.1 面粉作用

面粉是由蛋白质、碳水化合物、灰分等成分组成的，在面包发酵过程中，起主要作用的是蛋白质和碳水化合物。面粉中的蛋白质主要由麦胶蛋白、麦谷蛋白、麦清蛋白和麦球蛋白等组成，其中麦谷蛋白、麦胶蛋白能吸水膨胀形成面筋质。这种面筋质能随面团发酵过程中 CO_2 气体的膨胀而膨胀，并能阻止 CO_2 气体的溢出，提高面团的保气能力，它是面包制品形成膨胀、松软特点的重要条件。面粉中的碳水化合物大部分是以淀粉的形式存在的。淀粉中所含的淀粉酶在适宜的条件下，能将淀粉转化为麦芽糖，进而继续转化为葡萄糖供给酵母菌发酵所需要的能量。面团中淀粉的转化作用，对酵母菌的生长具有重要作用。

1.2 酵母菌作用

酵母菌是一种生物膨胀剂，当面团加入酵母后，酵母菌即可吸收面团中的养分生长繁殖，

并产生 CO_2 气体，使面团形成膨大、松软、蜂窝状的组织结构。酵母菌对面包的发酵起着决定的作用。但要注意使用量，如果用量过多，面团中产气量增多，面团内的气孔壁迅速变薄，短时间内面团持气性很好，但时间延长后，面团很快成熟过度，持气性变劣。因此，酵母菌的用量要根据面筋品质和制品需要而定。一般情况，鲜酵母菌的用量为面粉用量的3%～4%，干酵母的用量为面粉用量的1.5%～2%。另外，酵母菌在不同的季节用量也可做适当的调节，由于冬季温度较低，酵母菌的用量可适当增加，相反夏季可降低酵母菌的用量。

1.3 水的作用

水是面包生产的重要原料，其主要作用是：水可以使面粉中的蛋白质充分吸水，形成面筋网络；水可以使面粉中的淀粉受热吸水而糊化；水可以促进淀粉分解，帮助酵母菌生长繁殖。

1.4 盐的作用

盐可以增加面团中面筋质的密度，增强弹性，提高面筋的筋力，如果面团中缺少盐，醒发后面团会有下塌现象。盐可以调节发酵速度，没有盐的面团虽然发酵的速度快，但发酵极不稳定，容易发酵过度，发酵的时间难于掌握。盐量多则会影响酵母的活力，使发酵速度减慢。盐的用量一般是面粉用量的1%～2.2%。

综上所述，面包面团的四大要素是密切相关、缺一不可的，它们的相互作用才是面团发酵原理之所在。

其他的辅料（如糖、油、奶、蛋、改良剂等）也是相辅相成的，它们不仅仅是改善风味特点，丰富营养价值，对发酵也有着一定的辅助作用。糖是供给酵母能量的来源，糖的含量在5%以内时能促进发酵，超过6%会使发酵受到抑制，发酵的速度变得缓慢；油能对发酵的面团起到润滑作用，使面包制品的体积膨大而疏松；蛋、奶能改善发酵面团的组织结构，增加面筋强度，提高面筋的持气性和发酵的耐力，使面团更有胀力，同时供给酵母养分，提高酵母的活力。

2 一次发酵法的类型

（1）普通一次发酵法

（2）无盐两次搅拌一次发酵法　是根据古时维也纳面包师傅采用的发酵方法而改进的。它介于一次发酵法和二次发酵法之间。采用两次搅拌面团，将配方中的盐留在面团发酵以后的第二次搅拌时加入。搅拌方法与普通的一次发酵法基本相同，只是搅拌次数不同。

（3）两次加水再次搅拌一次发酵法　介于一次发酵法和二次发酵法之间，也是采用两次搅拌面团，将配方中的水保留10%～15%，在面团发酵以后的第二次搅拌时加入，其他同普通一次发酵法。

3 二次发酵法的类型

（1）普通二次发酵法

（2）全面粉种子二次发酵法　是将全部面粉加入到种子面团中，所制出的面包具有良好的柔软度和风味，香味充足，特别适合带盖的听型面包。

4 二次发酵法配方确定

二次发酵法配方设计依据：一是面粉的筋性和性质，二是发酵时间的长短。

面粉应选择高筋面粉，如果面筋筋性不足，在长时间的发酵过程中，面筋会受到破坏。因此筋力较弱的面粉应放在主面团中，筋力高的在种子面团中的比例应大于在主面团中的比例，发酵时间也应长于主面团。

二次发酵法种子面团中一般不加除酵母以外的其他辅料，种子面团和主面团的面粉比例有以下几种：80/20、70/30、60/40、50/50、40/60、30/70。高筋面粉一般多使用70/30和60/40，即种子面团面粉用量多些。中筋面粉（例如国产特制粉）多使用50/50，即种子面团的用量少些，发酵时间不宜太长。二次法比一次法酵母用量少些。

种子面团的加水量可根据面粉发酵时间长短而调整。一般情况下，种子面团加水量少，发酵时间虽长，但面团膨胀和面筋软化成熟效果好。而水分用量多的种子面团，发酵时间短、速度快，但面筋膨胀体积小，面筋软化成熟差。酵母的用量比一般一次发酵法减少20%左右。

糖、盐、奶粉、油脂等原料，一般加在主面团中。但遇到下列情况时也可加入到种子面团中。

当面粉的α-淀粉酶活性太低时，为了维持正常的面团发酵，可把部分或全部的糖加入种子面团中。

当面粉的α-淀粉酶活性太高时，应把奶粉加入到种子面团中，以控制和延缓面团发酵速度。

当种子面团的面粉筋力太强时，可将适量油加入种子面团中，以增强面团的滑性，降低弹、韧性，促进面团发酵。二次发酵法因种子面团中不含盐，面筋不能硬化，水化作用迅速，发酵能充分进行。

5 面包的各种生产方法

面包的生产方法按基本工艺可分为：快速法、一次法（直接法）、二次法（中种法）、全种法，其中以一次法和二次法为最基本的生产方法。

5.1 快速法（整形之前不发酵）

快速法是在欧美等国家发展起来的，在特殊情况或应急情况下需紧急提供面包时才采用的方法。快速发酵法是指发酵时间很短（20～30 min）或根本无发酵的一种面包加工方法。整个生产周期只需2～3 h。其优点是生产周期短、生产效率高，投资少，可用于特殊情况或应急情况下的面包供应。缺点是成本高，风味相对较差，保质期较短。近年来，我国不少中小型面包厂也多采用这种工艺，并有了一定的创新和发展。

调制面团→静置（或不静置）→压片→分割搓圆→以后工序同一次发酵法。

快速法是全部原料一次混合调料，一次发酵直至面团成熟的方法，即面团搅拌后就分割成型的方法。由于面团发酵的时间较短。所以采用此方法应加入适当氧化成分的添加剂，来帮助面团氧化、发酵，口感缺乏传统发酵面包的香味。

工艺：先将干性材料搅拌均匀后加入湿性材料，慢速搅拌成团后，转用快速搅拌至面团扩展，改用慢速加入盐、油脂搅拌均匀后改用快速搅拌至面团完全扩展（即面团能拉开成薄膜，拉开时周边光滑无齿痕），在26～28℃松弛15 min，分割、滚圆，再松弛15 min、成型，最后醒发（温度36～38℃、相对湿度75%～85%）、烘烤、冷却、包装。

5.2 一次法（直接法）

使用一次法比二次法生产时间短，具有节省人力、动力和所需设备厂房，发酵损失少等优点，做出的面包具有正常的发酵香味。缺点是面包的体积较小，且易于老化；批量生产时，工艺控制相对较难，一旦搅拌或发酵过程出现失误，无弥补措施。

调制面团→发酵→分割搓圆→中间醒发→整形→入盘(听)→最后醒发→烘烤→冷却→包装。

工艺：将干性材料搅拌均匀后，加入湿性材料慢速搅拌至成团后改用快速搅拌至扩展，慢速加入盐和奶油搅拌均匀后转为快速搅拌至完全扩展(即面团能拉开成薄膜，拉开时周边光滑无齿痕)。发酵 30～60 min，温度 28℃，相对湿度 75%。分割、搓圆，松弛 30 min，成型。最后醒发相对湿度 80%，温度 38℃。烘烤、冷却、包装。

5.3 二次法

二次发酵法的优点是面包的体积大，表皮柔软，组织细腻，具有浓郁的芳香风味，且成品老化慢。缺点是投资大，生产周期长，效率低。

二次发酵法(中种法)：调制种子面团→发酵→调制主面团→延续发酵→分割搓圆→以后工序同一次发酵法。

二次法又称中种法，是指调粉时分两次搅拌的方法。第一次搅拌将配方中的 50%～70% 的面粉，加入适量的水和全部的酵母，倒入搅拌缸，慢速搅拌成粗糙的面团叫作中种面团。在相对湿度 75%，温度 28℃的环境中发酵 2～3 h。面团拉开有较强的网状效果，并带有浓郁的发酵味。然后加入除油、盐外的剩余原料，搅拌至面团扩展，再加入油、盐搅拌至充分扩展，再醒发 15～20 min 即可分割、成型，这种面团为主面团。同一次法相比可以节约 20% 的酵母，所生产的面包组织均匀，蜂窝细密，柔软，弹性好，香味较浓，但生产时间较长。

工艺：

(1)中种面团　将干性材料搅拌均匀后加入湿性材料，慢速搅拌成面团即可，发酵 2～3 h (搅拌后的面团温度控制在 26℃)。

(2)主面团　除油、盐外其余的原料与中种面团慢速搅拌均匀后快速搅拌至面团扩展，加入油、盐慢速搅拌均匀，改快速搅拌至面团完全展开(即面团能拉开成薄膜，拉开时周边光滑无齿痕)，松弛 15～20 min、分割、搓圆、再松弛 15 min、成型、最后醒发(温度 38℃，相对湿度 80%)、烘烤、冷却、包装。

5.4 全种法

全种法是除油、盐外的所有原料加入搅拌缸中，慢速搅拌成表面粗糙而均匀的面团(温度控制在 25℃左右)，在相对湿度 75%，温度 26℃的环境中发酵 1.5～2 h，面团拉开带有发酵味即可。之后快速搅拌至扩展，再加入油、盐搅拌至完全扩展即可。此方法的特点和做出的面包香味与二次发酵较为接近，组织细密，起发体积大。

工艺：除油、盐外的所有原料加入搅拌缸中慢速搅拌均匀成面团(温度 25℃)，在湿度 75%、温度 26℃的条件下发酵 1.5～2 h 后，快速搅拌至扩展，再加入油、盐搅拌至完全扩展(即面团能拉开成薄膜，拉开时周边光滑无齿痕)，温度为 28℃，醒发 20 min，分割、搓圆、松弛 10 min，成型、最后醒发、烘烤、冷却、包装。

6 面包制作主要工艺

6.1 搅拌

6.1.1 搅拌的目的

(1)能使各种原辅材料混合在一起,并均匀地分布在面团的每一个部分,形成一个质量均一的整体。

(2)加速面粉吸水、胀润形成面筋,缩短面筋形成时间。

(3)扩展面筋,使面团具有良好的弹性和伸展性,改善面团的加工性能。

6.1.2 搅拌的过程

面团搅拌时,各种物料逐渐混合均匀,分布在小麦粉中的麦谷蛋白和麦胶蛋白吸水胀润,面团从胀润开始,可以明显地感到逐渐变软,黏性逐渐减弱,体积随之膨大,弹性不断增强,面筋形成这个过程称之为水化。

搅拌的过程可分为六个阶段:

(1)混合原料阶段 这时所有配方中干、湿性原料混合在一起,使其成为一个即粗糙又湿润的面团,并未形成一体,且不均匀,面筋还未开始形成,用手触摸面团能感觉很粗糙,较硬,较黏,无弹性和延伸性。

(2)面团形成阶段 此时面筋开始形成,配方中的水分已全部被面粉吸收,由于面筋的形成,面团产生了强大的筋性,将整个面团结合在一起,开始不再黏缸,这时用手捏面团不是很粗糙,但仍会黏手,没有延伸性,缺少弹性,而且易断裂。

(3)面筋扩展阶段 随着面筋不断地形成,面团表面已趋于干糙,而且较为光滑且有光泽,用手触摸时有弹性,并且柔软,拉面团时具有延伸性,但是仍易断裂。

(4)搅拌完成阶段 面团在此阶段,面筋已完全形成,柔软而且具有良好的延伸性。这时搅拌钩在转动时面团又会再黏附在缸的边侧,但当搅拌钩离开缸侧时,黏附在缸侧的面团又会随钩离去(卷起),并会发出噼啪的打击声和嘶嘶的黏缸声。此时面团的表面干燥有光泽且细腻无粗糙感。用手拉取面团时有良好的伸展性和弹性,并且能拉出一块很均匀的面筋膜。现在为搅拌的最佳阶段,即可停止,进行下道工序。

(5)搅拌过渡阶段 如果在搅拌完成阶段时还不停止,而继续搅拌,则面筋超过了搅拌耐力,就会逐渐打断。随着面团外表会再度出现含水的光泽,出现黏性,如停止搅拌面团则会向四周流泻,用手拉面团时没有弹性和延伸性,且很黏手,这时严重地影响了面包的质量。

(6)面筋打断水化阶段 若再继续搅拌下去,面团就开始水化,越搅越稀且流动性很大。用手拉面团时,手掌上会有一丝丝的线状透明胶质出现。这时面筋已彻底被破坏,不能再用于制作面包。

6.1.3 搅拌对面包品质的影响

(1)搅拌不够 因面筋未能充分的扩展,达不到良好的延展性和弹性,这样既不能保存发酵中所产生的气体,又无法使面筋软化,所以做出来的面包体积小,两侧往往向内陷,内部组织粗糙且多颗粒,结构不均匀。搅拌不够的面团因性质较湿或干硬,所以在整形操作上也较为困难,很难滚圆至光滑。

(2)搅拌过度 面团搅拌过度,因面筋已经打断,导致面包在发酵产气时很难包住气体,使面包体积扁小。在搅拌时形成了过于湿黏的性质,造成在整形操作上极为困难,面团滚圆后也无法挺立,向四周扩展。如用此面团烤出来的面包,同样因无法保存膨大的空气而使面包体积小,内部空洞大,组织粗糙而多颗粒,品质极差。

6.1.4 影响搅拌的因素

(1)水分 水分的多少将影响面团的软硬,如水分少会使面团的卷起时间缩短,面粉的颗粒未能充分的水化,致使面筋的性质较脆,在扩展开始不久,就易使面筋搅断,无法再使面筋充分地扩展,所以做出来的面包品质较差。相反,如果水分过多,则会延长卷起的时间,一旦达到卷起阶段就很容易造成面筋打断,所以这时要特别小心。另外,面粉的吸水量也影响面团的质量:吸水率大,面团软,面团形成时间推迟,面团较稳定,达到破坏时间较长;吸水率低,面团形成时间较短,但是面筋易破坏,稳定性小,面团硬度大。所以一定要掌握用于制作面包面粉的吸水量。

(2)温度 面团温度低所需卷起的时间较短,而扩展的时间应予延长,如果温度高,则所需卷起的时间较长。如果温度超过标准太多,则面团会失去良好的延展性和弹性,卷起后已无法达到扩展的阶段,使面团变成脆和湿的性质,对烤好的面包品质影响也很大。

调粉的面团理想温度:快速法,30～32℃;一次发酵法,27～29℃;二次发酵法,24～26℃。

(3)调粉用水温度计算 为保证面团温度不受外界环境影响而发生变化,一般采取控制水温来保持面团温度不变。

搅拌时摩擦引起的升温经验数据:以二次发酵法为例,第一次搅拌好的面团,升温一般在4～6℃;第二次搅拌后的面团,一般在10℃左右。

①快速法、中种法调制面团,计算公式:

水温=(面团理想温度×3)－(室内温度＋面粉温度＋机器摩擦升温)

②主面团计算公式:

水温=(面团理想温度×4)－(室温＋粉温＋机器摩擦升温＋中种面团温度)

例题:快速法调制面团,夏季室温30℃,粉温30℃;冬季室温25℃,粉温15℃;面团理想温度为26℃,计算水温为多少?

(4)水质 水的pH和水中矿物质对面团调制的质量有很大的影响。水的pH在中性和微酸性(pH 5～6)时对面团调制无影响,在pH$<$5和pH$>$8条件下影响蛋白质的等电点,对面团的吸水性及面团的形成均有不良的影响,应将水调整pH后再使用。适当的Ca^{2+}和Mg^{2+}有助于面筋的形成,缺少这两种离子的蒸馏水或去离子水,使面团变软,而这过多则又使面团变硬。

(5)面团的pH 在普通的配方中添加乳酸等酸类,使面团的pH下降,会缩短面团形成时间。一般地说,随着面团的pH下降,搅拌时能迅速达到500 BU,面团稳定性变小。因此,对于液体发酵法、快速发酵法等酸性液体或添加乳酸、磷酸钙的情况,应注意粉质仪图谱的变化。

(6)配方的影响 配方中如果柔性原料过多,则所需卷起的时间较久,搅拌的时间也相应延长;如果韧性原料过多,则所需卷起的时间较短,其面筋的扩展时间也短。

(7)调制面团的投料次序 调制面团的投料次序因工艺不同而有很大差异。

一次发酵的投料次序:先将所有的干性原料(面粉、奶粉、砂糖、酵母等)放入搅拌机中,慢速搅拌 2 min 左右，然后边搅拌边缓慢加入湿性原料（水、蛋、奶等），继续慢速搅拌 3～4 min，最后在面团即将形成时，加入油脂和食盐，快速搅拌（4～5 min），使面团最终形成。

二次发酵法是将部分小麦粉（30%）、全部酵母、改良剂、适量水和少量糖先搅成面团，进行第一次发酵后，再将其余辅料一起搅拌成面团，进行第二次发酵。其余操作与一次发酵法相同。不论何种发酵法调制面团时，其中食盐与油脂都应在面团搅拌一段时间后再加。因为，在没有食盐的条件下搅拌，可使面团吸水迅速，加快面筋形成。二次发酵法的食盐和油脂均应在第二次搅拌面团时加入为宜，即经过第一次发酵后，第二次调制的面团在小麦粉与其他辅料全部投完后，略搅拌使面团初步形成时加入食盐水。

（8）小麦的质量　成熟度不足的小麦粉，面团状态不佳，缺乏弹性，不易达到 500 BU；成熟过度或氧化过度，则面筋结合困难。成熟度较小的面粉应强烈搅拌；氧化过度的面粉应加入还原剂使其恢复正常。

（9）搅拌机的形式与转速　在设计搅拌机时，应使搅拌机尽量对面团具有折叠、卷曲、伸展、压延和碾揉等动作，尽量减少切断和拉裂面团的动作。搅拌机的种类包括立式和卧式。立式适合面包面团的搅打，它能起到对面团的揉、压、拉、甩等作用。

选择搅拌机应注意三点：应有变速和安全装置、规格大小与产量适应、搅拌叶应以不损伤面筋为宜。

搅拌机的转速分五类：低速，25～50 r/min；中速，50～80 r/min；快速，80～100 r/min；高速，100～300 r/min；超高速，1 000～3 000 r/min。调制面包面团时为防止损坏面筋，一般用低速或中速。

初期低速搅拌：面团在搅拌初期，使用低速搅拌约 2 min。采用这一工序有以下优点：一是避免搅拌机由静止状态突然转入快速使机器负荷过大而损伤部件；二是不致因高速搅拌而使未经水结合的面粉等分散体原料飞散损失；三是防止因搅拌压力过大形成黏稠状结合的面团膜，将尚未吸水充分的面粉包住。

注意：搅拌桨与搅拌缸间的距离，有可调的，也有固定的。其间距的大小应根据面团的物理性质而定。硬面团要求间距大些，软面团要求间距小些。但过大不利于面团的揉、压、拉、甩等作用；过小则面团易被挤压切断。

6.2　发酵

发酵是继搅拌后面包生产中的第二个关键环节。发酵好与否，对面包产品的质量影响极大。有人认为发酵对面包品质的影响负有 70%的责任。

面团在发酵期间，酵母菌利用面团中糖，释放出 CO_2 气体，使面团膨胀，其体积约为原来的 5 倍左右，形成疏松、似海绵状的物质，其原因是受面粉及酵母菌内的淀粉酶、糖化酶等的作用，发酵产物如酒精、各种有机酸和无机酸，增加面团之酸度，由于各种不同的变化会改变面筋的胶体性质，因此形成薄而能保留气体的结构，同时保留面筋的延展性和弹性，因而能忍受机械作用所加的压力，如分割、整形等，而不致使细胞破裂。

面团的发酵以酵母为主，还有面粉中的微生物参加的复杂的发酵过程，在酵母的转化酶同、麦芽糖酶和酿酶等多种酶的作用下，将面团中的糖分解为酒精和二氧化碳，以及还有种种微生物酶的复杂作用，在面团中产生各种糖、氨基酸、有机酸、酯类，使面团具有芳香气味，把以上复杂过程称为面团发酵。面团在发酵的同时也进行着一个熟成过程。面团的成熟是指经过发酵过程的一系列变化，使面团的性质对于制作面包达到最佳状态。即不仅产生大量的二氧化碳气体和各类风味物质，而且经过一系列的生物化学变化，使得面团的物理性质如伸展性、保气性等均达到最良好的状态。

(1)在面团中积蓄发酵生成物，给面包带来浓郁的风味和芳香。

(2)使面团变得柔软而易于伸展，在烘烤时得到极薄的膜。

(3)促进面团的氧化，强化面团的持气能力。

(4)产生使面团胀发的二氧化碳气体。

(5)有利于烘烤时的上色发应。

6.3 酵母的发酵原理及过程

6.3.1 发酵原理

发酵是使面包获得气体、实现膨松、增大体积、改善风味的基本手段。酵母的发酵作用是指酵母利用糖(主要是葡萄糖)经过复杂的生物化学反应最终生成CO_2气体的过程。发酵过程包括有氧呼吸和无氧呼吸，其反应方程式如下：

$$C_6H_{12}O_6 + 6O_2 \xrightarrow[\text{酵母菌}]{\text{有氧呼吸}} 6CO_2\uparrow + 6H_2O + 2\ 817\ \text{kJ}$$

$$C_6H_{12}O_6 \xrightarrow[\text{酵母菌}]{\text{无氧呼吸}} 2C_2H_5OH + 2CO_2\uparrow + 100\ \text{kJ}$$

6.3.2 发酵过程

在面团的发酵初期，酵母的有氧呼吸占优势，并进行迅速繁殖，产生很多新芽孢。随着发酵的进行，无氧呼吸逐渐占优势。越到发酵后期，无氧呼吸进行得越旺盛。整个发酵过程中以无氧呼吸为主对面包的生产和质量是有利的。因为无氧呼吸产生酒精，可使面包具有醇香味。另一方面有氧呼吸会产生大量的气体和热量，过快地产生气体不利于面团中气泡的均匀分散，大气泡较多，过多的热量使面团的温度不易控制，过高的面团温度会引起杂菌如乳酸菌、醋酸菌的大量繁殖，从而影响面包质量。采用二次发酵工艺制作的面包质量较好的原因在于第一次发酵使酵母繁殖，面团中含有足够的酵母数量增强发酵后劲，通过对一次发酵后面团的搅拌，一方面可使大气泡变成小气泡，另一方面可使面团中的热量散失并使可发酵糖再次和酵母接触，使酵母进行无氧呼吸。

6.3.3 发酵过程的营养物质供应

(1)氮素　酵母菌在发酵生长和增殖过程都要吸收氮素，合成本身所需的蛋白质，其来源分有机氮(氨基酸)和无机氮(氯化铵、碳酸铵等)两种。其中，氯化铵的效果比碳酸铵好，但二者混合使用则效果更佳。

(2)糖类　酵母菌要吸收糖类物质，以进行发酵作用。发酵初期酵母菌先利用葡萄糖和蔗糖，然后再利用麦芽糖。在正常条件下，1 g 酵母每小时吸收、分解 0.32 g 葡萄糖。

(3)其他物质　如酶、改良剂、氧化剂等，都对发酵过程的许多生化反应具有促进作用，如面粉本身存在的各种酶或人工加入的淀粉酶，促进淀粉、蛋白质及油脂等的水解；无机盐可作为面团的安定剂，改良剂、氧化剂则可改变面团的物理性质，改善面团的工艺性能。

6.3.4 发酵产物

酵母发酵后的最终产物有CO_2气体、酒精、酸、热等。

(1)CO_2气体　这是使面团膨松、起发的物质。在面团发酵期间，面粉本身的或人工添加的淀粉酶中的液化酶将破裂淀粉转化成糊精，再由糖化酶的作用转变成麦芽糖，然后由麦芽酶把麦芽糖变成葡萄糖，最后通过酒精酶而分解成为酒精及CO_2，但所产生的CO_2并不完全以气体形式存在于面团内。而是有部分溶于水变成碳酸，碳酸的离解度很小，对面团的 pH 影响不大。

(2)酒精　酒精是发酵的主要产物之一，也是面包制作的风味及口味来源之一。酒精虽然会影响面团的胶体性质，但因其产量较少，故影响不太大，而且，当面包进炉烘焙后，酒精会随之而挥发出去，面包成品大约只含 0.5%酒精。

(3)酸类物质　酸类物质是面包味道的来源之一，同时也能调节面筋成熟的速度。它们是乳酸、醋酸等有机酸和碳酸以及极少量的硫酸、盐酸等无机强酸。乳酸是由于面粉内含的乳酸菌的发酵作用，把葡萄糖转化成乳酸。乳酸是一种较强的有机酸，且在发酵过程中产量也较多，是使面团的 pH 在发酵过程降低的重要原因之一。醋酸是存在于面粉内的醋酸菌，将酒精转化而成的。醋酸是较弱的有机酸，离解度小，对面团的 pH 影响比乳酸要小。碳酸，其产生与影响见上述"CO_2气体"部分。硫酸、盐酸及另一部分碳酸则是由改良剂内的铵盐产生的。铵盐受酵母利用后，经酵母的同化作用，释放出其相应的酸，如硫酸铵产生的硫酸，氯化铵产生盐酸，碳酸铵产生碳酸等。

虽然改良剂在配方中用量极少，所产生的无机盐也很少，但因它们离解常数很大，几乎全部离解，故有许多氢离子产生，所以对面团的 pH 的降低影响很大。例如，一般搅拌好的面团 pH 为 6，当完成发酵后，便降低至 pH 4~4.5。

(4)热量　这个我们在"酵母菌"一节中也提过，每分解 1 moL 葡萄糖，就会产生 112.8 J 热能，这是使发酵后的面团温度有较小幅度上升的原因。

6.3.5　发酵控制与调整

(1)面包的气体产生与气体保留性能　气体产生的原理我们已知道，要增加产气量，一是可增加酵母用量；二是增加糖的用量或添加含有淀粉酶的麦芽糖或麦芽粉；三是加入一定量的改良剂；四是提高面团温度到 35℃。

气体能保留在面团内部，是由于面团内的面筋经发酵后已得到充分扩展，整个面筋网络已成为既有一定的韧性又有一定的弹性和延展性的均匀薄膜，其强度足以承受气体膨胀的压力而不会破裂，从而使气体不会逸出而保留在面团内。气体保留性实质来自面团的扩展程度，当面团发酵至最佳扩展范围时，其气体保留性也最好。影响气体保留性因素有蛋白质分解酶、矿物质含量、pH、发酵室温度、漂白剂及氧化剂的用量以及一些机械因素等。

(2)产气量与保气力的关系及对面包品质的影响　要使面包质量好，就必须有发酵程度最适当的面团。即在发酵工序，要控制面团的气体产生与气体保留这两种性能都达到最高范围，亦即要使产气量与保气力同时达到最高点。

当两者同时达到最大时，做出的面包体积最大，内部组织、颗粒状况及表皮颜色都非常好。

(3)面团在发酵阶段的状况　以中种面团为例，当完成发酵时间 3 h，发酵后升温5.5℃，可以看到：面团顶部下陷，用手向上提起面团时，有非常明显的立体状网络结构，延展性良好，整个面团干爽、柔软、韧性很小，不易脆裂，完全成熟，成为干燥、柔软的薄网状组织。当发酵时间不足，例如面团发酵至总发酵时间的 1/3 即 1 h 的时候，这时的面团结实，网状结构紧密，向上提时韧性大，犹如扯橡皮一样的感觉，但面团中已有气体产生。当面团发酵至总发酵时间的 2/3 即 2 h 的时候，由于发酵作用的继续进行，面团逐渐软化，面筋所形成的网状结构已较薄，用手提面团时感觉到韧性减少，且柔软。但面团仍较紧密，还有湿黏的感觉。当面团超过了发酵时间后，又变得湿黏、易脆裂、鼓气等，此时称之为老面团。

6.3.6 面团成熟中的变化

面团醒发时，经过一系列复杂的变化，达到制作面包的最佳状态，称作成熟，这一过程又叫熟成。也就是调制好的面团，经过适当的发酵，蛋白质和淀粉的水化作用已经完成，面筋的结合、扩张已经充分，薄膜状组织的伸展性也达到一定程度，氧化也进行到适当程度，使面团具有最大的气体保持力和最佳风味条件。对于还未达到这一目标的状态，称为不熟，如果超过这一时期则称为过熟，这两种状态的气体保持力都较弱。在面包制作中，发酵面团是否成熟是成品品质的关键，因此，如何判断发酵面团是否成熟十分重要。

6.3.7 发酵操作技术

(1)发酵的温度及湿度　一般理想的发酵温度为27℃，相对湿度75%。温度太低，因酵母菌活性较弱而减慢发酵速度，延长了发酵所需时间，温度过高，则发酵速度过快。湿度低于70%，面团表面由于水分蒸发过多而结皮，不但影响发酵，而且影响成品质量不均匀。适于面团发酵的相对湿度，应等于或高于面团的实际含水量，即面粉本身的含水量(14%)加上搅拌时加入的水量(60%)。面团在发酵后温度会升高4～6℃。若面团温度低，可适量增加酵母用量，以提高发酵速度。

(2)发酵时间　面团的发酵时间，不能一概而论，而要按所用的原料性质、酵母用量、糖用量、搅拌情况、发酵温度及湿度、产品种类、制作工艺(手工或机械)等许多有关因素来确定。通常情形是：在正常环境条件下，鲜酵母用量为3%的中种面团，经3～4 h即可完成发酵。或者观察面团的体积，当发酵至原来体积的4～5倍时即可认为发酵完成。

(3)翻面技术　翻面，是指面团发酵到一定时间后，用手拍击发酵中的面团，或将四周面团提向中间，使一部分CO_2气体放出，缩减面团体积。

翻面的目的在于：

①充入新鲜空气，促进酵母菌发酵；

②促进面筋扩展，增加气体保留性，加速面团膨胀；

③使面团温度一致，发酵均匀。

翻面这道工序只是直接法需要，而中种面团则不需要。翻面时，不要过于剧烈，否则会使已成熟的面筋变脆，影响醒发。

观察面团是否到达翻面时间，可将手指稍微沾水，插入面团后迅速抽出，面团无法恢复原状，同时手指插入部位有些收缩，此时，即可作第一次翻面。第一次翻面时间约为总发酵时间的60%；第二次翻面时间，等于开始发酵至第一次翻面所需时间的一半。上述计算是一般方法，实际生产中则应视与发酵有关的各个因素及环境条件来做出具体每槽面团的翻面时间，尤其是所用面粉的性质。例如，通常使用的都是已经熟化了的面粉，翻面次数不可过多，故可省略第二次翻面，只作一次翻面，其时间在总发酵时间的2/3～3/4，大多数都在3/4时进行，这样，既减了一次翻面，又缩短了发酵时间。这种面团称为"嫩面团"。如使用的蛋白质含量高，筋力强的面粉，则要酌量增加翻面次数，需4～5次，同时提前进行第一次翻面。这种面团称为"老面团"。

(4)发酵时间的调整　在工厂化生产面包的过程中，每个面包品种都有适合其生产条件的程序，发酵时间也基本固定，改变较少，当实际生产中要求必须延长或缩短发酵时间，可通过改变酵母菌用量或改变面团温度等来实现。在其他条件都相同的情况下，在一定的范围内，酵母菌用量与发酵时间成反比，即减少酵母用量，发酵时间延长；增加酵母用量，发酵时间缩短。发酵时间的调整涉及的另一个因素是改良剂用量，一般来说，缩短发酵时间，改良剂用量要增加；反之则减少，但增减幅度不能超过原来用量的25%。

6.3.8 影响发酵速度及时间的因素

(1)酵母用量。

(2)面团的温度。

(3)面团 pH。

(4)配方中各种有关原料的用量。

①盐用量大于1%时，即对发酵速度及时间有影响。

②糖用量大于6%时，影响发酵和时间。

③面粉性质。

④改良剂用量(主要是氮素提供量)。

⑤整形操作技术。

⑥产品类型。

6.3.9 发酵损耗

发酵有损耗，是因为发酵过程中面团水分的蒸发以及酵母菌分解糖而失去某些物质，使发酵后的面团重量有些减少。

由于水分蒸发而引起的损耗在0.5%以上。其他失去的物质则是由于糖类(包括淀粉转化成的糖类)被分解，除生成 CO_2 和酒精外，还有一些挥发性物质产生，这些物质在发酵时间有部分被挥发。

发酵损耗依照配方及制作方法的不同而有差别，一般在1%～2%。

6.3.10 影响面团持气的因素

(1)面粉　面粉中蛋白质的数量和质量是面团持气能力的决定性因素，面粉的成熟不足或过度都使面团的持气能力下降，成熟不足应使用氧化剂，成熟过度时应减少面团改良剂的用量。

(2)乳粉和蛋品　奶粉和蛋品均含有较多的蛋白质，对面团发酵具有 pH 缓冲作用，均能提高面团的发酵耐力和持气性。

(3)戊聚糖的作用　戊聚糖是一种植物胶，对面粉的焙烤特性有显著影响。有实验证实，在弱筋粉中添加2%的水溶性戊聚糖，能使面包的体积增加30%～45%。在面团中加入汉生胶或槐豆胶，也可增加面团的持气性。

(4)面团搅拌　面团搅拌到面筋网络充分形成而又不过度，此时面团的持气性最好。

6.4 面包的整形

6.4.1 分割与称量的要求

这是有密切联系的两个操作步骤，是将发酵成熟的面团按规格重量要求，分成重量相等的小块，分割与称量有手工操作和机械操作两种。将面团分割成小块时，面团发酵仍然在进行中，因此要求面团的分割时间越短越好，最理想是 15～25 min 以内完成，时间太长会导致发酵过度而影响面包成品的品质。

由于面包坯在烘烤后将有 10%～12%的重量损耗，故在称量时要把这一重要损耗计算在内。称量是关系到面包成品大小是否一致的关键，超重则影响企业的利润，重量不足则使消费者受害，而且影响到企业的声誉，因此，在称重时要避免超重和不足。

6.4.2 搓圆的要求

搓圆是将分割后的不规则小块面团搓成圆球状。经过搓圆之后，使面团内部组织结实、表面光滑，再经过 15～20 min 静置，面坯轻微发酵，使分块切割时损失的 CO_2 得到补充，面筋松弛。搓圆分为手工操作与机械操作。

6.4.3 中间醒发的目的

面团在切块和搓圆过程中内部及表面会产生机械损伤。搓圆后的面块还会使内部呈紧张状态，可称为加工硬化现象。要使面团结构松弛一下，减少因机械加工而产生的硬化状态，并且使受损伤的面块通过醒发得到复苏，烘焙制品中的大部分产品，在机械加工以后都需要有一个松弛的过程。

中间醒发又称中间静置，其目的归纳起来有以下三方面：

(1)面团在切割、搓圆中受到机械力后产生形变，面块搓圆处于紧张和硬化状态，要在中间醒发中得到缓和；

(2)搓圆后的面块内部气体含量减少，进一步的整形加工时就会因弹性甚大而无法延展。醒发后可使内部产生气体，调整面筋网络结构，增加塑性，易于整形；

(3)使处于紧张状态的极薄的表皮层不会在整形加工时黏附在压延辊上。

醒发通常是在 28～29℃温度和相对湿度 70%～75%的条件下进行。主食面包面团的醒发时间为 10～12 min，花色面包为 12～17 min，硬面包为 15～20 min。中间醒发环境一般都在常温环境下，大多数都是依靠面块本身的温度和水分的蒸发来调节的。不过，环境温度如果太低，那就要求密闭得相当好，以防止温、湿度的下降。在夏季还要注意降温，否则面团表面会出现软化、风干等的不良因素出现。

6.4.4 造型与装饰

(1)面包的造型　面包的造型、结构、装饰、色彩等是一种实用装潢美术，它既有一般的实用性工艺美术的共同点，又具有其特殊性。自古以来，食品的造型艺术在人们日常生活中占有重要地位。常见的花色面包有圆形的、方形的、长方形的、蛋形的、多边形的、三角形的、腰圆形的等。有仿植物的造型面包，例如佛手面包、棍棒面包、菠萝面包、香蕉面包等。有仿动物造型的青蛙面包、黄鱼面包、虾形面包、蝴蝶面包、小鸭面包等。不仅食用，还可陶冶情趣，对美好生活向往、追求。

(2)面包的装饰　面包装饰用的原辅料很多。主要有：将蛋白、蛋黄打匀加适量清水，用毛刷将蛋液涂刷在面包表面，进炉烘烤以后，表面会出现棕黄的光泽；将白砂糖撒在面包表面，用稍低的炉温烘烤，面包表面形成一层晶莹的砂糖粒；将白糖粉撒在烤熟后涂油或糖浆面包的表面，增加美观和甜度；用果仁包括花生、芝麻、核桃及椰丝之类撒在面包表面，增加和改善外观；用五颜六色的水果蜜饯切成小丁，撒在表面增加美观，提高口味和营养价值；淇淋浆是一种特殊的面包表面涂料，能增加美观；白马糖是一种特制的面包表面装饰料，能增加美观与甜味。

此外还有奶油膏和蛋白膏，既是蛋糕的装饰料，又是面包的装饰料。

6.5 面包的最终发酵

面团块在入炉前直至成型这一系列极为重要的工序即使都处理得很正确，但是最终发酵阶段若是失败的话，那也会前功尽弃。

成型后还需要一个醒发过程，也称为最后发酵。经过整形的面团，几乎已失去了面团应有的充气性质，面团经过整形时的辊轧、卷压等过程，大部分气体已被压出，同时面筋失去原有的柔软而变得脆硬和发黏，如立即送入炉内烘烤，则烘烤的面包体积小，组织颗粒非常粗糙，同时顶上或侧面会出现空洞和边裂现象。为得到形态好、组织好的面包，必须使整形好的面团重新再产生气体，使面筋柔软，增强面筋伸展性和成熟度。

6.5.1 最终发酵的作用

经过成型的面团膨胀不大，面筋呈黏着性，因此，若把这样的面团直接入炉，则会烤成容积小很沉实的面包，内部粗糙，上面和侧面发生裂纹。为此要给面团再一次膨胀的机会，赋予其成熟度和伸展性，使面团状态得以恢复，这就是最终发酵的作用。

6.5.2 最终发酵的操作和条件

将装好面团的烤盘放在架上或托盘上送入最终发酵室。发酵室的温度保持在 30～50℃(通常是 38℃)。湿度 80%～90%(通常是 85%)。也有需要特殊温湿度条件的，如有一些面包品种需要比较低的温度(23～32℃)，因为低温能使 CO_2 溶存于面团中，烘烤时膨胀得大，再有含油脂多的面团，如果使用高温发酵会使油脂溶出，所以也选择低温发酵。

最终发酵时间由于酵母用量、发酵温度、面团成熟度、面团软硬、成型时排气程度等而不同，通常 30～60 min 发酵完成。

6.5.3 最终发酵程度的判定

最终发酵到什么程度入炉烘烤，这是关系到面包质量的一个关键问题。在这一点上采用如下三种方法。

(1)膨胀到烤后容积的 80%　如果根据经验知道烤后面包的大小，那么发酵膨胀到 80%的程度即可，其余 20%留在烘烤时膨胀，这样即可烤成预期的面包。80%是指平均而言，实际上炉内膨胀大的面团，发酵的程度还要轻一些(60%～75%)，炉内膨胀不好的面团，都是由于发酵过度造成的(85%～90%)，像枕型方面包。模上有盖，模的容积就是烤成面包的容积，因此膨胀 80%可以容易判定，而山型面包、小面包则需要凭经验看面团与模的高度来判定发酵程度。

(2)成型容积的 3～4 倍　因为烘烤容积是凭经验来确定的，不够确切，所以也可以按成型后的容积 3～4 倍来确定，这也有目测的经验。

(3)按照形状、透明度、触感的方法来确定　这种方法是按照质的方法，不像上述两种按照量的方法，所以它有特别的意义。随着发酵的进行不仅形状增大，接近适当时期时要向横向方向扩展，要抓住这一点。另外，开始时有不透明硬的感觉，膨胀的同时变软，膜变薄，接近半透明的感觉。到最后时，用手经常轻轻触一触，有暄松的感觉，是发酵适当的时期。发酵过度时用手一触则面团破裂塌陷。

6.5.4 与最终发酵程度有关的要素

发酵到什么程度可以入炉，前面已经讨论过了，不过那只是一个平均的基准，实际上它还受各种条件的影响，需要进行调整，下面列举的就是各种主要条件。

(1)根据面包种类不同发酵程度有所变化 一般来说，要求比容积大的面包品种，发酵程度要大，比容积小的面包品种，发酵程度要小。又如，像欧式面包那样，在烘烤时用水蒸气和高温以使面包膨大裂纹，这种面包发酵程度要小。反之，入炉后膨胀小的面包，发酵程度通常要大一些。又如果子面包，在面团中含有葡萄干，如果发酵程度不轻一些，那么由于葡萄干的重量会使面团中气泡扩大。

(2)根据面粉的强力而有不同 强力粉面团弹性强，不充分发酵则入炉后膨大不起来，薄力粉面团比前者发酵轻一些入炉后也能充分膨大。如果薄力粉也像强力粉那样发酵，则由于面筋脆弱，面团膜会发生破裂。

(3)面团的成熟度 在面团发酵成熟度最适当的范围内，入炉后膨胀不好的，就需要用发酵程度大一点来补救，反之，成熟过度的面团，面团脆弱易断，发酵程度就不能过大。成熟过度炉内不能膨胀时，这种面团用发酵也不能补救。

(4)炉温及炉的性质 一般来说低温炉入炉后膨胀大，高温炉则膨胀小。因此前者要发酵小，后者要发酵大。炉内一般有高温部分(顶部、两侧等)放射强的辐射热，这种炉可使面包膨胀受到抑制，所以发酵程度就要大一些。如果炉内没有高温部分，是由空气对流来烘烤时，这会使面包在炉内膨胀最大，所以发酵程度最小为好。最近开发的间接加热式(辐射风道)强制对流烤炉，具有上述两种烤炉的中间性质。

6.5.5 最终发酵条件的缺陷和最终发酵过度与不足

(1)发酵条件的缺陷 温度条件过高会引起面团温度的不平均，产生蜂窝不匀，使制品香味恶化，保存性不良。温度条件过低时，则发酵时间要长，可能使蜂窝粗糙。湿度低于标准时，面团表面会形成一层皮，从而妨碍膨胀，容积小，上面侧面发生裂纹。还有着色不良。湿度过高时，由于发酵室水分的凝结，造成制品的气泡。辅料多的面团在正常湿度(80%～90%)情况下，表皮有变硬的倾向，因此保持80%左右的湿度是必要的。另外，成熟度过度的面团，湿度过高时，形成糖化过度，表皮发脆。

(2)最终发酵的过度与不足对制品的影响 发酵不足的面包容积小，表皮着色浓厚。发酵过度的面包容积大，形状上部伸展过度的侧面不硬实。表皮着色不良，蜂窝粗糙，香气不好，制品的保存期短。

(3)最终发酵时间的快慢(发酵速度) 发酵时间由于制品不同而不同，就是同一品种也因面团的操作条件对发酵速度有很大影响。

①与酵母用量有关系；

②软面团比硬面团快；

③成熟度适当的面团比未成熟或成熟过度的面包快；

④成型时排气有很大影响，排气强的发酵速度慢；

⑤面团静置和中间醒发等成型前的处理对最终发酵速度有影响，静置或中间醒发时间长的面团，最终发酵时间一般速度快。

(4)自动化最终发酵室的操作调节 发酵速度要同烘烤速度相适应，而发酵速度快慢，只有调节温度，因此发酵室最好能进行温度调节。

6.6 面包的烘烤

烘烤是面包加工的关键工序，由于这一工序的热作用，使生面包坯变成结构疏松、易于消化、具有特殊香气的面包。在烘烤过程中，面包发生一系列变化。

6.6.1 面包的烘烤原理

面团醒发入炉后，在烘烤过程中，由热源将热量传递给面包的方式有传导、对流和辐射。这三种传热方式在烘烤中是同时进行的，只是在不同的烤炉中主次不一样。

(1)传导 传导是热源通过物体把热量传递给受热物质的传热方式。其作用原理是物料固体内部分子的相对位置不变，较高温度的分子具有较大的动能，激烈振动，把热量通过传导方式传给温度较低的分子。即通过炉顶或模具传给面包底部或两侧。在面包内部，表皮受热后的热量也是通过一个质点传给另一个质点的方式进行的。传导是面包加热的主要方式。传导加热的特点是火候小，对食品内部风味物质的破坏少，烘烤出的食品香气足，风味正。至今，在法国巴黎、中国哈尔滨的秋林公司食品厂等地，仍用木炭加热的砖烤炉烘烤面包。

(2)对流 对流是依靠气体或液体的流动，即流体分子相对位移和混合来传递热量的传热方式。在烤炉中，热蒸汽混合物与面包表面的空气发生对流，使面包吸收部分热量。没有吹风装置的烤炉，仅靠自然对流所起的作用是很小的。目前，有不少烤炉内装有吹风装置，强制对流，对烘烤起着重要作用。

(3)辐射 辐射是用电磁波来传递热量的过程。热量不通过任何介质，像光一样直接从物体射出，即热源把热量直接辐射给模具或面包。例如，目前在全国广泛使用的远红外烤炉以及微波炉，即是现代化烤炉辐射加热的重要手段。

6.6.2 面包在烘烤过程中的温度变化

在烘烤过程中，面包内外温度的变化，主要是由于面包内部温度不超过 100℃，而表皮温度超过 100℃。在烘烤中，面包内的水分不断蒸发，面包皮不断形成与加厚以至面包成熟。烘烤过程中面包温度变化情况如下：

(1)面包皮各层的温度都达到并超过 100℃，最外层可达 180℃以上，与炉温几乎一致。

(2)面包皮与面包心分界层的温度，在烘烤将近结束时达到 100℃，并且一直保持到烘烤结束。

(3)面包心内任何一层的温度直到烘烤结束均不超过 100℃。

6.6.3 面包在烘烤过程中的水分变化

在烘烤过程中，面包中发生的最大变化是水分的大量蒸发，面包中水分不仅以气态方式与炉内蒸汽交换，而且也以液态方式向面包中心转移。当烘烤结束时，使原来水分均匀的面包坯，成为水分不同的面包。

当冷的面包坯送入烤炉后，热蒸汽在面包坯表面很快发生冷凝作用，形成了薄薄的水层，一部分被面包坯所吸收。这个过程发生在入炉后的 3～5 min。因此，面包坯入炉后 5 min 之内看不见蒸发的水蒸气。主要原因是在这段时间内面包坯内部温度才只有大约 40℃。同时，面包有一个增重过程，但随着水分蒸发，面包重量迅速下降。

面包皮的形成过程如下：在 200℃的高温下，面包坯表面剧烈受热，很短时间内，面包坯表面几乎失去了所有的水分，并达到了与炉内温度相适应的水分动态平衡。这样就开始形成了面包皮。当面包坯表层与炉内达到平衡温、湿度时，就停止了蒸发，因而这层就很快加热到 100℃以上，故面包皮的温度都超过 100℃。由于面包表皮与瓤心的温差很大，表皮层的水分蒸发很强烈，而里层向外传递的水分小于外层的水分蒸发速度，因而在面包坯表面开始形成了一个蒸发区域(或称蒸发层或干燥层),随着烘烤的进行,这个蒸发层就逐渐向内转移,使蒸发区域慢慢加厚,最后就形成了一层干燥无水的面包皮。蒸发层的温度总是保持在100℃,它外面的温度高于100℃,里边的温度接近100℃。面包皮各层的温度也有所不同,越靠近外面温度越高,越靠近蒸发层温度越低。

面包皮的厚度受烘烤温度和时间的影响,由于面包的水分蒸发层是平行面包表面向里推进的,它每向里推进一层,面包皮就加厚一层,故烘烤进行越长,面包皮就越厚。为了保证面包质量,在烘烤过程中,必须遵守烘烤温度和时间的规定。烘烤时间不同,面包各部位的含水量变化也不同。炉内的湿度越高、温度越低以及面包坯的温度越低,则冷凝时间越长,水的凝聚量越多;反之,冷凝时间越短,凝聚量越少。随后不久,当面包表面的温度超过露点时,冷凝过程便被蒸发过程所取代,逐渐形成面包皮。已形成的面包皮阻碍着蒸汽的散失,加大了面包坯中的蒸汽的压力,加大了内外层的蒸汽压差,就迫使蒸汽向面包坯内部推进,遇到低温就冷凝下来,形成冷凝层,冷凝区域逐渐向内推进。这就是面包心内的温度任何一层的温度不超过100℃且容易发黏的原因。

6.6.4 面包在烘烤过程中的体积变化

体积是面包的最重要质量指标。面包坯入炉后,面团醒发时积累的CO_2和入炉后酵母最后发酵产生的CO_2及水蒸气、酒精等受热膨胀,产生蒸汽压,使面包体积迅速增大,这个过程大致发生在面包坯入炉后的5～7 min内,即入炉初期的面包起发膨胀阶段。因此,面包坯入炉后,应控制上火,即上火不要太大,应适当提高底火温度,促进面包坯的起发膨胀。如果上火大,就会使面包坯过早形成硬壳,限制了面包体积的增长,还会使面包表面断裂,粗糙、皮厚有硬壳,体积小。

面包在烘烤中的体积变化,可分为两个阶段:第一个是体积增大阶段;第二阶段是体积不变阶段。在第二阶段中,面包体积的不再增长,显然是受面包皮的形成和面包瓤加厚的限制。在烘烤中,当面包皮形成以后,开始丧失延伸性,降低了透气性,形成了面包体积增长的阻力。而且蛋白质凝固和淀粉糊化构成的面包瓤的加厚,也限制了里边面包瓤层的增长。

烘烤开始时,如果温度过高,很快停止了面包体积的增长,就会使面包体积小或造成表面的断裂。如果炉温过低而过多地延长了增大阶段的时间,将会引起面包外形的凹陷或面包底部的粘连。由于没有遵守操作规程,都会导致面包质量变差。

6.6.5 面包在烘烤过程中微生物的变化

面包坯入炉后的5～6 min,随着温度的不断上升,酵母的生命活动更加旺盛,进行着强烈的发酵并产生大量的二氧化碳气体,面包在炉内的温度达到35～45℃时,发酵活动达到最高峰,45℃后,其产气力下降,50℃以后酵母的发酵活动开始停止。

面包中的酸化微生物主要是乳酸菌。各种乳酸菌的耐热力不同。嗜温性为35℃,嗜热性为48～54℃。在其生命活动范围内,生命活动随着面包坯内温度上升而加速。当超过最适温度后,其生命力就逐渐减退,大约60℃全部死亡。

6.6.6 面包在烘烤过程中发生多种生物化学变化和胶体化学变化

(1)淀粉糊化　当温度达到55℃以上时,淀粉大量吸水膨胀直到完全糊化。

(2)蛋白质变性凝固　60～80℃面包坯内同时发生淀粉糊化和蛋白质凝固的过程。在70～80℃,面筋蛋白质变性凝固,即面包定型。同时析出的部分水分被淀粉糊化所吸收。

(3)淀粉水解　β-淀粉酶钝化温度 82～84℃,α-淀粉酶为 97～98℃。

(4)蛋白质水解　蛋白酶钝化温度 80～85℃。

6.7　面包在焙烤过程中的结构变化

面包焙烤中形成气孔结构。发酵不成熟的面包,气孔壁厚,坚实而粗糙,孔洞大;发酵过度的面包,气孔壁薄,易破裂,多呈圆形。理想的气孔应该为:壁薄、孔小而均匀,形状稍长,手感柔软而平滑。

6.8　面包在焙烤过程中的着色反应和香气的形成

面包在焙烤过程中,发生褐变的主体是美拉德反应,其反应在炉温低的情况下可以进行。另一方面,焦糖化作用也是面包皮着色的一种原因。焦糖色必须在高温下形成。在焙烤过程中,随糖与氨基酸产生褐色反应使面包具有清亮颜色的同时,还会产生诱人的香味。这个香味是由各种羰基化合物形成,其中醛基起着主要作用。赋予面包香味的还有醇和其他成分。

焙烤工艺:

(1)烘焙初期阶段　增大产品体积,底火温度大于上火温度。

(2)烘焙中间阶段　产品定型,底火温度与上火温度保持一致。

(3)烘焙最后阶段　产品着色阶段,上火温度大于下火温度。

7　面包的冷却与要求

面包出炉以后,要经过一段时间的冷却,其目的主要防止面包变形与霉变。

刚出炉的面包由于温度很高,面包的外表虽然结壳发硬,面包的瓤心水分却很高,面包很软,经不起外界压力,稍用手指一碰就会使面包压扁,压坏的面包不能再弹起来,这种面包吃起来好似吃面疙瘩,影响面包固有的形态与风味。如果出炉后经过冷却,使面包内部的水分随着热量的散发而蒸发,表皮冷却到一定程度就可以承受一定的压力,用手指按压,手一松面包就会迅速恢复原状。

刚出炉的热面包,如果冷却不透就包装,面包的含水量就会过高。由于面包排列在包装容器中,热量不能散发,面包会引起霉菌污染而变质,容易酸败,有霉味或异臭味,为此,面包出炉后要有冷却的过程才能进行包装。刚出炉的面包,它的外壳温度可高达 180℃左右,瓤心的温度却仅有 98℃左右,随着面包的冷却,面包内外的温差产生剧烈的变化,外壳接触到冷空气以后,很快就可以冷却下来,但是,内部的温度很难马上降下来,因为,面包瓤心的热量逐渐透过面包层,传到外壳而慢慢地冷却下来的,一般要使面包瓤心冷却到 35℃而面包表层温度达到室温时为宜。夏季室温 35～40℃需排风,春、秋、冬季室温 30℃,可自然冷却。

8　面包的包装形式与材料

8.1　包装重要性

面包的包装十分必要,概括起来有如下几点:

(1)面包包装后不直接与空气接触,可以保持产品的卫生,防止细菌和杂质污染。

(2)面包包装后要延缓老化,因为不包装的面包暴露在空气中,水分损失会越来越多,引起面包重量和体积下降,干硬掉屑,品质变劣。

(3)面包包装后可保持面包的风味,因为面包老化后会失去松软适口的特点,口味变劣。

(4)面包包装后可防止运输途中的破损变形。

(5)面包包装的图案可增加产品的宣传效果,增强销售力。有了包装才可能将食品标准印刷标明,使消费者对产品增加信任感。

8.2 面包的包装形式

面包一般以小包装为主,不用外包装,使用周转箱放产品运输和销售。所谓小包装,是指直接与产品接触的包装(也叫内包装、销售包装),它起直接保护商品的作用。

面包使用的包装有纸形包装,例如枕式奶油面包、吐司面包等,这些都是单个包装形式。塑料袋装形式,这里既可装一只面包,又可以几只面包的组合形式。既清洁卫生,又可看到包装内的产品,受到普遍欢迎。所谓周转包装,是指在工厂与商场周转用的包装容器,周转箱有适应市区短途运输和方便商场销售的优点。

8.3 面包的包装材料

面包的包装材料,不论哪一种,都要选择无毒、无异味,允许与食品接触的包装材料。

(1)纸制品包装 是以纸为原料制成的商品包装 对面包包装用纸应选择包装效果最佳的纸张。如果采用机械包装面包,首先要求纸质结实、具有拉力、延性要小。对于纸的光泽度、透明度、厚度等商品价值的效果,可按不同产品要求而定,一般要掌握如下几点:透气性要小;抗拉强度要高;延伸性要小;耐破裂力要大。

(2)塑料制品包装 这是目前使用最多的种类,具有使用方便,透明度强的优点,一般都制成塑料袋,印有彩色商标图案,商品宣传效果很好。

9 成品质量评分方法

完整面包应具备的条件:

(1)体积 面包的体积与原材料的配比和制作的技术有直接的关系。面包的体积并非越大越好,若体积过大,会使组织出现过多的大气孔,组织不均匀、粗糙。体积小会使其内部较紧密并缺乏弹性,老化快。体积的大小应视其同类产品的体积计量。

(2)表皮的色泽 正常面包制品的表皮色泽应为金黄色,顶部的颜色较深而四边的较浅,颜色应均匀一致,没有气泡及硬壳的现象出现,制品的表皮金黄色能给人以美的享受和产生食欲感。制品的正常色泽与烘焙的温度和配方中糖的比例适当有直接的关系。若表皮的颜色过深,可能是烘焙过度及配方中糖量过多造成的,反之则表皮的颜色过浅。

(3)外表的形状 正常的面包应具备外形完整,形态规范,面包的边缘部分稍呈圆形,两头及中间部位齐正,不应有高低不平及低垂的现象。

(4)烘焙的标准 烘焙正常的面包,四周边壁上下颜色都应均匀,表面颜色可稍深。面包的表皮应具有柔软及均匀的薄层,不应有粗糙硬壳及破裂的现象。法式脆皮面团应带有脆硬的外壳。

10 面包的分类

目前,国际上尚无统一的面包分类标准。特别是随着面包工业的发展,面包的种类不断翻新,面包的分类也各不相同。

我国对面包的分类大致有两种方法:

一种按面包原料及食用目的分为8类:风味多样的主食面包;花式各样的甜面包;口味各异的加馅面包;层次分明的嵌油面包;食疗兼备的保健面包;免用烤箱的油面包;快速简便的三明治;形态逼真的象形面包。

另一种是常用的面包分类方法,它把面包分为5种:

(1)硬质面包　硬质面包其实就是一种内部结构接近结实的面包。它的特点是面包越吃越香,经久耐嚼且具有浓郁的醇香。这种面包一般成分较低,配方中使用的糖、油脂皆为面粉用量的4%以下,所采用的面粉介于高筋和中筋面粉之间,并相应地减少加水量,其目的是控制面筋的扩展程度和体积的膨胀,缩短发酵所需时间,从而使烘焙后的食品具有整体的结实感。如法国面包,其特点具有吐司面包所不及的浓馥麦香味道,表皮或硬或脆,内部组织需有韧性,但并不太强,有嚼劲,硬质面包的保质期较一般面包长,比较经济实惠。

(2)软质面包　体形较大,柔软细致,须具土司烤模烤焙,此类面包讲求式样美观,组织细腻,需要有良好的烤焙弹性,面筋须充分搅拌出来,基本发酵必须适当,才能得到良好形态和组织,其特性为表皮颜色呈金黄色,且薄而柔软,内部组织颜色洁白或浅如白色并有丝状光泽,组织细腻均匀,咀嚼时容易嚼碎且不黏牙。如主食面包、全麦面包、汉堡包、热狗等。我国生产的大多数面包属于软式面包。

(3)脆皮面包　也叫起酥面包,其特性为产品面团中裹入很多有规则有层次的油脂,加热后成一层层又松又软的酥皮,外观呈金黄色,内部组织为一层层松脆层次。

(4)松质面包　可添加各种口味馅料,一般为较高成分面包,配方中使用的糖、油脂皆为面粉量的10%以上,馅料应为面团质量20%以上,组织较为柔软,可应用各式馅料来做成最终的烘焙品。其特性为成分较高,配方中含糖、蛋、油脂量较多,外表形状及馅料变化多,外观漂亮美观,内部组织细致均匀,风味香甜柔软。

(5)杂粮面包　凡在软式或硬式面包中添加合法的谷物或核果,且添加量不得低于面粉量20%。高纤维含量、低糖、低油、低热量产品均为此类,如杂粮葡萄面包、葵花籽面包等。其特性为低成分、高纤维面包配方中油、糖、蛋含量极微,甚至有些不添加,有些产品配方中含麸皮、稞麦、黄豆、葵花籽等多谷类原料,其目的是通过杂粮的加入增加各种蛋白质、脂肪、氨基酸等营养成分,易于被人体吸收。此种面包外观呈光亮状,内部组织较为紧密,外皮酥脆。杂粮面包中杂粮的亲水率较面粉低,其内部结构松软而富有弹性。也有将松质面包、杂粮面包等保健面包和三明治面包以及各种花样面包合并为一起。

▲【常见质量问题及解决方法】

1. 面包的体积过小

原因:

(1)酵母用量不足;

(2)酵母失去活力;

(3)面粉筋力不足;

(4)搅拌时间过长或过短;

(5)盐的用量不足或过量;

(6)缺少改良剂;

(7)糖分过多;

(8)最后醒发时间不够。

解决方法：

(1)增加酵母的用量；

(2)对于新购进的或贮存时间较长的酵母要在检验其发酵力后再进行使用，失效的酵母不用；

(3)选择面筋含量高的面粉；

(4)正确掌握搅拌的时间，时间短面筋打不起来，时间长易把形成的面筋打断；

(5)盐的用量应控制在面粉用量的1%～2.2%；

(6)减少配方中糖的用量配比；

(7)加入改良剂；

(8)醒发的程度以原体积的2～3倍为宜。

2. 面包内部组织粗糙

原因：

(1)面粉筋力不足；

(2)搅拌不当；

(3)造型时使用干面粉过多；

(4)面团太硬；

(5)发酵的时间过长；

(6)油脂不足。

解决方法：

(1)使用高筋面粉；

(2)将面筋充分扩展，掌握搅拌时间；

(3)造型、整形时所使用的干面粉越少越好；

(4)加入足够的水分；

(5)注意调整发酵所需的时间；

(6)加入4%～6%的油脂润滑面团。

3. 面包表皮颜色过深

原因：

(1)烤箱的温度过高，尤其是上火；

(2)发酵时间不足；

(3)糖的用量太多；

(4)烤箱内的水汽不足。

解决方法：

(1)按不同品种正确掌握烤箱的使用温度，减少上火的温度；

(2)延长发酵的时间；

(3)减少糖的用量，糖的用量应控制在面粉用量的6%～8%；

(4)烤箱内加喷水蒸气设备或用烤盘盛热水放入烤箱内以增加烘烤湿度。

如面包的表皮颜色过浅可对照以上相反的方法加以纠正。

4. 面包表皮过厚

原因：

(1)烤箱温度过低；

(2)基本发酵时间过长；

(3)最后醒发不当；

(4)糖、奶粉的用量不足；

(5)油脂不足；

(6)搅拌不当。

解决方法：

(1)提高烤箱的温度；

(2)减少基本发酵的时间；

(3)严格控制醒发室的温度和湿度，醒发的时间过久或无湿度醒发，表皮会因失水过多而干燥；

(4)加大糖及奶粉的用量；

(5)增加油脂4%～6%；

(6)注意搅拌的程序。

5. 面包在入烤箱前或进烤箱初期下陷

原因：

(1)面粉筋力不足；

(2)酵母用量过大；

(3)盐太少；

(4)缺少改良剂；

(5)糖、油脂、水的比例失调；

(6)搅拌不足；

(7)面包的醒发时间过长；

(8)移动时震动太大。

6. 面包的口味不佳

原因：

(1)原材料不佳；

(2)发酵所需的时间不足或过长；

(3)最后醒发过度；

(4)生产用具不清洁；

(5)面包变质。

解决方法：

(1)应选用品质较好的新鲜原材料；

(2)根据不同制品的要求正确掌握发酵所需的时间。如发酵的时间不足则无香味，发酵过度则产生酸味；

(3)严格控制醒发的时间及面坯胀发的程度，一般面坯醒发后的体积以原体积的2～3倍为宜；

(4)经常清洗生产用具；

(5)注意面包的储藏温度及存放的时间。

▲【思考题】

1.如何控制发酵终点？

2.为什么在整形时要翻揉折叠数次？

3.面粉的筋力如何影响面包的品质？

4.简述面包加工原理。

5.简述面包加工工艺。

项目六　月饼加工

任务一　月饼分类、特点

古代月饼被作为祭品于中秋节所食。据说中秋节吃月饼的习俗于唐朝开始。北宋之时，该种饼被称为“宫饼”，在宫廷内流行，但也流传到民间，当时俗称“小饼”和“月团”。后来演变成圆形，寓意团圆美好。

△【任务描述】

熟悉各类月饼的差异和口味特点。

月饼具有时令性，品种繁多，各具特色：广式月饼皮薄馅厚，印纹清晰；苏式月饼外表完整，饼皮酥脆；提浆月饼色泽一致，花纹清晰，入口酥香。

月饼可按加工工艺和地方风味特色分类。按照加工工艺分为三大类：烘焙类、熟粉类和其他类。其中烘焙类又分为九小类。按地方特色可分为京式、苏式、广式和其他月饼四类。

1. 工艺分类

(1)烘烤类　以烘烤为最后熟制工序的一类月饼。

①糖浆皮月饼　以小麦粉、转化糖浆、油脂为主要原料制成饼皮，经包馅、成型、烘烤而制成的饼皮，而制成的饼皮紧密，口感柔软的一类月饼。

②浆酥皮月饼　以小麦粉、转化糖浆、油脂为主要原料调制成糖浆面团，再包入油酥制成酥皮，以包馅、成型、烘烤而制成的饼皮有层次，口感酥松的一类月饼。

③油酥皮月饼　使用较多的油脂，较少的糖与小麦粉调制成饼皮，经包馅、成型、烘烤而制成的口感酥松、柔软的一类月饼。

④奶油皮月饼　小麦粉、油脂和糖为主要原料制成饼皮，经包馅、成型、烘烤而制成的饼皮呈乳白色，具有浓郁奶香味的一类月饼。

⑤熟粉皮月饼　以熟制的小麦粉、油脂和糖为主要原料制成的饼皮，以包馅、成型、烘烤而制成的口感酥松、爽口的一类月饼。

⑥水调皮月饼　以小麦粉、油脂、糖为主要原料加入较多的水调制成的饼皮，以包馅、成型、烘烤而制成的一类月饼。

⑦蛋调月饼　以小麦粉、糖、鸡蛋、油脂为主要原料调制成饼皮，以包馅、成型、烘烤而制成的口感酥软，具有浓郁蛋香味的一类月饼。

⑧油糖皮月饼　使用较多的油和糖（一般40%左右）与小麦粉调制成的饼皮，经包馅、成型、烘烤而制成的造型规整、花纹清晰的一类月饼。

(2)熟粉成型类　将米粉或面粉预先熟制，然后包馅、成型的一类月饼。

(3)其他类月饼。

2. 地方特色分类

我国幅员辽阔，民族众多，饮食形成的差异使月饼自然而然的形成了不同风格。其中有京式、广式、扬式、闽式、川式、潮式、沪式、宁绍式、秦式等。而在全国推广应用面较广，影响较大的月饼是京式、苏式、广式。

(1)京式月饼　以北京地区制作工艺和风味特色为代表的，配料上重油、轻糖，采用提浆工艺制成糖浆皮面团，或糖、水、油、面粉制成松酥皮面团，馅料多用白糖馅、山楂馅、枣泥馅、豆沙馅、豆蓉馅等，口味纯甜、纯咸、口感松酥或绵软，具有桂花香味的一类月饼。

(2)苏式月饼　以苏州地区制作工艺和风味特色为代表的，选料考究，制作精细，在工艺上采用水油面团包油酥制成酥皮，馅料多用果仁、猪油，用桂花、玫瑰调香，饼皮层次清晰分明，口感酥绵软，入口即化，口味重甜的一类月饼。

(3)广式月饼　广式月饼是我国南方，特别是广东、江西等民间传统应节食品——中秋月饼的一个形式。其选料和制作技艺无比精巧，特点是皮薄松软、油光闪闪、色泽金黄、造型美观、图案精致、花纹清晰、不易破碎、包装讲究、携带方便，是人们在中秋节送礼的佳品，也是人们在中秋之夜，吃饼赏月不可缺少的佳品。

广式月饼通常分为硬馅与软馅两种。硬馅一般是各企业自制，其质量控制点主要是掌握所选购的原料要新鲜、干燥、无霉味。五仁类和粉类原料须预先清理并烤透或炒熟，否则会导致产品质量下降及影响保质期。同样道理，选购蛋黄亦预先进行防腐防霉处理。

在海外领导月饼潮流的主要是广式月饼，下面我们关于广式月饼制作工艺作一简单的介绍。

任务二　广式月饼生产工艺

▲【任务描述】

掌握各工艺的操作要求。

▲【任务实施】

1　任务准备

1.1　原料的选择

1.1.1　馅料

软馅大多企业是选购的，故其质量控制点主要是把握所选取馅料的新鲜度、纯度、风味及水分含量。通常用于面包和糕点的馅，因其水分含量过高而不宜用于月饼。有的馅料在开封后，闻有酸味，这说明已发酵腐败；有的会出现起块或有白点，那可能是粉料回生或砂糖返砂结晶所引起。使用馅料应具备该品种天然的纯香味，揉成团时不粘手，细腻润滑，软硬适中，制成的月饼能“起立”，不开裂，不“泻脚”等。

1.1.2　面粉

广式月饼最适宜的是低筋粉或月饼专用粉，其湿面筋含量在22%～24%为佳。面筋含量过高，在和面时会产生过强的筋力，使面团韧性和弹性增大，加工时易收缩变形，操作困难，烘烤后饼皮不够松软和细腻，易发皱、回油慢，光泽差。但过低的面筋含量，因其面粉吸水率低，使面团发黏，缺少应有的韧性、弹性，因而也不适合。

1.1.3 糖浆

目前，我国用于月饼生产的糖浆主要是用砂糖熬制而成的转化糖浆，其作用不仅仅体现在提供甜味和调节面团的软硬度，更主要的还表现在以下几个方面：

(1)限制和面时面筋的形成；

(2)加快成品的回软回油速度；

(3)增加月饼烘烤时的上色程度；

(4)延长月饼的保质期。

实验证明：糖浆中果糖和葡萄糖的含量分别达到20%和25%以上时，做出的月饼就能达到令人满意的效果。也就是说，在传统的糖浆熬制工艺下，其转化率需达到75%以上。虽从理论上计算，若糖浆的浓度为78%，只要转化率达到60%即可符合要求，但由于在熬糖时糖浆的温度常要超过110℃，已被转化成的单糖，特别是果糖就很易受到破坏而损失。因而，在传统的熬糖工艺下很难做到一步到位，即熬好后马上就能用于月饼生产，否则，过度熬制，虽转化率能达到要求，但因糖浆的色泽加深，产生过多的焦糖，将严重影响月饼质量。

为此，有经验的师傅在熬制糖浆时先熬到一定的程度(此时转化率为60%～65%)，然后冷却，室温下放置15～20 d后再使用，在此过程中仍可利用糖浆中的酸，让砂糖慢慢转化而使果糖和葡萄糖含量进一步增加并达到理想的要求。还需要特别指出的是，对于月饼糖浆的质量要求，其浓度、酸度和色泽也很重要。一般来说，浓度为76%～82%，pH在3.3～3.5，色泽为淡黄或棕黄。浓度过高在制月饼时难以操作，而过低又会使调制的面团产生过多的面筋，酸度过高(pH小)，因需要加过多的枧水而同样会出现上述问题，色泽过深则使在月饼烘烤时难以掌握“火候”。

1.1.4 油脂

油脂在月饼皮中也是一个很重要的原料，其主要功能表现在：

(1)产生润滑作用；

(2)提供了起酥性，因为油脂的憎水性，可限制面团中面筋的形成，加上油脂的隔离作用，使面团弹性韧性下降，可使月饼表皮松软；

(3)改善月饼的适口性、风味及增加光泽；

(4)提供热量及营养；

(5)油脂本身具有防腐能力。

目前，我国许多企业所用的油脂大多为花生油，其主要原因是常温下呈液态，在饼皮中易于流动，烘烤后回油快，光泽好，风味好。但花生油色太深，从而影响月饼的外观的和光泽；同时由于其含有较多的不饱和脂肪酸，易发生氧化酸败；另外，天然花生油缺乏乳化剂，不易与糖浆发生乳化、不易与蛋白质和淀粉等络合，易使月饼产生走油现象，并影响月饼烘烤后回软的速度。因此，生产质量较高的广式月饼应选择经过精炼并添加了乳化剂及风味物质的液态酥油为佳。

1.1.5 枧水

是以枧砂(草木灰浸泡提取后的浓缩物)为原料或添加部分碳酸钠制成,主要成分为碳酸钾和碳酸钠的混合物,起着色、防腐、调节酸碱度的作用。

生产广式月饼必会使用到枧水,这是广式月饼的特色制法。

加入枧水的作用主要有三点:

(1)中和转化糖浆中的酸,防止月饼产生酸味而影响口味;

(2)使月饼皮的 pH 达到易于上色的程度;

(3)枧水与酸中和时产生的 CO_2 可使月饼适度膨胀,使口感疏松。

在选择枧水时,应以其碱度为 60°左右为好,若碱度太低,加入量太大,从而减少糖浆使用量,影响月饼质量。枧水过多,饼皮经过烘烤后呈暗色,不够鲜亮;枧水过少,则饼皮不上色。枧水的碱度是指中和 1 L 海水所需要的毫克当量数,符号为 ALK,在实际生产中碱度可用碱度计来测量。由于枧水的碱度不是很浓,用 pH 试纸测试不很准确,因此,一般是大量生产月饼之前,先少量生产来调节到饼皮着色的枧水用量。

枧水是用碳酸钾和碳酸钠作为主要成分,再辅以碳酸盐或聚合磷酸盐,配制而成的碱性混合物。如果仅用碳酸钾和碳酸钠配成枧水,则性质很不稳定,长期贮存时易失效变质。一般都加入 10%的磷酸盐或聚合磷酸盐,以改良保水性、黏弹性、酸碱缓冲性及金属封锁力。

1.2 仪器设备准备(略)

2 实施过程

2.1 熬制糖浆

(1)先将清水煮沸再加入糖能使糖溶化快,不会将糖煮焦,产生焦味,保持糖浆色泽好,而且节省燃料。

(2)加入柠檬酸,必须在糖浆小火熬制时才能加入以保证酸性及时地同糖浆混合,渗入到糖分子结构中,使糖的"晶种"难以生存,防止砂糖返砂。

(3)小火煮主要是保证糖浆浓度标准。另外,小火煮糖浆还可使糖浆的转化糖更多,糖浆更清晰,得率高。

(4)测定浓度的方法有两种:一种是从感官上看,用铲把糖浆提起,从铲角留下来的糖浆成菱形,糖液渐渐成直线,当流到最后一滴时有回缩现象;另一种是从触感上测定,用拇指、食指沾上糖浆做分开合上的拉伸时,感觉有黏糊状,并有一根细丝,略凉后手指分合有阻力。

(5)糖浆的稀释度:糖浆浓稀程度对饼皮的拌粉量有一定关系。由于糖浆稀,水分过多,拌粉时蛋白质分子吸水膨胀速度快,面团容易起筋,而且由于水分过多,拌入面粉的量也多,比例失调,饼皮发硬,烘烤不上色。糖浆太稠,拌粉较少,粉团聚合力低,韧性差;含糖量过多又容易造成月饼烘焙时发生泻脚,表面还容易爆裂、烘烤上色快,烤焙时间短,造成月饼不熟、夹生、收腰现象。

(6)根据我国的气候差异状况,依月饼返软程度来看,南方糖浆浓度比北方略稀,南方的糖浆浓度以 80%~82%为宜,北方的糖浆浓度就应该在 82%~84%为宜。

2.2 面团的调制

(1)投料次序:首先是糖浆和枧水混合,再加油脂充分搅拌,乳化均匀后再加入面粉,可防止面粉过早加入而使面团起筋。有时,面粉要分二次加入,先加入 2/3 的面粉,可防止面粉过早加入而使面团起筋。静置 20 min 后再加入 1/3 的面粉搅拌成面团。这是由于糖和油脂的作用,使面粉的吸水能力变得缓慢,若一次性加入就很易使调制出的面团过软或过硬而操作困难。若分两次加入,就有机会在每两次加入时适当调整面团的软硬度。

(2)面团的软硬度一般通过增减糖浆用量来调节,绝不可用加水的方式,以免使面团产生更多的面筋。

(3)加入面粉后的搅拌时间要严格掌握好,不可过长,一般只要混合均匀,产生一定的韧性和黏聚性,易于包馅和成型即可。

(4)面团调制好后,一般要静置 30～40 min 才能进行下一步操作。其原因是面粉的吸水性变得缓慢。刚调制好的面团会产生一定的机械张力,通过一定时间的静止,可使张力松弛,既降低了面团的弹性,又可降低黏度,改善其加工性能。但静置的时间太长,面团中的蛋白质将过度吸水胀润,产生过强的韧性,同时,面团也会逐渐冷却降温,面团中的糖浆产生胶凝作用,使面团变硬,可塑性下降。面团的静置时间应根据不同地区,不同气候和面团的搅拌时间长短来灵活掌握。

2.3 包馅与成型

包馅最关键的操作是要求饼皮厚薄均匀,无内馅外露,馅与皮的接触层应尽量避免有干粉,以免烘烤后起壳分离,成型时要求将饼皮的收口置于月饼底部,表面的花纹清晰,尽量少占干粉,以免烘烤后出现白色斑点。

2.4 刷蛋液

刷蛋液和上光亮剂的目的使月饼外观颜色鲜亮美观。一般用两个蛋黄、一只全蛋的比例配制蛋液,1 kg 蛋液与 10 g 光亮剂混合刷在月饼上,可降低上色成本。

2.5 烘烤

饼坯在入炉前,要先在表面喷一层清水。其原理是:月饼皮本身的水分含量较低,且糖油含量高,不像面包或饼干那样在进炉后能靠自身水分的逸出而形成水膜。水膜在烘烤中能使表皮上的干粉湿润,防止烘烤后出现白色斑点,同时还能使表皮变得细腻而光滑,可增加光泽,此外也可防止表皮过早上色而产生焦化。需注意的是,不能喷水过多,否则造成花纹模糊不清或表皮着色不均等质量问题。

月饼烤至淡黄色,需取出刷一层薄的蛋液。目的是使其表皮经再次烘烤而产生诱人的金黄色。月饼上色原因有两个方面:一是美拉德反应,二是焦糖化反应。而前者是占主要的,美拉德反应是还原糖中的羰基和蛋白质中的氨基在一定条件下发生的一系列很复杂的反应,其最终结果是产生金黄色和特殊香味。焦糖化反应是单纯的糖在高温下发生的一系列分解聚合反应,它只有在比美德拉反应更高的温度下才剧烈发生,反应的结果是变成焦糖,因此在月饼烘烤时应尽量避免该反应的大量发生,亦即烘烤时间不宜过长。烘烤的炉温要适当,过低因烘烤时间长使月饼腰部鼓起或爆裂;过高则会使表皮过早上色,导致焦化或内部烘烤不透,影响外观及保质期。

2.6 广式月饼的冷却与包装

烘烤结束后刚出炉的月饼其表面温度可达到 170～180℃,出炉后,表面立即冷却,但由于内部仍处于高温,内部水分仍剧烈向外散发,因此不能立即包装,否则会使包装容器上凝结许多水珠，造成饼皮表面发黏，花纹不清，在保存中易发生霉变。

月饼在烘烤中由于炉内高温使饼皮内的水分部分的向外散发外，有相当一部分被推向内部，同时也使油脂向内流动，使得刚出炉的月饼表皮坚硬，无油性。因此，在月饼冷却过程中冷却包装工序同样也很重要。许多企业曾采用让出炉的月饼暴露在空气中充分自然冷却很长时间的方式，以为这样就可让其吸收空气中的水分，加快回软速度。其实不然，在自然冷却的过程中，由于月饼内外仍维持着一定的温度差，促使水分向外扩散，并不能留在饼皮内。只有当内部温度接近或略高于室温时，这种向外扩散的过程才会停止。而在其后的一段时间内，饼皮仍不能从空气中吸收水分。

因此，饼皮的回软主要还依靠皮与内馅的温度差，及饼皮中果糖与葡萄糖强烈的吸水能力，从内馅吸收水分而达到回软要求，上述冷却方式反而使回软速度减慢。另外，上述方式冷却后的月饼对存放环境要求相当高，因月饼长时间暴露在空气中，很易受到微生物的污染而造成保质期下降。现在已有许多企业采用热包装的方式。热包装的程序是：将出炉月饼经稍加冷却到表皮 60℃左右时即刻包装，此时，内外温度差已不大，水分散发不强烈，经包装后散发出的水分并不会迅速凝固在包装袋上，而相反会慢慢地被饼皮所吸收，加快了回软的速度。同时，由于包装后内外温度差相对变少，更易于内部的油脂流动到表面，使得回油速度也加快，更重要的是，此法克服了上述方式所带来的易被微生物污染的弊端，最大限度地保证了产品的卫生质量。

近年来，新款式月饼层出不穷，如饼皮不需烤的冰皮月饼、果蔬月饼、海味月饼、药膳月饼(以百合、绿豆、茶、人参为主的月饼)、低糖月饼、低脂月饼、健康型月饼等。

说明：如果在大量加工月饼而考虑降低成本的话，馅料中的香猪油可以用花生油替代，但制成的月饼在风味上有很大的差别，因为香猪油是经过特殊工艺精制而成的专用烘焙油脂，它的柔软性、酥脆性、油性的作用使月饼色佳味香，风味独特诱人，另外，它良好的吸湿性有效的保持月饼湿润柔软，从而延长了月饼的保存质期。

▲【广式月饼生产常见质量问题与解决方法】

1. 我们生产的月饼为什么几天后表皮就发硬，不回油？

广式月饼的饼皮是否回油主要取决于转化糖浆的质量，饼皮的配方及制作工艺。

糖浆的质量关键在其转化度和浓度。转化度是指蔗糖转化葡萄糖和果糖的程度，转化度越高，饼皮回油越好。影响转化度的因素主要有煮糖浆时的加水量、加酸量及种类、煮制时间等。浓度是指含糖量，常用的转化糖浆浓度在 75%左右即可。因含糖量越高，回油越好，故某些厂家把浓度提高到 85%以上。月饼皮的配方和制作工艺对其是否回油起着重要作用。

如果配方把面粉当作 100%用的话，油就不可能加入 35%，因为 25%～30%已达到顶点。如果只考虑糖浆、油和枧水三者的配比，面粉用量再根据软硬来调节，这样面皮中的面粉用量则不会稳定。国内很多厂家都不习惯按标准配方的形式来设计配方，这是不科学的。如果月饼不回油，极有可能是用料配方的问题。应按面粉为 100%、糖浆 75%、油 25%的配方来调制饼皮，如果按这一想法生产月饼，饼皮仍不回油，那就是转化糖浆质量太差。

(1)转化糖浆的质量　衡量转化糖浆质量的标准是转化率和浓度。当前，我国的转化糖浆多是厂家自已煮制，不同的师傅煮制的方法各有不同，造成糖浆质量也不同。如按科学方法来煮制转化糖浆，控制足够的水量和一定煮制的时间，则是十分关键的。高品质的糖浆，月饼烤熟第二天就回软。

(2)饼皮的配料是否合理　通常月饼皮的含水量、油量和糖浆用量要协调，糖浆太多，油太少，饼皮光泽不佳；糖浆太少，油太多，饼皮回软慢。

(3)月饼馅的软硬程度及其含油量　广式月饼的特点就是皮薄馅厚，馅是帮助回软的主要因素。如果馅料的含水和油量很少，或者皮很厚，馅很少，这种月饼回软也慢。

2. 月饼烘焙时为什么易发生饼皮馅料分离、饼皮剥落现象？

饼皮与馅料不黏结，主要原因有两个方面：

一是由于馅料中油分太高，或是因馅料炒制方法有误，使馅料泻油，即油未能完全与其他物料充分混合，油脂渗透出馅料，这种情况会引起月饼包馅时，皮与馅不能很好黏结，烤熟后同样是皮与馅分离。如馅料泻油特别严重，月饼烤熟后存入时间越长，饼皮脱离越严重。

二是饼皮配方中油分太高，搅拌饼皮后，饼皮搅拌过度，也会引起饼皮泻油。泻油的饼皮同样也会使饼皮与馅料脱离。

解决方法：主要方法就是防止泻油现象的出现。如果是馅料泻油，可以在馅料中加入3%～5%的糕粉，将馅料与糕粉搅拌均匀。若是皮料泻油，可以在配方中减少油脂用量，增加糖浆的用量。搅拌饼皮时应按正常的加料顺序和搅拌程度，这是防止饼皮泻油的关键。

3. 糖浆皮月饼进炉前为何要刷清水？

糖浆皮月饼在进炉之前需刷清水，因为这样就能在饼皮形成一层水膜，使糖焦化、上色速度放慢，饼皮颜色呈金黄色。如果不刷清水进炉，饼皮的焦化加快，饼皮颜色不艳，没有光泽。所以糖浆月饼，如广式月饼、提浆月饼需刷水进炉，而其他月饼则不需(如苏式月饼)，但刷水或喷水不能过多，饼皮若水膜过厚将影响饼皮花纹的明晰度。

4. 烤好的月饼什么时候包装最好？

月饼包装分两种，一种是没有任何保鲜剂的包装。这种包装只是将月饼用塑料袋密封而已，这种包装的月饼防霉极差，如果进行这样包装的话，月饼一定要彻底冷却，否则月饼温度比室温高，包装内会产生水汽，几天后月饼就会发霉。第二种是放有保鲜剂的包装。保鲜剂目前多用隔氧剂和脱氧剂。脱氧剂保鲜是将其与包装内原有的氧气反应，使包装内不存在氧气，从而令月饼中存在的微生物在无氧的状态下停止活性，使月饼不发霉。

如用脱氧剂在包装时，包装袋是否可以隔氧的塑料薄膜(K涂层塑料)，以及脱氧剂的含量是否能保证需要，即根据包装空间的大小，决定投多少重量的脱氧剂。如果脱氧剂的含量和包装袋都符合要求，那么月饼的冷却程度就无关紧要，可以热包装也可冷包装。一般说月饼刚出炉受污染的可能性小，热包装效果会更好一些。如用隔氧保鲜剂，它是将挥发气体将月饼周围与含氧空气隔离，令氧气不与月饼接触，从而保证月饼不发霉。用这种保鲜剂最好是等月饼冷却后包装，因为保鲜剂挥发的气体是带有气味的，如果与月饼蒸发出来的水汽所接触，易将异味留于饼表皮。

5. 生产巧克力月饼时，融化巧克力、葡萄糖浆和果糖浆应当何时加入？

融化巧克力温度很重要，如果温度太高，会降低巧克力的光泽度，通常以不超过体温为宜。因此在生产巧克力皮月饼时，最好把煮好的糖浆先冷却至40℃左右，巧克力则隔水融化，然后加入糖浆，搅拌均匀，取出在案板上冷却，就可以包馅打月饼了。

6. 如何才能保证广式月饼的颜色达到要求？

广式月饼的颜色，主要由两部分构成，其一是糖浆的颜色。如果煮糖浆时把糖浆的颜色煮黑了，饼皮的颜色就很难达到要求。糖浆的颜色与糖浆的煮制时间有关，煮制时火大小及使用的糖浆设备有关。其次，饼皮的颜色与调节饼皮时加入枧水浓度和用量有关，当饼皮的酸碱度偏酸性时，饼皮着色困难；当枧水的用量增加，饼皮碱性增大，饼皮着色加快，枧水越多，饼皮颜色越深，减少枧水的用量，就可以使饼皮的颜色变浅。第三个方面是减少烘烤时间和相对降低炉温，也可减轻饼皮的颜色，但一定要保证月饼完全烤熟，否则月饼易发霉。

7. 做莲蓉馅时包馅用生蛋黄好，还是用烤熟的蛋黄好？

应该肯定的是生包蛋黄比烤过的蛋黄好，因为：

(1)月饼切开后，蛋黄与莲蓉馅连接紧密。

(2)蛋黄的油脂没有损失，切开月饼后可以看到蛋黄油向外流。

(3)咸蛋黄的特殊风味可以完全保留。而烤过的蛋黄，熟透了包不成，所以需要烤至半生不熟。实际上这与生蛋结果是一样的。通常莲蓉馅月饼发霉是从蛋黄外围部位开始，很多人认为是蛋黄没有烤熟的原因，其实月饼发霉有很多因素，只不过蛋黄吸潮性强，与空气接触马上吸潮，所以蛋黄周围先发霉。这与蛋黄是否烤熟无任何关系。

8. 如何保持生产月饼的光泽度？

月饼表面的光泽度与饼皮的配方搅拌工艺，制饼技术及烘烤过程有关，配方是指糖浆与油脂用量比例是否协调，面粉的面筋质量是否优良。搅拌过度将影响表面的光泽，打面时不能使用或尽可能少用干粉。最影响饼皮光泽度是烘烤过程，月饼入炉前喷水是保证饼皮有光泽的第一道关，其次，蛋液的配方及刷蛋过程也相当重要，蛋液配方最好用 2 只蛋黄和 1 只全蛋，加入少量盐，打散后滤去不分散的蛋白，停置 20 min 后才能使用。刷蛋液要均匀，多次，有一定的厚度。光亮剂也许能帮助月饼光亮。

9. 如何解决广式月饼的饼皮花纹及文字变形问题？

广式月饼皮的字变形，主要是由于糖浆浓度太高或者是饼皮中糖浆加入量太多引起，传统的广式月饼皮都很薄，馅料与饼皮的比例在 9∶1 到 8∶2 之间，如果月饼的皮太厚，而糖浆浓度很高，这种皮料就容易变形，所以如果加工的月饼是厚皮月饼，那么在煮糖时就应有意识地把糖浆煮稀一些(糖度在 80°以下)。另外，当饼皮的配方中糖浆用量与油脂用量不协调，糖浆用量过多，油脂太少的皮料，也容易引起变形。

▲【任务拓展】

1. 苏式月饼的特点

苏式月饼是历史最悠久的品种之一。它是苏式糕点的精华，有甜咸、荤素之别。它是用水油皮包装制成月饼皮，然后包馅成型，特点是皮酥馅香，色黄油润，层酥相叠，香而不腻，松酥爽口。

2. 京式月饼的特点

京式月饼历史悠久，它起源于华北农村和满蒙地区，形成于北京。由于长期受宫廷制作的影响，故其外形精细美观，表面多有纹印，富有传统民族色彩。京式月饼最有名的是提浆月饼、自来红月饼、自来白月饼、京式大酥皮类(翻毛月饼)等。

3. 混糖月饼的特点

混糖月饼的饼皮类似酥性面团的调制，即面团有很大程度的可塑性，有限的弹性，而且在操作过程中,要求面团有结合力,不粘模具。成品有良好的花纹,具有保存能力,不收缩变形。面团在调制过程中应该很好地控制面筋的吸水率。面团调制前应将油、糖、水、疏松剂等辅料倒入和面机中均匀乳化,然后加入面粉进行调粉,如果乳化不均匀会使面团出现发散、浸油、出筋等现象。加入面粉后,搅拌时间要短,速度要快,防止面团形成面筋,搅拌到面团呈团聚状即可。

4. 提浆月饼的特点

提浆月饼是把白砂糖制成糖浆,用糖浆和面。一方面利用糖浆的反水化作用限制面筋的吸水,增加面团的可塑性,降低面团的弹性;另一方面利用糖的吸水性,使制作的成品在存放过程中,吸水返软,保持月饼的品质。糖浆是用蔗糖熬煮而成,蔗糖与酸在共热的条件下,水解生成葡萄糖与果糖的等量混合物称为转化糖,熬煮过程中所发生的化学反应称为转化作用。转化糖吸湿性强,提浆月饼使用转化糖就是利用吸湿性这一特性,使饼皮柔软油润。

△【思考题】

1. 简述月饼加工原理。
2. 简述月饼加工工艺。

参考文献

王丽琼.果蔬贮藏与加工.北京:中国农业大学出版社,2008.
王向阳.食品贮藏与保鲜.浙江:科学技术出版社,2002.
罗云波,蔡同一.园艺产品贮藏加工学.北京:中国农业大学出版社,2007.
祝战斌.果蔬贮藏与加工技术.北京:科学出版社,2010.
刘新社,易诚.果蔬贮藏与加工技术.北京:化学出版社,2009.
刘静,李海林.果蔬贮藏加工技术.北京:中国计量出版社,2011.
卢锡纯.园艺产品贮藏加工.北京:中国轻工业出版社,2012.
赵晨霞,祝战斌.果蔬贮藏加工实验实训教程.北京:科学出版社,2006.
秦文,吴卫国,翟爱华.农产品贮藏加工学.北京:中国计量出版社,2010.
贾军,彭亚锋.焙烤食品加工技术.北京:中国农业出版社,2008.
马涛.焙烤食品工艺.北京:化学工业出版社,2007.
李里特,江正强,卢山.焙烤食品工艺学.北京:中国轻工业出版社,2000.